Jürgen Eichler
Bernd Schiewe

Physikaufgaben

Aufgaben und Lösungen
für das Ingenieurstudium

Jürgen Eichler
Bernd Schiewe

Physikaufgaben

Aufgaben und Lösungen für das Ingenieurstudium

Mit 454 Aufgaben und Lösungen

Umschlaggestaltung: Klaus Birk, Wiesbaden
Technische Redaktion: Hartmut Kühn von Burgsdorff

ISBN-13: 978-3-528-04968-3   e-ISBN-13: 978-3-322-89151-8
DOI: 10.1007/978-3-322-89151-8

Vorwort

Die Aufgabensammlung ist eine Ergänzung zu dem Lehrbuch „Physik, J. Eichler, Vieweg Verlag" und besitzt daher die gleiche Gliederung. Daneben ist sie auch für das Buch „Experimentalphysik, H.-J. Schulz et al, Vieweg Verlag" geeignet. Die Autoren des vorliegenden Aufgabenbuches können auf eine langjährige Vorlesungspraxis an Fachhochschulen zurückgreifen und haben die vielfältigen Aufgaben, die in Vorlesungen oder Klausuren gestellt wurden, in diese Sammlung eingebracht.

Besonders in den traditionellen Kapiteln Mechanik fester Körper, Mechanik deformierbarer Medien, Gravitation, Thermodynamik und Elektromagnetismus, hat B. Schiewe versucht, eine möglichst ausführliche Lösungsdarstellung zu geben. Das systematische Arbeiten mit den Maßeinheiten erscheint dem Autor für Ingenieurstudenten der ersten Semester als besonders übungsrelevant, da sie oft sehr unterschiedliche Vorkenntnisse mitbringen. In den späteren Kapiteln erfolgt die Beschreibung des Lösungsweges etwas straffer.

Bei der Lösung von Textaufgaben sollten die Studenten mit einer bestimmten Systematik herangehen, z.B. Erstellen einer Situationsskizze, Definieren von zweckmäßigen Variablen und Eintragung dieser in die Skizzen, Zuordnung der gegebenen Größen zu den Variablen, Umstellung der physikalischen Gesetze nach der gefragten Größe und schließlich Einsetzen der bekannten Größen in die Endgleichung.

Jedes End- und Zwischenergebnis sollte hinsichtlich seiner Größenordnung und seiner Maßeinheit kritisch betrachtet werden. Auch die Angabe der gültigen Stellen (Genauigkeit) im Endergebnis ist dem gegebenen Problem anzupassen.

Die vorliegende Aufgabensammlung versucht, diese Leitsätze anhand der aufgeführten Beispiele aufzuzeigen und damit dem Leser nahezubringen. Dazu schien es den Autoren sinnvoll, die Lösung an die Aufgabenstellung anzuschließen. Eine jedem Kapitel vorangestellte Formelsammlung soll eine Hilfe für die in den Lösungen verwendeten physikalischen Gesetze geben.

Frau Dipl.-Ing. M. Hartig hat die WinWord-Dateien der beiden Autoren mit den einzelnen Kapiteln zu einer Einheit zusammengefügt und dabei eine Unmenge von Formatierungs- und Korrekturarbeit leisten müssen. Für ihr überaus großes Engagement bedanken wir uns vielmals.

Berlin, im April 1997

Bernd Schiewe
Jürgen Eichler

Inhaltsverzeichnis

1 Physikalische Größen

1.1 Basisgrößen und -Einheiten

SI System

Aufgabe 1:

Geben Sie den Winkel $\alpha = 0{,}3$ rad im Gradmaß an.

Lösung:

Der Winkel im Bogenmaß entspricht dem Kreisbogen im Einheitskreis: 2π rad $= 360°$. Die Einheit des Winkels Radiant (rad) muß nur geschrieben werden, wenn Verwechselungen möglich sind. Es folgt: $\alpha = \dfrac{0{,}3 \cdot 360°}{2\pi} = 17{,}19°$.

Aufgabe 2:

Wie groß ist $\beta = 78° \, 21' \, 22''$ im Bogenmaß?

Lösung:

Da $1° = 60' = 3600''$ ist, gilt: $21' \, 22'' = 1282'' = (1282/3600)° = 0{,}3561°$. Man erhält: $\beta = 78{,}3561°$. Ein Winkel von $360°$ entspricht im Bogenmaß 2π. Daraus folgt:

$$\beta = \frac{2\pi \cdot 78{,}3561°}{360°} = 1{,}3676 \text{ rad}.$$

Aufgabe 3:

Eine Glühlampe bestrahlt im Abstand von $r = 1{,}5$ m eine Fläche von $A = 400$ cm^2. Wie groß ist der Raumwinkel Ω?

Lösung:

Der Raumwinkel ist der Quotient aus einer Kugelfläche und dem Quadrat des Radius, er entspricht also der Fläche auf der Einheitskugel. Die Einheit lautet Steradiant (sr). Es folgt:

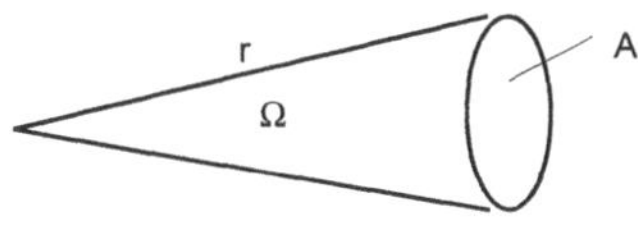

$$\Omega = \frac{A}{r^2} = \frac{0{,}04}{1{,}5^2} = 0{,}0178 \text{ sr}.$$

Aufgabe 4:

Welche Fläche wird von einen Raumwinkel von $\Omega = 10^{-2}$ sr bei einem Radius von $r = 1$ m und 5 m überstrichen?

Lösung:

Es gilt für den Raumwinkel Ω und die Fläche A:

$$\Omega = \frac{A}{r^2}. \text{ Es folgt: } A = \Omega \, r^2 = 10^{-2} \text{ m}^2 \text{ für } r = 1 \text{ m und } A = 0{,}25 \text{ m}^2 \text{ für } r = 5 \text{ m}.$$

Aufgabe 5:

Die Leistung P elektrischer Geräte ist gleich dem Produkt aus Strom und Spannung mit den Einheiten $[P] = \text{W} = \text{A} \cdot \text{V}$. Die Leistung in der Mechanik berechnet sich aus „Energie pro Zeit" mit den Einheiten $[P] = \text{J} / \text{s} = \text{W}$. Beweisen Sie folgende Aussage: $\text{A} \cdot \text{V} = \text{N·m/s}$.

Lösung:

Die Definition der elektrischen Spannung U lautet vereinfacht: $U = \text{Arbeit}/\text{Ladung}$ oder

$$[U] = \text{V} = \text{W} / \text{A} = \text{J} / \text{As} = \text{Nm} / \text{As}.$$

Dabei wurde J = Nm gesetzt. Man multipliziert die Gleichung mit A, womit die Aussage $\text{A} \cdot \text{V} = \text{Nm/s}$ bewiesen wird.

Aufgabe 6:

Man beweise: die physikalischen Größen a) mc_0^2, b) hf, c) kT, d) mgH, e) $mv^2/2$ und f) eU besitzen alle die Einheit der Energie J = Joule (m = Masse, c_0 = Lichtgeschwindigkeit, h = Plancksches Wirkungsquantum, f = Frequenz, k = Boltzmann Konstante, T = Temperatur in K, g = Erdbeschleunigung, H = Höhe, v = Geschwindigkeit, U = Spannung).

Lösung:

a) $\qquad \left[mc_0^2\right] = \text{kgm}^2 / \text{s}^2 = \text{J}$,

b) $\qquad \left[hf\right] = \text{Js} / \text{s} = \text{J}$,

c) $\qquad \left[kT\right] = \text{JK} / \text{K} = \text{J}$,

d) $\qquad \left[mgH\right] = \text{kgm}^2 / \text{s}^2 = \text{J}$,

e) $\qquad \left[mv^2 / 2\right] = \text{kgm}^2 / \text{s}^2 = \text{J}$,

f) $\qquad \left[eU\right] = \text{CV} = \text{AsV} = \text{Ws} = \text{J}$.

Aufgabe 7:

Berechnen Sie die fehlenden Angaben:

a) Leistung: $\qquad\qquad\qquad$ 1,08 GWh $\quad$ = ... Ws

b) Leistungsdichte (Intensität): $\quad$ 2000 W/mm^2 $\quad$ = ... W/m^2

c) Dichte: $\qquad\qquad\qquad\qquad$ ρ = 2,3 g/cm^3 = ... kg/m^3

Lösung:

a) $\qquad$ 1,08 GWh $= 1{,}08 \cdot 10^9\,\text{W} \cdot 3600\,\text{s} = 3{,}9 \cdot 10^{12}$ Ws ,

b) $\qquad$ 2000 W / mm^2 $= 2000 \cdot 10^6$ W / m^2 $= 2 \cdot 10^9$ W / m^2 ,

c) $\qquad$ 2,3 g / cm^3 $= 2{,}3 \cdot 10^{-3}$ kg / 10^{-6} m^3 $= 2300$ kg / m^3 .

Aufgabe 8:

Schreiben Sie folgende Aussage als Gleichung: die Einheit der Zeit t ist die Sekunde.

Lösung:

$\qquad [t] = \text{s}$.

Aufgabe 9:

Schreiben Sie folgende Aussage als Gleichung: Die Temperatur T in Kelvin ist gleich der Temperatur ϑ in°C plus 273,15 K.

Lösung:

$\qquad T/\text{K} = \vartheta/°\text{C} + 273{,}15$.

Aufgabe 10:

Die Windchill-Formel berücksichtigt bei der Temperaturangabe das Kälteempfinden und die Windgeschwindigkeit v: Sie lautet: $\vartheta_{\text{WC}} = 33 + (0{,}478 + 0{,}273\sqrt{v} - 0{,}0124 v)(\vartheta - 33)$. ($\vartheta_{\text{WC}}$ = Windchill-Temperatur in °C, ϑ = Außentemperatur in °C, v = Windgeschwindigkeit in m/s). Schreiben Sie die Gleichung so um, daß die Einheiten mit in der Formel erscheinen.

Lösung:

$\qquad \vartheta_{\text{WC}} = 33°\text{C} + (0{,}478 + 0{,}273\sqrt{v \cdot \text{s}/\text{m}} - 0{,}0124\, v \cdot \text{s}/\text{m})(\vartheta - 33°\text{C})$.

Bemerkung: Die Formel ist nur bei im Winter üblichen Temperaturen physikalisch sinnvoll.

2 Mechanik fester Körper

2.0 Formelsammlung

Zu 2.1 Kinematik (Lehre von der Bewegung)

Geradlinige Bewegung

Gleichförmig, Beschleunigung $a = 0$

$s = s_0 + v \cdot t$ s: Weg, s_0: Weg bei $t = 0$, t: Zeit, v: Momentangeschwindigkeit

$\bar{v} = \Delta s / \Delta t = v$ $\bar{v}$: durchschnittliche Geschwindigkeit, Δs : Wegdifferenz, Δt : Zeitdifferenz

Gleichmäßig beschleunigt, Beschleunigung $a = $ const

$v = a \cdot t$ a: Momentanbeschleunigung, $-a$: Momentanverzögerung

$a = \Delta v / \Delta t = \bar{a}$ Δv : Geschwindigkeitsdifferenz, Δt : Zeitdifferenz, $\bar{a}$: durchschnittliche Beschleunigung, $-\bar{a}$: durchschnittliche Verzögerung

$v = v_0 + a \cdot t$ v_0 : Geschwindigkeit bei $t = 0$

$s = v_0 \cdot t + \cdot a \cdot t^2 / 2$

Ungleichmäßig beschleunigt, Beschleunigung $a \neq 0$ und $a \neq$ const

$v = ds / dt = \dot{s}$

$a = dv / dt = \dot{v} = \ddot{s}$

Zusammengesetzte Bewegung, Geschwindigkeitsvektoren

Prinzip der ungestörten Superposition, d.h. es werden z.B. die verschiedenen geradlinigen Geschwindigkeiten eines Körpers im Raum vektoriell addiert.

Kreisbewegung

Gleichförmig, Winkelbeschleunigung $\alpha = 0$

$$\omega = \frac{\varphi}{t} = \frac{2\pi}{T} = n$$ ω: Winkelgeschwindigkeit, φ: Drehwinkel, T: Umdrehungszeit, n: Drehzahl

$v = \omega \cdot r$ v: Umfangsgeschwindigkeit, r: Radius

$a_r = v^2 / r = \omega^2 \cdot r$ a_r: Radialbeschleunigung

Gleichmäßig beschleunigt, Winkelbeschleunigung $\alpha = $ const

$\alpha = \Delta\omega / \Delta t$ $\Delta\omega$: Winkelschwindigkeitsdifferenz, Δt: Zeitdifferenz,

$a_t = \alpha \cdot r$ a_r: Tangentialbeschleunigung, r: Radius

$\omega = \alpha \cdot t$

$n = \alpha \cdot t / (2\pi)$ n: Drehzahl

$\varphi = \alpha \cdot t^2 / 2$

$a_r = \omega^2 \cdot r = \alpha^2 \cdot t^2 \cdot r$ a_r: Radialbeschleunigung

Analoge Größen zwischen der geradlinigen und der kreisförmigen Bewegung

$s \mathrel{\hat{=}} \varphi$ $\Rightarrow$ $s = \varphi \cdot r$

$v \mathrel{\hat{=}} \omega$ $\Rightarrow$ $v = \omega \cdot r$

$a_t \mathrel{\hat{=}} \alpha$ $\Rightarrow$ $a_r = \alpha \cdot r$

Gleichmäßig beschleunigte Kreisbewegung mit Anfangsdrehbewegung

$\omega = \omega_0 + a_t \cdot t$ ω_0: Winkelgeschwindigkeit bei $t = 0$

$n = n_0 + \dfrac{1}{2\,\pi}\alpha \cdot t$ n_0: Drehzahl bei $t = 0$

$\varphi = \omega_0 \cdot t + \alpha_t \cdot t^2 / 2$

$N = n_0 \cdot t + \dfrac{1}{4\,\pi}\alpha_t \cdot t^2$ N: Anzahl der Umdrehungen

Zu 2.2 Dynamik (Lehre von den Kräften)

Masse und Kraft

Grundgleichung der Dynamik

$F = m \cdot a$ F: Kraft, m: Masse, a: Beschleunigung

Gewichtskraft F_G

$F_G = m \cdot g$ g: Erdbeschleunigung, $g = 9{,}81$ m/s^2

Kräftegleichgewicht liegt vor, wenn gilt

$\sum\limits_{i} F_i = 0$ F_i: Einzelkräfte, i = 1, 2, 3, ……

Federkraft

$F = D \cdot s$ D: Federkonstante, s: Federweg

Trägheitskraft

$F_{Tr} = -m \cdot a$ F_{Tr}: Trägheitskraft

Kräfteansatz nach d'Alembert:

$\sum\limits_{i} F_i + F_{Tr} = 0$

Zentripetalkraft (Radialkraft)

$F_{Zp} = m \cdot v^2 / 2 = m \cdot \omega^2 \cdot r$ F_{Zp}: Zentripetalkraft, v: Umfangsgeschwindigkeit,

                                         ω: Winkelgeschwindigkeit, r: Radius

Zentrifugalkraft (Fliehkraft)

$F_{Zf} = -F_{Zp}$ F_{Zf}: Zentrifugalkraft

Corioliskraft

$F_C = 2 \cdot m \cdot v \cdot \omega \cdot$ F_C: Corioliskraft, m: Masse, v: Radialgeschwindigkeit (Komponente senkrecht zur Drehachse), ω: Winkelgeschwindigkeit

Zu 2.3 Arbeit, Energie, Leistung

Arbeit, Energie

Beschleunigungsarbeit W_B

$W_B = \dfrac{1}{2} m \cdot v^2$ m: Masse, v: Geschwindigkeit

Hubarbeit W_H

$W_H = m \cdot g \cdot h$ g: Erdbeschleunigung, h: Hubhöhe

Verformungsarbeit einer Feder W_V

$W_V = \dfrac{1}{2} D \cdot s^2$ D: Federkonstante, s: Verformungsweg

Reibungsarbeit W_R

$$W_R = F_R \cdot s$$ F_R: Freibungskraft, s: Reibungsweg

Beschleunigungsarbeit wird in kinetische Energie W_{KIN} umgesetzt: $W_B = W_{KIN}$;

Hubarbeit, Verformungsarbeit werden in potentielle Energie (Lageenergie) W_{POT} umgesetzt:

$$W_H = W_{POT,H} \text{ und } W_V = W_{POT,V}.$$

Energieerhaltung (nur mechanische Arbeiten)

$$W_{POT} + W_{KIN} = W_{GES} = \text{const} \quad W_{GES}: \text{Gesamtenergie}$$

Die Reibungsarbeit wird in Wärmeenergie Q umgesetzt und geht dem System als mechanische Arbeit verloren: $W_R = Q$.

Leistung

$$\overline{P} = \Delta W / \Delta t$$ $\overline{P}$: durchschnittliche Leistung, ΔW: Differenz der Arbeiten,

         Δt: Zeitdifferenz

$$P = dW / dt = F \cdot v$$ P: Momentanleistung, F: konstant wirkende Kraft,

         v: Geschwindigkeit, $v = \text{const}$

Zu 2.4 Impuls

Impulsänderung

$$\vec{p} = m \cdot \vec{v}$$ $\vec{p}$: Impulsvektor, m: Masse, $\vec{v}$: Geschwindigkeitsvektor

$$\Delta p = m \cdot \Delta v$$ Δp: Impulsänderung (Betrag), Δv: Geschwindigkeitsänderung (Betrag)

Impulserhaltung

$$\sum_i \vec{p}_i = \vec{p}_{GES} = \text{const}$$ $\vec{p}_i$: Einzelimpulse, $\vec{p}_{GES}$: Gesamtimpuls

Kraftstoß

$$F = \Delta p / \Delta t$$ F: Kraft, Δt: Zeitdifferenz

$$F \cdot \Delta t = \Delta p$$ $F \cdot \Delta t$: Kraftstoß

Schwerpunkt

Massenmittelpunkt eines Systems von Massenpunkten:

$$R_S = \sum_i (m_i \cdot R_i) / \sum_i m_i$$ R_S: Schwerpunktskoordinate, m_i: i-te Einzelmasse,

         R_i: Koordinate der i-ten Masse

Zu 2.5 Dynamik der Rotation

Energie, Massenträgheitsmoment

Die Rotationsenergie W_{ROT} gehört zur kinetischen Energie (Bewegungsenergie).

$$W_{ROT} = \Theta \cdot \omega^2 / 2$$ W_{ROT}: Rotationsenergie, Θ: Massenträgheitsmoment,

         ω: Winkelgeschwindigkeit

Drehmoment

$$M = \Theta \cdot \alpha$$ M: Drehmoment (Betrag), α: Winkelbeschleunigung

Drehimpulserhaltung

$$\vec{L} = \Theta \cdot \vec{\omega}$$ $\vec{L}$: Drehimpulsvektor, $\vec{\omega}$: Winkelgeschwindigkeitsvektor

$$\sum_i \vec{L}_i = \vec{L}_{GES} = \text{const}$$ $\vec{L}_i$: Einzeldrehimpulse, $\vec{L}_{GES}$: Gesamtdrehimpuls

2.1 Kinematik (Lehre von der Bewegung)

Geradlinige Bewegung

Aufgabe 1:

Ein Zug fährt die Strecke von 50 km in 45 min. Dabei wird eine Teilstrecke mit der konstanten Geschwindigkkeit von 80 km/h, die Reststrecke mit 60 km/h durchfahren.

a) Wie groß sind die Teilstrecken und die Zeit für die erste Teilstrecke?

b) Prinzipielle Darstellung im s-t-, v-t-Diagramm mit Eintragung der Formelgrößen

Lösung:

a) Gegeben: $s = 50$ km; $t_2 = 45$ min;

$$\bar{v}_1 = 80\,\text{km}/\text{h}; \quad \bar{v}_2 = 60\,\text{km}/\text{h}$$

$$\bar{v}_1 = s_1 / t_1 \Rightarrow t_1 = s_1 / \bar{v}_1 \qquad \text{Gl.(1)}$$

$$\bar{v}_2 = \frac{s - s_1}{t_2 - t_1} \qquad \text{Gl.(2)}$$

Gl.(1) in Gl.(2) einsetzen und nach s_1 auflösen:

$$s_1 = \frac{\bar{v}_1\left(\bar{v}_2 \cdot t_2 - s\right)}{\bar{v}_2 - \bar{v}_1} = \frac{80\dfrac{\text{km}}{\text{h}}\left(60\dfrac{\text{km}}{\text{h}} \cdot \dfrac{45\,\text{h}}{60} - 50\,\text{km}\right)}{(60 \text{-} 80)\dfrac{\text{km}}{\text{h}}}$$

$$s_1 = 20\,\text{km}; \Rightarrow s_2 = 30\,\text{km}.$$

$$t_1 = \frac{s_1}{\bar{v}_1} = \frac{20\,\text{km} \cdot \text{h}}{80\,\text{km}} = 0{,}25\,\text{h} = 15\,\text{min}$$

b)

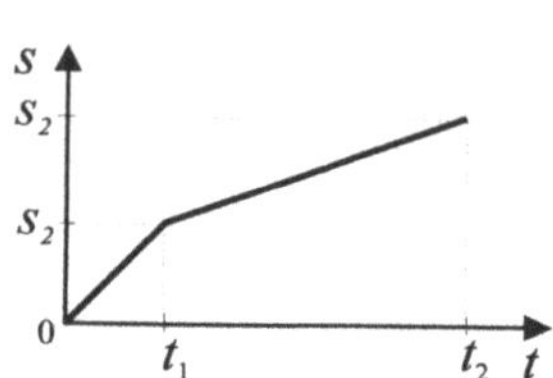

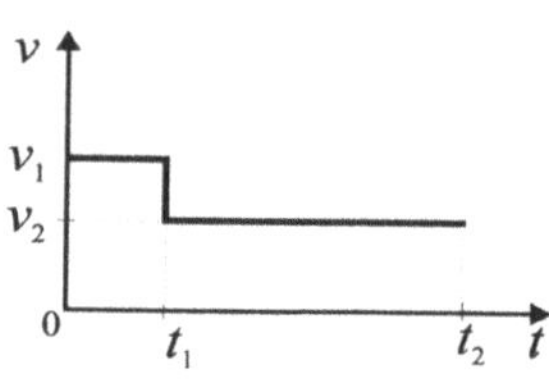

Aufgabe 2:

800 m vor einem Pkw, der mit 80 km/h fährt, befindet sich ein zweiter, der die Geschwindigkeit von 60 km/h besitzt. Nach welcher Zeit und Strecke hat der schnellere Pkw den langsameren eingeholt?

a) rechnerische,   b) grafische Ermittlung.

Lösung:

a)

$$s = v \cdot t; \quad t = \frac{s}{v} = \frac{0{,}8\,\text{km} \cdot \text{h}}{20\,\text{km}} = 0{,}04\,\text{h} = 2{,}4\,\text{min} = 144\,\text{s};$$

$$s_1 = 80\frac{\text{km}}{\text{h}} \cdot 0{,}04\,\text{h} = 3{,}2\,\text{km}.$$

Nach 144 s und 3,2 km wird der langsamere Pkw eingeholt.

$$s_2 = 60\frac{\text{km}}{\text{h}} \cdot 0{,}04\,\text{h} = 2{,}4\,\text{km};$$

$$\Delta s = s_1 - s_2 = 0{,}8\,\text{km} \Rightarrow \text{Abstand bei } t = 0$$

b)

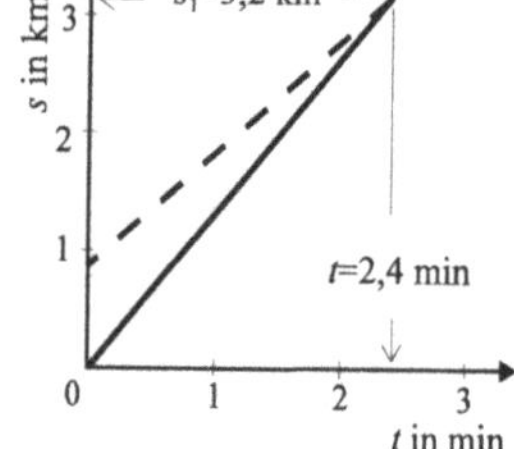

Aufgabe 3:

Ein Läufer benötigt für 100 m 11,2 s, dabei beschleunigt er während der ersten 18 m gleichmäßig auf die maximale Geschwindigkeit v_{max}, die er bis zum Schluß beibehält.
a) Berechnen Sie v_{max} und die durchschnittliche Geschwindigkeit $\bar{v}$.
b) Prinzipielle Darstellung im s-t-, v-t- und a-t-Diagramm.

Lösung:

a) Gegeben: $s_2 = 100$ m; $s_1 = 18$ m; $t_2 = 11,2$ s

b)

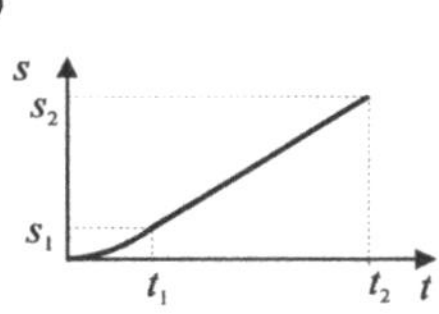
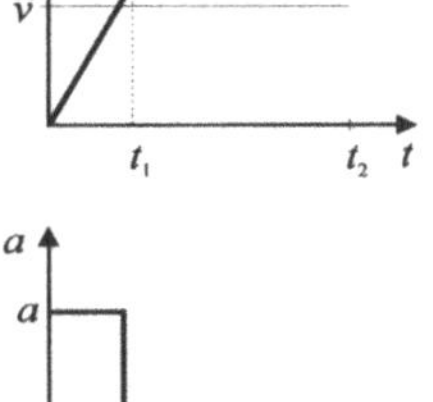

$$s_1 = \frac{1}{2} v_{max} \cdot t_1 \Rightarrow t_1 = \frac{2 s_1}{v_{max}} \qquad \text{Gl.(1)}$$

$$s_2 - s_1 = v_{max}(t_2 - t_1) \qquad \text{Gl.(2)}$$

Gl.(1) in Gl.(2) einsetzen und nach v_{max} auflösen:

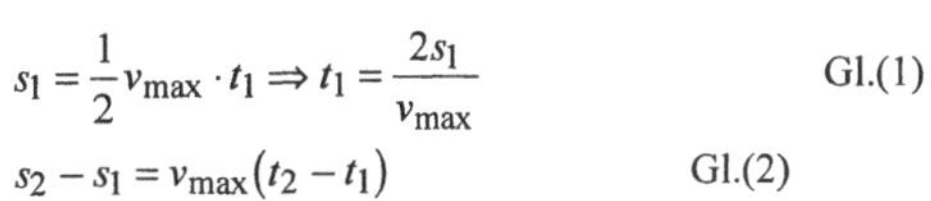

$$v_{max} = \frac{s_2 + s_1}{t_2} = \frac{(100 + 18)\ \text{m}}{11,2\ \text{s}} = 10,5\,\frac{\text{m}}{\text{s}} = 37,9\,\frac{\text{km}}{\text{h}};$$

$$\bar{v} = \frac{s_2}{t_2} = \frac{100\ \text{m}}{11,2\ \text{s}} = 8,93\,\frac{\text{m}}{\text{s}} = 32,1\,\frac{\text{km}}{\text{h}};$$

$$v_{max} = a \cdot t_1 \Rightarrow a = \frac{v_{max}}{t_1} = \frac{v^2_{max}}{2 s_1},$$

$$a = \frac{10,5^2\ \text{m}^2}{2 \cdot 18\ \text{m} \cdot \text{s}^2} = 3,1\ \frac{\text{m}}{\text{s}^2}.$$

Aufgabe 4:

a) Wieviel Meter vor einer Kurve muß der Fahrer eines Pkw's mit der Verzögerung $a = -2$ m/s² bremsen, um seine Geschwindigkeit von 72 km/h auf 36 km/h zu vermindern?
b) Prinzipielle Darstellung im s-t-, v-t-, und a-t-Diagramm

Lösung:

a) Gegeben: $a = -2$ m/s²; $v_1 = 72$ km / h; $v_2 = 36$ km / h

b)

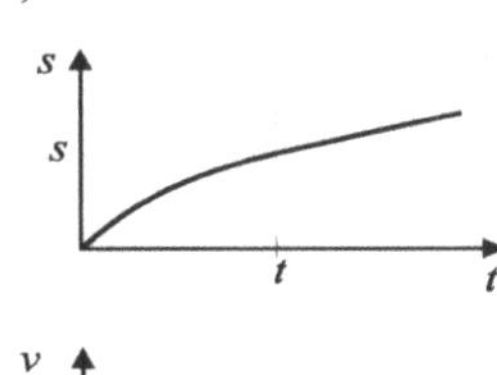
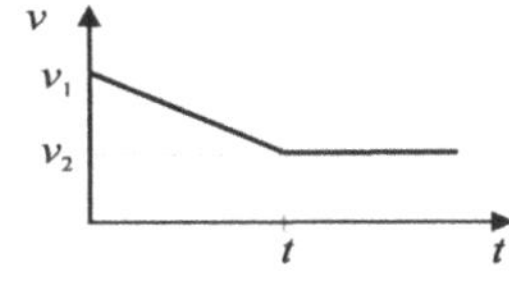
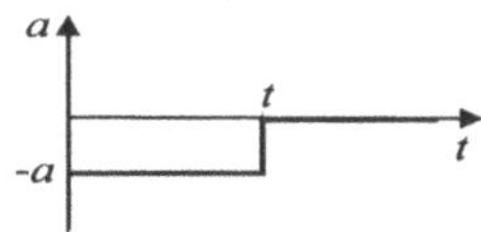

Für die gleichförmige Bewegung mit Anfangsgeschwindigkeit gilt:

$$v_2 = v_1 + a \cdot t \Rightarrow t = \frac{v_2 - v_1}{a},$$

$$t = \frac{(36 - 72)\ \text{km} \cdot \text{s}^2 \cdot 10^3\,\text{m} \cdot \text{h}}{-2 \cdot \text{h} \cdot \text{m} \cdot \text{km} \cdot 3,6 \cdot 10^3\,\text{s}} = 5,0\ \text{s}.$$

Die Abbremszeit beträgt 5,0 s.

$$s = v_1 \cdot t + \frac{1}{2} a \cdot t^2,$$

$$s = 72\,\frac{1}{3,6} \cdot \frac{\text{m}}{\text{s}} \cdot 5,0\ \text{s} - \frac{1}{2} \cdot 2\,\frac{\text{m}}{\text{s}^2} \cdot 25\ \text{s}^2,$$

$$s = 100\ \text{m} - 25\ \text{m} = 75\ \text{m}.$$

Der Fahrer muß 75 m vor der Kurve mit der Bremsung beginnen.

Zusammengesetzte Bewegung (Geschwindigkeitsvektoren)

Aufgabe 5:

Eine Fähre mit der Geschwindigkeit 20 km/h soll einen Fluß senkrecht zur Strömungsrichtung überqueren. Die Strömungsgeschwindigkeit beträgt 4 km/h. In welche Richtung muß die Fähre fahren und wie lange braucht sie, um die Flußbreite von $s = 300$ m zu überwinden?

a) rechnerische und   b) grafische Lösung

Lösung:

gegeben: $v_F = 20$ km/h; $v_{Fl.} = 4$ km/h

a)

$$v_{Fl}^2 + v_{RES}^2 = v_F^2$$

$$v_{RES} = \sqrt{v_F^2 - v_{Fl}^2} = \sqrt{20^2 - 4^2}\ \frac{km}{h}$$

$$v_{RES} = 19{,}6\ \frac{km}{h}$$

$$\sin\varphi_F = \frac{v_{FL}}{v_F} = \frac{4\ km/h}{20\ km/h} = 0{,}20$$

$$\Rightarrow \varphi_F = 11{,}5°.$$

Die Fahrtrichtung der Fähre beträgt 11,5° gegenüber der Senkrechten zum Flußverlauf.

$$t_F = \frac{s}{v_{RES}} = \frac{300\ m\ 3{,}6\ s}{19{,}6\ m} = 55{,}1\ s$$

Die Fähre benötigt 55,1 s zur Flußüberquerung.

b) Maßstab: z.B. 1 cm $\hat{=}$ 4 km/h

z.B. aus der Skizze:

v_{RES}: 4,9 cm; $\Rightarrow$

$$v_{RES} = 4{,}9\ cm \cdot \frac{4\ km/h}{1\ cm},$$

$$v_{RES} = 19{,}6\ km/h$$

$$t_F = \frac{s}{v_{RES}} = \frac{300\ m \cdot 3{,}6\ s}{19{,}6\ m},$$

$$t_F = 55{,}1\ s,$$

$$\varphi_F = 11{,}5°\ (\text{aus Zeichnung}).$$

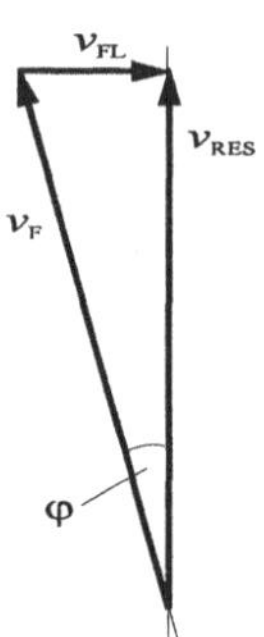

Aufgabe 6:

a) Unter welchem Winkel muß man zum Beispiel einen Stein abwerfen, um bei einem schrägen Wurf eine maximale Weite zu erzielen?

b) Wie groß sind dabei die maximale Höhe h_{MAX} und die maximale Weite $x_{W,MAX}$, wenn die Abwurfgeschwindigkeit v_0 gegeben ist?

Lösung:

Aus der Zeichnung folgt:

$$v_S = v_0 \sin\alpha \quad \text{und} \quad v_W = v_0 \cos\alpha \ ; \qquad \text{Gl. (1)};$$

für den senkrechten Wurf gilt ferner:

$$h_{MAX} = v_S t_S - 0{,}5\ g\ t_S^2$$

$$v_S = g \cdot t_S \quad \text{im Umkehrpunkt } (t_S\text{:Steigzeit});$$

$$\Rightarrow \quad h_{MAX} = \frac{1}{2}\ v_S\ t_S = \frac{v_S^2}{2\,g} = \frac{v_0^2 \sin^2\alpha}{2\,g} \qquad \text{Gl. (2)}$$

mit $t_W = 2 \cdot t_S$ (Wurfzeit t_W gleich Steig- und Fallzeit)

folgt mit Gl. (2): $t_W = \dfrac{2\,v_0 \sin\alpha}{g}$ Gl. (3). Es gilt ferner: $x_W = v_0 \cos\alpha \cdot t_W$ in Gl.(3)

eingesetzt:

$$x_W = \frac{2\,v_0^2 \sin\alpha \cdot \cos\alpha}{g}\ ;$$

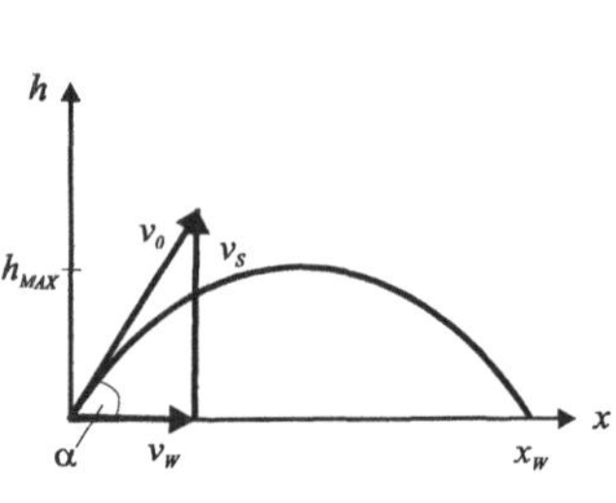

a) $x_{W,MAX}$, wenn $2\sin\alpha \cdot \cos\alpha = \sin(2 \cdot \alpha) = 1$ ist $\Rightarrow \alpha = 45°$ (Wurfwinkel für maximale Weite).

b) $h_{MAX} = \dfrac{v_0^2}{4\,g}$ und $x_{W,MAX} = \dfrac{v_0^2}{g}$.

Kreisbewegung

Aufgabe 7:

Die Spitze des Minutenzeigers einer Turmuhr hat die Geschwindigkeit 1,5 mm/s. Wie lang ist der Minutenzeiger r, wie groß sind die Winkelgeschwindigkeit ω und die Radialbeschleunigung a_r?

Lösung:

gegeben: $v = 1,5$ mm/s; $T = 60$ min $= 3600$ s

$$v = 2\pi \cdot r \cdot n = \frac{2\pi \cdot r}{T} \Rightarrow r = \frac{T \cdot v}{2\pi} = \frac{3600 \text{ s} \cdot 1,5 \text{ mm}}{2\pi \cdot \text{s}} = 859,4 \text{ mm}; \quad a_r = \frac{v^2}{r} = \frac{1,5^2 \text{ mm}^2}{859,4 \text{ mm s}^2}$$

$$a_r = 2,6 \cdot 10^{-3} \text{ mm} / \text{s}^2; \quad \omega = \frac{v}{r} = \frac{1,5 \text{ mm}}{859,4 \text{ mm} \cdot \text{s}} = 1,7 \cdot 10^{-3} \text{ s}^{-1}$$

Aufgabe 8:

Ein Motor beschleunigt gleichmäßig aus den Stillstand und erreicht nach 10 Sekunden 3000 Umdrehungen pro Minute.

a) Wie groß ist danach seine Winkelgeschwindigkeit ω, wieviel Umdrehungen N hat er gemacht und wie groß ist die Winkelbeschleunigung α?

b) Stellen Sie diesen Beschleunigungsvorgang prinzipiell in den folgenden Diagrammen dar:
$\varphi(t)$, $\omega(t)$, $\alpha(t)$.

Lösung:

a)

Für die gleichmäßige Winkelbeschleunigung α aus dem Stillstand gilt (n: Drehzahl):

$$n = \frac{\alpha}{2\pi} \cdot t \quad \Rightarrow \quad \alpha = \frac{2\pi n}{t}$$

$$\alpha = \frac{2\pi \cdot 3000 \cdot \text{rad}}{10 \text{ s} \cdot 60 \text{ s}} = 31,4 \text{ rad} / \text{s}^2$$

Für die maximale Winkelgeschwindigkeit ω_{max} gilt:

$$\omega_{max} = \alpha \cdot t = 31,4 \text{ rad} / \text{s}^2 \cdot 10 \text{ s} = 314 \text{ rad} / \text{s}$$

Für die Anzahl der Umdrehungen N während des Beschleunigungsvorganges gilt:

$$N = \frac{1}{4\pi} \cdot \alpha \cdot t^2 = \frac{31,4 \text{ rad } 100 \text{ s}^2}{4\pi \text{ rad} \cdot \text{s}^2} = 250$$

b)

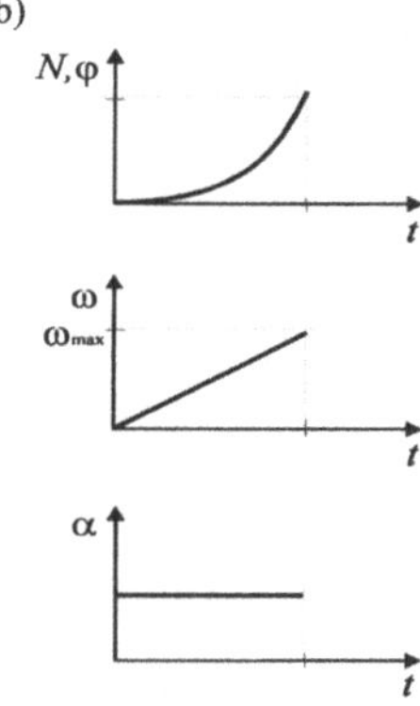

Aufgabe 9:

Ein Rad mit 1,0 Meter Durchmesser wird aus der Ruhe 1,2 s lang gleichmäßig beschleunigt mit $\alpha = 1,5$ s^{-2}.

a) Wie groß ist die maximale Beschleunigung eines Umfangspunktes (Vektorsumme $\vec{a}_r$ und $\vec{a}_t$) mit Angabe des Betrages und der Richtung?

b) Fertigen Sie eine prinzipielle Skizze der auftretenden Vektoren an.

Lösung:

Gegeben: $t = 1,2$ s; $r = 0,5$ m; $\alpha = 1,5$ s^{-2}

a)   b)

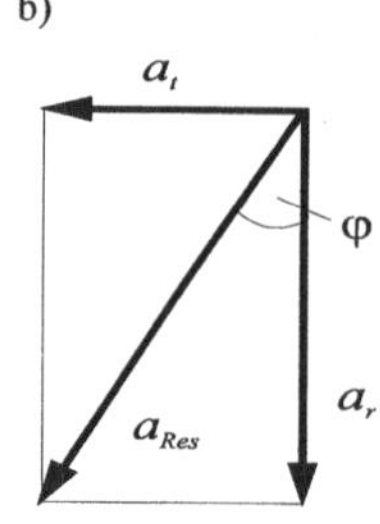

Für die gleichmäßige Beschleunigung aus der Ruhe gilt:

$$\omega = \alpha \cdot t \quad \text{mit} \quad v = \omega \cdot r \Rightarrow v = \alpha \cdot t \cdot r$$

einsetzen in ($a_{r,\max}$: Radialbeschleunigung am Umfang):

$$a_r = \frac{v^2}{r} = \alpha^2 \cdot t^2 \cdot r$$

$$a_{r,\max} = 1{,}5^2 \; \text{s}^{-4} \cdot 1{,}2^2 \; \text{s}^2 \cdot 0{,}5 \; \text{m} = 1{,}62 \; \frac{\text{m}}{\text{s}^2}.$$

Für die maximale Tangentialbeschleunigung der Umfangspunkte gilt:

$$a_{t,\max} = \alpha \cdot t = 1{,}5 \; \text{s}^2 \cdot 0{,}5 \; \text{m} = 0{,}75 \; \text{m} / \text{s}^2 .$$

Aus dem Vektordiagramm erhält man:

$$a_{\text{Res}} = \sqrt{a_t{}^2 + a_r{}^2} = \sqrt{\left(0{,}75^2 + 1{,}62^2\right)} \cdot \frac{\text{m}}{\text{s}^2} = 1{,}79 \frac{\text{m}}{\text{s}^2}; \quad \tan\varphi = \frac{a_t}{a_r} = \frac{0{,}75}{1{,}62} = 0{,}46 \quad \Rightarrow \quad \varphi = 24{,}8°.$$

Jeder Massenpunkt am Umfang im Abstand $r = 0{,}5$ m erfährt eine resultierende max. Beschleunigung von 1,79 m/s², die um 24,8° gegen r nach innen gerichtet ist.

2.2   Dynamik (Lehre von den Kräften)

Masse und Kraft

Aufgabe 10:

Welche Bremskraft und welche Beschleunigung sind erforderlich, um ein Fahrzeug mit einer Masse von 800 kg, dessen Geschwindigkeit 90 km/h beträgt,

a) innerhalb von 60 m und

b) innerhalb von 60 s zum Halten zu bringen?

Lösung:

a)

$$s_B = \frac{1}{2} v \cdot t_B \; ; \quad v = -a \cdot t_B \quad \Rightarrow \quad a = -\frac{v^2}{2 \, s_B} \quad \text{einsetzen in} \quad F_B = m \cdot a = -m \cdot \frac{v^2}{2 \, s_B}$$

$$F_B = -800 \; \text{kg} \frac{90^2 \; \text{m}^2}{3{,}6^2 \; \text{s}^2 \; 2 \cdot 60 \; \text{m}} = -4{,}17 \cdot 10^3 \; \frac{\text{kg m}}{\text{s}^2} \quad \Rightarrow \quad F_B = -4{,}17 \; \text{kN};$$

$$a = -\frac{v}{t_B} = -\frac{90^2 \; \text{m}^2}{3{,}6^2 \; \text{s}^2 \; 2 \cdot 60 \; \text{m}} = -5{,}2 \; \frac{\text{m}}{\text{s}^2} .$$

Minuszeichen heißt, Bremskraft F_B und Beschleunigung a sind bzgl. des Weges entgegengesetzt.

b)

$$F_B = -m \cdot \frac{v}{t_B} = -800 \; \text{kg} \cdot \frac{90 \; \text{m}}{3{,}6 \; \text{s} \cdot 60 \; \text{s}} = -333 \; \text{N}; \quad a = -\frac{v}{t_B} = -\frac{90 \; \text{m}}{3{,}6 \; \text{s} \; 60 \; \text{s}} = -0{,}42 \; \frac{\text{m}}{\text{s}^2} .$$

Aufgabe 11:

An einem Klotz mit der Gewichtskraft F_G greift unter einem Winkel $\alpha = 45°$ eine Kraft $F = 30$ N an.

a) Es ist die Kraft zu berechnen, die parallel und senkrecht zur Auflage des Klotzes wirkt und die resultierende Kraft mit Betrag und Richtung.

b) Es ist eine prinzipielle Kräfteskizze anzufertigen.

Lösung:

a) Mit Cosinussatz gilt:

b) 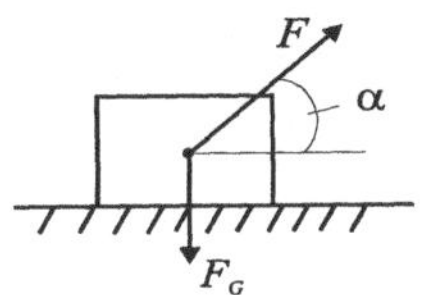

$$F_{RES} = \sqrt{F_G^2 + F^2 - 2F_G \cdot F \cdot \cos\alpha}$$

$$F_{RES} = (30^2 + 20^2 - 2 \cdot 30 \cdot 20 \cdot \cos 45°)^{1/2} \text{ N}$$

$$F_{RES} = 21,3 \text{ N};$$

$$F_p = F \cdot \cos\alpha = F \cdot \cos 45° = 14,1 \text{ N},$$

$$\cos\varphi = \frac{F_p}{F_{RES}} = \frac{14,1 \text{ N}}{21,3 \text{ N}} = 0,665$$

$$\varphi = 48,3°;$$

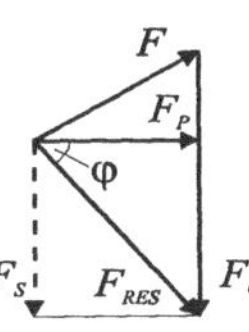

$$F_S = F_{RES} \cdot \sin\varphi = 21,3 \text{ N} \cdot \sin 48,3° = 15,9 \text{ N} = F_N.$$

Die senkrecht zur Unterlage wirkende Kraft F_S ist auch gleich der Normalkraft F_N.

Aufgabe 12:

Zwei Federn mit unterschiedlichen Federkonstanten D_1 und D_2 werden

a) parallel und

b) hintereinander angeordnet.

Wie lauten die beiden Gesamtfederkonstanten D? Es ist je eine Prinzipskizze anzufertigen.

Lösung:

a) Federn parallel:

$$F = D \cdot s \quad \text{und} \quad F = F_1 + F_2 \quad \text{mit}$$

$$F_1 = D_1 \cdot s; \quad F_2 = D_2 \cdot s \quad \text{folgt}$$

$$D \cdot s = s \cdot (D_1 + D_2) \quad \Rightarrow \quad D = D_1 + D_2$$

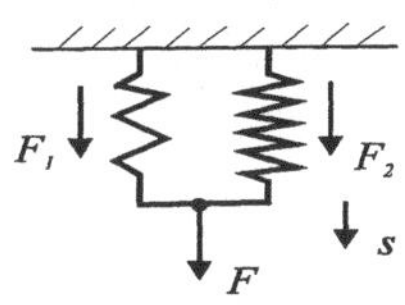

b) Federn in Reihe:

$$F = D \cdot s \; ; \quad F = F_1 = F_2 \quad \text{und} \quad s = s_1 + s_2$$

$$s = \frac{F}{D} \quad \Rightarrow \quad s_1 = \frac{F_1}{D_1} \; ; \quad s_2 = \frac{F_2}{D_2}$$

$$\frac{F}{D} = \frac{F_1}{D_1} + \frac{F_2}{D_2} = F \cdot \left(\frac{1}{D_1} + \frac{1}{D_2}\right);$$

$$\Rightarrow \quad \frac{1}{D} = \frac{1}{D_1} + \frac{1}{D_2} \quad \text{oder} \quad D = \frac{D_1 + D_2}{D_1 \cdot D_2}.$$

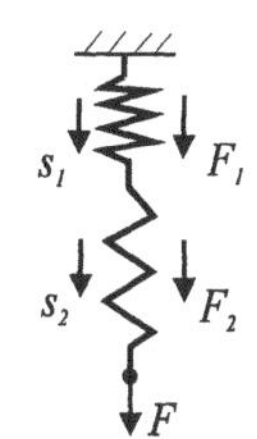

Aufgabe 13:

Wie groß ist die Haftreibungszahl μ_H, damit ein Körper auf einer schiefen Ebene ($\alpha = 43°$) gerade noch liegen bleibt? Es ist eine Kräfteskizze anzufertigen.

Lösung:

Gleichgewichtsbedingung lautet:

$$F_R = F_H$$

$$\mu_H \cdot F_N = F_G \cdot \sin\alpha$$

$$\mu_H \cdot F_G \cdot \cos\alpha = F_G \cdot \sin\alpha$$

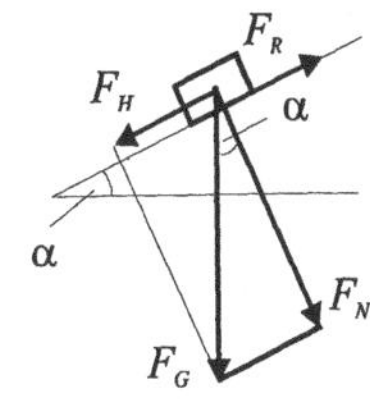

$$\mu_H = \frac{\sin\alpha}{\cos\alpha} = \tan\alpha;$$

$$\mu_H = \tan 43° = 0,93.$$

(F_R: Reibungskraft, F_H: Hangabtriebskraft, F_G: Gewichtskraft)

Aufgabe 14:

Wie groß ist F, um einen Körper der Masse $m = 60$ kg mit konst. Geschwindigkeit über eine trockene Holzunterlage zu ziehen (mit Kräfteskizze)?

Lösung:

gegeben: $v = $ const.; $\mu = 0{,}3$; $\varphi = 30\,°$; $m = 60$ kg

Gleichgewichtsbedingung lautet: $F_A = F_R$

$$F_A = F \cdot \cos\varphi \; ; \quad F_R = \mu \cdot F_N \Rightarrow F_R = \mu\left(F_G - F \cdot \sin\varphi\right);$$

F_A und F_R gleichsetzen:

$$F \cdot \cos\varphi = \mu\left(m \cdot g - F \cdot \sin\varphi\right) \quad \text{nach } F \text{ auflösen:}$$

$$F = \frac{\mu \cdot m \cdot g}{\cos\varphi + \mu \cdot \sin\varphi} = \frac{0{,}3 \cdot 60 \text{ kg} \cdot 9{,}81 \text{ m}}{\left(\cos 30° + 0{,}3 \cdot \sin 30°\right) \text{s}^2} = 173 \text{ N}$$

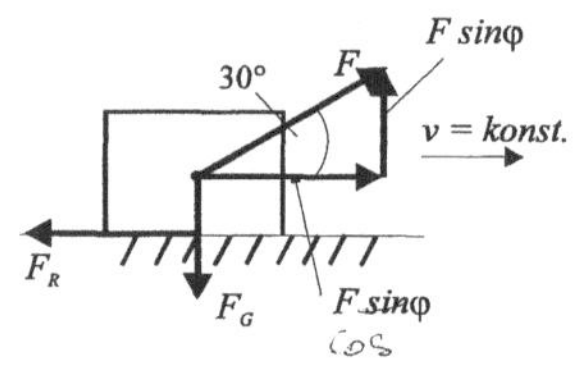

(F_A: Antriebskraft, F_R: Reibungskraft, F_N: Normalkraft)

Trägheitskraft

Aufgabe 15:

Eine Aufzugskabine hat eine Masse von 10^3 kg. Welche Kräfte wirken im Tragseil, wenn sich die Kabine

a) mit der Beschleunigung von $1{,}5$ m/s² abwärts und

b) mit der Beschleunigung von $1{,}5$ m/s² aufwärts bewegt?

Fertigen Sie zu den Fällen a) und b) je eine Kräfteskizze an!

Lösung:

a)

$$F_G = F_S + F_{Tr}$$

$$F_S = F_G - F_{Tr} = m \cdot g - m \cdot a$$

$$F_S = m \cdot (g - a) = 10^3 \text{ kg} \cdot 8{,}31 \frac{\text{m}}{\text{s}^2}$$

$$F_S = 8{,}31 \cdot 10^3 \text{ N.}$$

b)

$$F_S = F_G + F_{Tr}$$

$$F_S = m \cdot g + m \cdot a = m \cdot (g + a)$$

$$F_S = 10^3 \text{ kg} \cdot 11{,}31 \ \frac{\text{m}}{\text{s}^2}$$

$$F_S = 1{,}13 \cdot 10^4 \text{ N.}$$

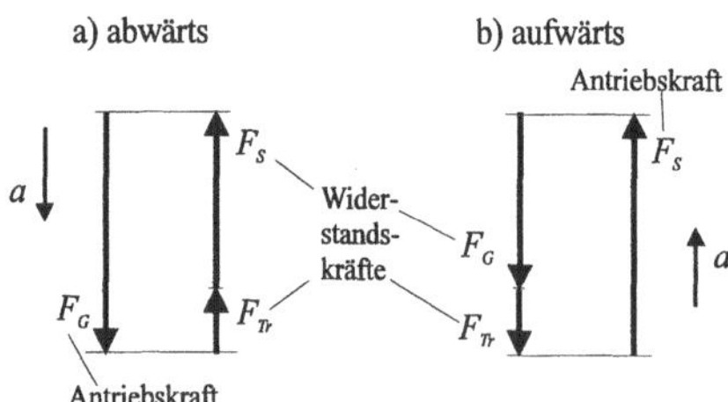

a: Beschleunigung; F_G: Gewichtskraft;
F_S: Seilkraft; F_{Tr} : Trägheitskraft

Aufgabe 16:

In einem Bundesbahnwagen ist an der Decke ein Fadenpendel befestigt. Bei der gleichförmigen Beschleunigung des Zuges wird auf gerader, horizontaler Strecke das Pendel um den Winkel $\alpha = 4{,}5°$ ausgelenkt. Wie groß ist die Beschleunigung a des Zuges?

Lösung:

Die Trägheitkraft F_{Tr} ist entgegengesetzt zur Beschleunignung a gerichtet und wird berechnet zu: $F_{Tr} = m \cdot a$; mit m: Masse der Kugel. Aus dem Kräfteparallelogramm (s. Skizze) folgt:

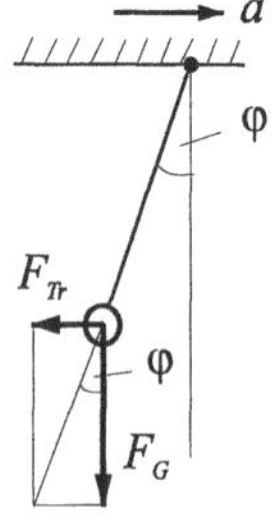

$$\tan\varphi = \frac{F_{Tr}}{F_G} = \frac{m \cdot a}{m \cdot g} \ \Rightarrow \ a = g \cdot \tan\varphi = 9{,}81 \frac{\text{m}}{\text{s}^2} \tan 4{,}5°,$$

$$a = 0{,}772 \text{ m/s}^2.$$

Zentrifugelkraft

Aufgabe 17:

Welchen Winkel φ schließen die beiden gleich langen Pendel ($L = 20$ cm) eines Fliehkraftreglers ein, der sich mit $n = 90 \cdot$ U/min dreht?

Lösung:

F_{Zf}: Zentrifugalkraft; F_G: Gewichtskraft;

$$F_{Zf} = m \cdot r \cdot \omega^2 = m \cdot r (2\pi \cdot n)^2$$

$$\tan\frac{\varphi}{2} = \frac{F_{Zf}}{F_G} = \frac{m \cdot r (2\pi \cdot n)^2}{m \cdot g}; \qquad \text{Gl.(1)}$$

Ferner gilt (s. Skizze):

$$r = \sin(\varphi/2) \cdot 0{,}2\,\text{m} \quad \text{und} \quad \tan(\varphi/2) = \frac{\sin(\varphi/2)}{\cos(\varphi/2)};$$

in Gl. (1) einsetzen:

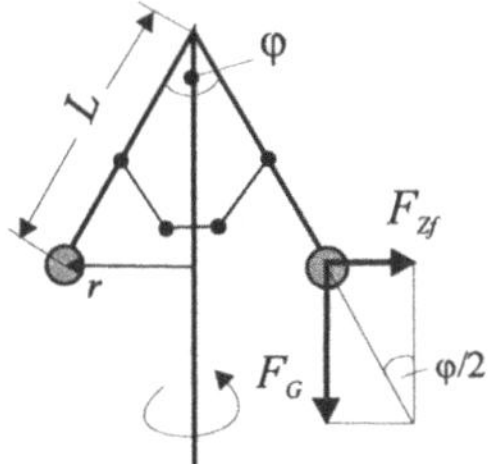

$$\frac{\sin(\varphi/2)}{\cos(\varphi/2)} = \frac{\sin(\varphi/2) \cdot L \cdot (2\pi \cdot n)^2}{g} \quad \Rightarrow \quad \cos\varphi/2 = \frac{g}{L \cdot (2\pi \cdot n)^2} = \frac{9{,}81 \cdot \text{m} \cdot \text{s}^2 \cdot 60^2}{\text{s}^2 \cdot 0{,}2 \cdot \text{m} \cdot (2\pi)^2 \cdot 90^2}$$

$$\cos(\varphi/2) = 0{,}522 \quad \Rightarrow \quad \varphi/2 = 56{,}5° \quad \Rightarrow \quad \varphi = 113°.$$

Aufgabe 18:

Wieviel Prozent der Gewichtskraft werden am Äquator der Erde als Zentripetalkraft benötigt? (Erdradius $r = 6380$ km)

Lösung:

F_{Zp}: Zentripetalkraft; m: Masse eines Körpers; ω: Winkelgeschwindigkeit der Erde; T: Umlaufzeit.

$$F_{Zp} = m \cdot r \cdot \omega^2 \quad \text{mit} \quad \omega = \frac{\varphi}{t} = \frac{2\pi}{T} \quad \Rightarrow \quad \frac{F_{Zp}}{F_G} = \frac{m \cdot r \cdot \omega^2}{m \cdot g} = \frac{6{,}38 \cdot 10^6\,\text{m} \cdot \text{s}^2 \cdot (2\pi)^2}{9{,}81\,\text{m} \cdot (24 \cdot 60 \cdot 60)^2\,\text{s}^2} = 0{,}0034$$

$$\Rightarrow 0{,}34\,\% \text{ der Gewichtskraft werden am Äquator als Zentripetalkraft benötigt.}$$

Aufgabe 19:

Bei einer Eisenbahnstrecke sollen die Gleise einer Kurve so überhöht werden, daß die im Schwerpunkt der Wagen angreifende Gesamtkraft gerade senkrecht zum Gleiskörper gerichtet ist. Der Kurvenradius beträgt $R = 1$ km und die Geschwindigkeit der Züge soll $v = 120$ km/h betragen. Welchen Überhöhungswinkel α müssen die Gleise haben?

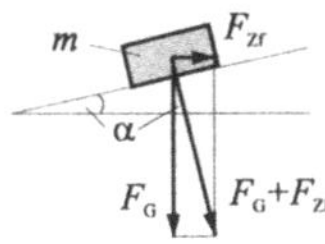

Lösung:

Die an jedem Wagen angreifenden Kräfte sind die Zentrifugalkraft F_{Zf} und die Gewichtskraft F_G.

Es gilt: $\tan\alpha = F_{Zf}/F_G = v^2 \cdot m/(R \cdot m \cdot g) = 120^2 \cdot \text{m}^2/(3{,}6^2 \cdot \text{s}^2 \cdot 10^3 \cdot \text{m} \cdot 9{,}81 \cdot \text{m} \cdot \text{s}^{-1}); \Rightarrow \alpha = 6{,}5°.$

Corioliskraft

Aufgabe 20:

Es ist die Corioliskraft F_C nach Betrag und Richtung zu berechnen, die auf eine Diesellokomotive mit der Masse $m = 110$ t wirkt. Die Lok fährt von Süden nach Norden in der Nähe des 49-sten Breitengrades ($\varepsilon = 49°$) mit einer Geschwindigkeit von 100 km/h. (Umlaufzeit der Erde $T_E \approx 24$ h)

Lösung:

Der Betrag der Corioliskraft ist: $F_C = 2 \cdot m \cdot \omega_E \cdot v \cdot \sin(\varepsilon)$, mit ω_E: Winkelgeschwingkeit der Erde; $\Rightarrow$

$$F_C = 2 \cdot m \cdot v \cdot 2\,\pi\,\frac{1}{T_E}\sin\varepsilon = 2 \cdot 110 \cdot 10^3\,\text{kg}\,\frac{100 \cdot m}{3{,}6 \cdot s}\,2\,\pi\,\frac{1}{24 \cdot 3600 \cdot s}\sin 49° = 335\,\text{N}.$$

Da F_C das Vektorprodukt aus v und ω_E ist, steht somit der Kraftvektor senkrecht auf der v-ω_E-Ebene und zeigt nach Osten.

2.3 Arbeit, Energie, Leistung

Arbeit, Energie

Aufgabe 21:

Ein Aufzug mit einer Masse von 2,0 t soll aus der Ruhe nach oben gleichmäßig auf eine Geschwindigkeit von 10 m/s beschleunigt werden. Die hierbei erreichte Höhe beträgt 50 m. Die Reibung wird vernachlässigt. Wie groß ist die aufzuwendende Gesamtarbeit W_{GES}.?

Lösung:

Gesamtarbeit = Beschleunigungsarbeit + Hubarbeit

$$W_{GES} = W_B + W_H = \frac{1}{2} \cdot m \cdot v^2 + m \cdot g \cdot h = \frac{1}{2} \cdot 2 \cdot 10^3 \text{ kg} \cdot 10^2 \cdot \frac{m^2}{s^2} + 2 \cdot 10^3 \text{ kg} \cdot 9{,}81\frac{m}{s^2} \cdot 50 \text{ m}$$

$$W_{GES} = 10^5 \text{ Nm} + 9{,}8 \cdot 10^5 \text{ Nm} = 10{,}8 \cdot 10^5 \text{ Nm} = 1{,}08 \text{ MJ}$$

Aufgabe 22:

Ein Waggon mit einer Masse von 40 t rollt mit einer Geschwindigkeit von 15 km/h gegen einen Puffer und drückt dessen Federn um 50 mm zusammen (reibungsfrei). Wie groß ist die Federkonstante D der beiden Federn?

Lösung:

$$W_V = \frac{1}{2}D_{GES} \cdot s^2 \overset{!}{=} \frac{1}{2}m \cdot v^2 = W_{kin} \quad \Rightarrow \quad \text{Verformungsarbeit gleich kinetische Energie}$$

$$D_{GES} = \frac{m \cdot v^2}{s^2} = \frac{40 \cdot 10^3 \text{kg} \cdot 15^2 \text{m}^2}{50^2 \cdot 10^{-6} \text{m}^2 \cdot 3{,}6^2 \text{s}^2} = 2{,}78 \cdot 10^8\,\frac{\text{kg} \cdot m}{s^2 \cdot m} = 2{,}78 \cdot 10^8\,\frac{N}{m}$$

Da es sich um 2 parallele Federn handelt, gilt: $D_{GES} = D_1 + D_2$ mit $D_1 = D_2 = D$

$\Rightarrow D_{GES} = 2\,D \Rightarrow D = 0{,}5\,D_{GES} = 1{,}39 \cdot 10^8 \text{ N / m}$

Energieerhaltung

Aufgabe 23:

Auf eine um 15 cm zusammengedrückte Feder mit der Federkonstante $D = 2{,}0$ N/cm wird eine Kugel mit der Masse 80 g gelegt. Wie hoch springt die Kugel, wenn sich die Feder plötzlich entspannt?

Lösung:

Es gilt der Energiesatz der Mechanik: Spannungsernergie + Lageenergie + kinetische Energie an den Orten „1" und „2":

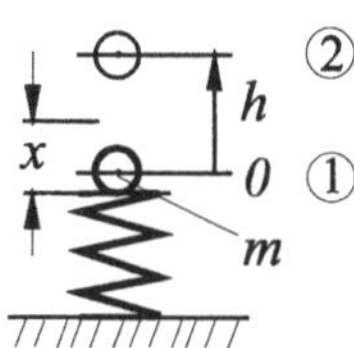

$$W_{S1} \quad + W_{L1} + W_{KIN,1} = W_{S2} + W_{L2} \quad + W_{KIN,2}$$

$$0{,}5\,D \cdot x^2 + \quad 0 \quad + \quad 0 \quad = \quad 0 \quad + m \cdot g \cdot h + \quad 0$$

$$\Rightarrow h = \frac{1}{2} \cdot \frac{D \cdot x^2}{m \cdot g} = \frac{2 \cdot 10^2 \text{ N} \cdot 0{,}15^2 \text{m}^2 \cdot s^2}{2 \text{ m} \cdot 0{,}08 \text{ kg} \cdot 9{,}81 \text{ m}} = 2{,}87 \text{ m}.$$

Aufgabe 24:

Welche Geschwindigkeit hat eine Pendelkugel, die an einem 2,5 m langen Faden hängt, im tiefsten Punkt ihrer Bahn? Das Pendel wurde anfangs um 30° gegen die Senkrechte ausgelenkt. (*Lösungsansatz*: Energieerhaltungssatz)

Lösung:

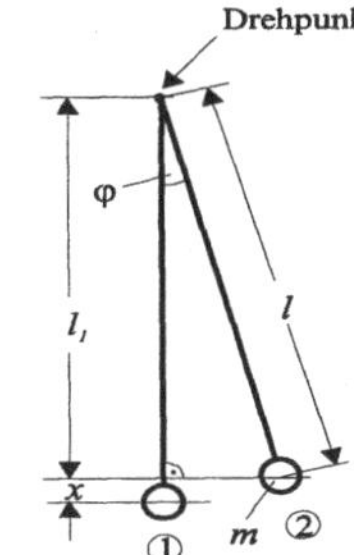

$$W_{POT,1} + W_{KIN,1} = W_{POT,2} + W_{KIN,2}$$

$$0 + \frac{1}{2} m \cdot v_{max}^2 = m \cdot g \cdot x + 0$$

$$\Rightarrow v_{max} = \sqrt{2 \cdot g \cdot x} \quad ; \quad \text{für } x \text{ gilt: } x = l - l_1 = l - l \cdot \cos\varphi$$

einsetzen in v_{max} ergibt:

$$v_{max} = \sqrt{2 \cdot g \cdot l \cdot (1 - \cos 30°)} = \sqrt{2 \cdot 9{,}81 \frac{m}{s^2} \cdot 2{,}5 \, m \cdot (1 - \cos 30°)}$$

$$v_{max} = 2{,}56 \, m/s \quad \Rightarrow \text{Geschwindigkeit der Kugel im tiefsten Punkt.}$$

Leistung

Aufgabe 25:

Die Luftreibungskaft wächst mit dem Quadrat der Geschwindigkeit ($F_{LR} \propto v^2$). Welche Leistung müßte ein Motor haben (in kW und PS), der für eine Geschwindigkeit von 110 km/h 22,1 kW benötigt, um mit demselben Wagen 150 km/h zu fahren? Die Rollreibung wird vernachlässigt.

Lösung:

$$F_{LR} \propto v^2 \Rightarrow \frac{F_{LR,1}}{F_{LR,2}} = \frac{v_1^2}{v_2^2} \quad Gl.(1) ; \quad \text{Luftreibungsarbeit: } W_{LR} = F_{LR} \cdot s$$

Luftreibungsleistung: $\quad P_{LR,1} = F_{LR,1} \cdot v_1 \Rightarrow \text{mit } F_{LR} = \text{const} \Rightarrow Gl.(2)$

$$P_{LR,2} = F_{LR,2} \cdot v_2 = F_{LR,1} \cdot \frac{v_2^2}{v_1^2} \cdot v_2 = F_{LR,1} \cdot v_1 \cdot \frac{v_2^3}{v_1^3} \qquad \text{mit Gl.(1) und (2) folgt}$$

$$P_{LR,2} = P_{LR,1} \cdot \frac{v_2^3}{v_1^3} = 22{,}1 \, kW \frac{(150 \, km/h)^3}{(110 \, km/h)^3} = 56{,}0 \, kW = 76{,}2 \, PS$$

$\Rightarrow 36\%$ Geschwindigkeitssteigerung haben $\approx 150\%$ Leistungserhöhung zur Folge.

Aufgabe 26:

Wie hoch ist die Spitzen- und die durchschnittliche Leistung eines Hochspringers (Masse 75 kg), der seinen Schwerpunkt während des Absprungs 0,4 m gleichmäßig nach oben beschleunigt und dabei eine solche Absprunggeschwindigkeit erfährt, daß er noch weitere 0,6 m sich nach oben bewegt?

Lösung:

$$W_B \overset{!}{=} W_{KIN} \Rightarrow m \cdot a \cdot h_1 = \frac{1}{2} m \cdot v_E^2 \Rightarrow \text{Beschleunigungsarbeit = kin. Energie;} \quad Gl.(1)$$

$$W_H \overset{!}{=} W_{KIN} \Rightarrow m \cdot g \cdot h_2 = \frac{1}{2} m \cdot v_E^2 \Rightarrow \text{Hubarbeit = kin. Energie;} \quad Gl.(2)$$

aus (1) und (2) folgt: $m \cdot g \cdot h_2 = \frac{1}{2} m \cdot v_E^2 \Rightarrow v_E = \sqrt{2g \cdot h_2}$ und mit $m \cdot a \cdot h_1 = m \cdot g \cdot h_2 \Rightarrow$

$$a = g \frac{h_2}{h_1} \quad Gl.(3). \text{ Es gilt: } P_{max} = F_A \cdot v_E = (F_T + F_G) \cdot v_E = (m \cdot a + m \cdot g) \cdot \sqrt{2g \cdot h_2} \, .$$

(F_A: Antriebskraft; F_G: Gewichtskraft; F_T: Trägheitskraft; P_{max}: max. Leistung)

$$P_{\max} = m \cdot \left(g\frac{h_2}{h_1} + g \right) \cdot \sqrt{2g \cdot h_2} = 75\ \text{kg} \cdot 9{,}81\frac{\text{m}}{\text{s}^2} \left(\frac{0{,}6\,\text{m}}{0{,}4\,\text{m}} + 1 \right) \cdot \sqrt{2 \cdot 9{,}81\frac{\text{m}}{\text{s}^2} \cdot 0{,}6\,\text{m}}$$

$P_{\max} = 6{,}31\ \text{kW} = 8{,}59\ \text{PS}$. Für die Gesamtarbeit gilt: $W_{\text{ges}} = \dfrac{1}{2} P_{\max} \cdot t_\text{B} \overset{!}{=} \overline{P} \cdot t_\text{B}$;

Für die durchschnittliche Leistung folgt dann: $\overline{P} = 0{,}5\ P_{\max} = 3{,}16\ \text{kW} = 4{,}30\ \text{PS}$.

Aufgabe 27:

Die Leistung einer Kaplanturbine (Wasserturbine) beträgt 11 MW. Wieviel Kubikmeter Wasser pro Sekunde werden bei einem nutzbaren Gefälle von $h = 8$ m bei einem Wirkungsgrad η von 93 % der Turbine zugeführt?

Lösung:

$W_{\text{ab}}/W_{\text{zu}}$: ab- bzw. zugeführte Arbeit; $P_{\text{ab}}/P_{\text{zu}}$: ab- bzw. zugeführte Leistung; V, ρ: Volumen, Dichte des Wassers;

$$\eta = \frac{W_{\text{ab}}}{W_{\text{zu}}} = \frac{W_{\text{ab}}}{t} \cdot \frac{t}{W_{\text{zu}}} = \frac{P_{\text{ab}}}{P_{\text{zu}}}; \Rightarrow P_{\text{ab}} = P_{\text{zu}} \cdot \eta = \frac{W_{\text{zu}}}{t}\eta = \frac{V \cdot \rho \cdot g \cdot h}{t}\eta$$

Volumen Wasser pro Zeit:

$$\frac{V}{t} = \frac{P_{\text{ab}}}{\eta \cdot \rho \cdot g \cdot h} = \frac{11 \cdot 10^6\,\text{W} \cdot \text{m}^3 \cdot \text{s}^2}{0{,}93 \cdot 1 \cdot 10^3 \text{kg} \cdot 9{,}81 \text{m} \cdot 8\ \text{m}} = 151\frac{\text{W} \cdot \text{m}^3 \cdot \text{s}^2}{\text{kg} \cdot \text{m}^2} = 151\frac{\text{J} \cdot \text{m}^3}{\text{s} \cdot \text{J}} \Rightarrow \dot{V} = 151\frac{\text{m}^3}{\text{s}}.$$

2.4 Impuls

Impulsänderung

Aufgabe 28:

Beim Mattieren, ein Verdichtungsprozeß von Metalloberflächen, werden kleine Stahlkügelchen mit Preßluft auf die zu veredelnden Flächen geschossen. Es werden 100 Kugeln (Masse $m = 0{,}5$ g) pro Sekunde mit der Auftreffgeschwindigkeit $v_{\text{AUF}} = 2{,}0$ m/s und einer Abgangsgeschwindigkeit $v_{\text{WEG}} = 2{,}0$ m/s registriert. Wie groß ist die mittlere Kraft auf die Oberfläche?

Lösung:

Impulsänderung je Kugel: $\Delta \vec{p} = \vec{p}_{\text{WEG}} - \vec{p}_{\text{AUF}} = m \cdot (\vec{v}_{\text{WEG}} - \vec{v}_{\text{AUF}})$; für die Beträge gilt dann:

$\Delta p = 0{,}5\ \text{g} \cdot (1{,}5 + 2{,}0) \cdot \text{m/s} = 1{,}75 \cdot \text{g} \cdot \text{m/s}$; die mittlere Kraft F erhält man dann zu:

$$F = \frac{\Delta p}{\Delta t} = 100\frac{1}{\text{s}} \cdot 1{,}75 \cdot 10^{-3}\frac{\text{kg} \cdot \text{m}}{\text{s}} = 0{,}175\ \text{N} \approx 0{,}18\ \text{N}$$

Aufgabe 29:

Mit welcher Kraft F wird ein Rundumregner („Rasensprenger") angetrieben, wenn aus der Düse pro Sekunde 2,0 l Wasser mit $v = 20$ m/s austreten?

Lösung:

Δp: Impulsänderung in Tangentialrichtung; Δm: Massenelement des Wassers; für die Tangentialkraft F gilt:

$$F = \frac{\Delta p}{\Delta t} = \frac{\Delta(m \cdot v)}{\Delta t} = \frac{\Delta m}{\Delta t}\Delta v = \dot{V}_\text{t} \cdot \rho \cdot (0 - v) = -\dot{V}_\text{t} \cdot \rho \cdot v;$$

mit $\dot{V}_\text{t} = 2{,}0$ dm^3/s, $\rho = 1{,}0$ kg/dm^3 folgt:

$$F = -2 \cdot 10^{-3}\frac{\text{m}^3}{\text{s}} \cdot 1 \cdot 10^3\frac{\text{kg}}{\text{m}^3} \cdot 20\frac{\text{m}}{\text{s}} = -40\ \text{N}.$$

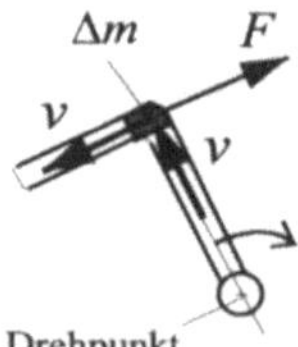

Impulserhaltung

Aufgabe 30:

Ein ballistisches Pendel besteht aus einem Metallkörper ($m_1 = 1,5$ kg), der an einem Seil (ca. 1 m Länge) hängt. Eine Kugel mit der Masse $m_2 = 100$ g wird mit der Geschwindigkeit v_2 gegen den Metallblock geworfen und bleibt an ihm haften (plastische Haftmasse). Das Pendel wird dadurch so ausgelenkt, daß es mit seinem Schwerpunkt um $h = 5,5$ cm angehoben wird.

a) Wie groß ist die kinetische Energie nach dem Stoß als Funktion der anfänglichen kinetischen Energie?

b) Wie groß ist die Kugelgeschwindigkeit v_2?

Lösung:

a) Impulserhaltung vor und nach dem Stoß: $m_2 \cdot v_2 = (m_1 + m_2) \cdot v_2'$ Gl. (1)

Energieerhaltung vor und nach dem Stoß: $W_V = \dfrac{1}{2} m_2 \cdot v_2^2 = \dfrac{1}{2} \cdot (m_1 + m_2) \cdot v_1'^2 = W_N$ Gl. (2)

Gl. (1) in Gl. (2): $W_N = \dfrac{1}{2} \cdot m_2 \cdot v_2^2 \cdot \dfrac{m_2}{m_1 + m_2} = W_V \cdot \dfrac{m_2}{m_1 + m_2} = W_V \dfrac{0,1\,\text{kg}}{(1,5 + 0,1)\,\text{kg}} = W_V \cdot 6,25 \cdot 10^{-2}$

Beim vollelastischen Stoß können nur 6,25 % der kinetischen Energie der Kugel auf das Pendel übertragen werden, der Rest geht beim Stoßvorgang als Wärme verloren.

b) Kinetische Energie gleich potentielle Energie des Pendels nach dem Stoß:

$$\frac{1}{2} \cdot (m_1 + m_2) \cdot v_1'^2 = (m_1 + m_2) \cdot g \cdot h$$

$$\Rightarrow v_1' = \sqrt{2 \cdot g \cdot h}\,; \quad \text{einsetzen in Gl. (1), nach } v_2 \text{ auflösen:}$$

$$v_2 = \frac{m_1 + m_2}{m_2} \cdot \sqrt{2 \cdot g \cdot h} = \frac{1,6 \cdot \text{kg}}{0,1 \cdot \text{kg}} \sqrt{2 \cdot 9,81 \frac{\text{m}}{\text{s}^2} \cdot 0,05 \cdot \text{m}} \quad \Rightarrow v_2 = 15,8 \cdot \text{m/s}.$$

Kraftstoß

Aufgabe 31:

Ein Boot mit einer Masse von $m = 500$ kg erfährt einen Kraftstoß, d.h. eine Person drückt mit einer konstanten Kraft $F = 75$ N 5 Sekunden lang gegen den am Bootssteg liegenden Schiffsrumpf. Wie groß sind Geschwindigkeit v und Impuls p am Ende der Krafteinwirkung? (die Reibung Wasser/Schiffsrumpf wird vernachlässigt)

Lösung:

Der Kraftstoß beträgt: $F \cdot \Delta t = 75$ N$\cdot 5$ s $= 375$ N$\cdot$s $= \Delta p$; mit Δp gleich Impulsänderung. Da zu Anfang das Boot die Geschwindigkeit null besaß, ist $\Delta p = p = 375$ N$\cdot$s, d.h. der Impuls selbst.

Mit $p = m \cdot v$ folgt für die Geschwindigkeit: $v = p/m = 375$ N$\cdot$s/(500 kg) $= 0,75$ kg$\cdot$m/(500$\cdot$kg$\cdot$s)

$\Rightarrow v = 0,75$ m/s; man erkennt, daß auch mit einer relativ kleinen Kraft, die eine bestimmte Zeit einwirkt, eine große Masse bewegt werden kann (bei entsprechend kleinen Reibungskräften).

Aufgabe 32:

Ein Pkw mit einer Masse $m = 1000$ kg fährt mit einer Geschwindigkeit von $v_1 = 90$ km/h. Durch einen Bremsvorgang, der $\Delta t = 7,5$ Sekunden dauert, verringert sich die Geschwindigkeit auf $v_2 = 50$ km/h. Wie groß ist die Bremskraft F, wenn diese während des Bremsvorgangs konstant bleibt?

Lösung:

Die Impulsänderung des Pkw's beträgt: $\Delta p = m(v_1 - v_2) = 10^3\,\text{kg}\,(90 - 50)\dfrac{1}{3,6}\dfrac{\text{m}}{\text{s}} = 11,1 \cdot 10^3\,\text{N} \cdot \text{s}$;

der Kraftstoß ist: $F \cdot \Delta t = \Delta p$, aufgelöst nach der Bremskraft: $F = \dfrac{\Delta p}{\Delta t} = \dfrac{11{,}1 \cdot 10^3\,\mathrm{N} \cdot \mathrm{s}}{7{,}5\,\mathrm{s}} = 1{,}48\,\mathrm{kN}$.

Schwerpunkt

Aufgabe 33:

Es ist der Massenmittelpunkt (Schwerpunkt) des Systems Erde/Mond zu ermitteln. Die Mondmasse m_M beträgt etwa $0{,}0123 \cdot m_\mathrm{E}$ (m_E: Erdmasse) und der Abstand zwischen Erdmittelpunkt und Mondmittelpunkt ist $R_\mathrm{EM} = 3{,}8 \cdot 10^5$ km. Der Erdradius ist mit $R_\mathrm{E} = 6370$ km angegeben.

Lösung:

Es gilt der Schwerpunktsatz: $R_\mathrm{S} = \dfrac{m_1 \cdot R_1 + m_2 \cdot R_2}{m_1 + m_2}$; mit R_S, R_1,

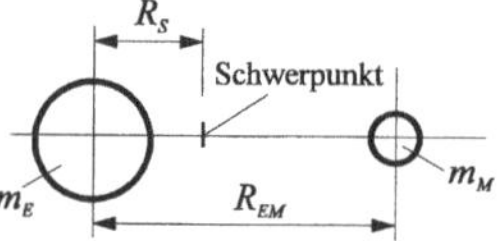

R_2: Ortsvektoren des Schwerpunktes der Massen. Angewandt auf das System Erde/Mond ist es zweckmäßig, den Ursprung der Ortsvektoren in den Erdmittelpunkt zu legen, dann folgt:

$$R_\mathrm{S} = \frac{0 + m_\mathrm{M} \cdot R_\mathrm{EM}}{m_\mathrm{E} + m_\mathrm{M}} = \frac{R_\mathrm{EM}}{m_\mathrm{E}/m_\mathrm{M} + 1} = \frac{3{,}8 \cdot 10^5\,\mathrm{km}}{m_\mathrm{E}/(0{,}0123\,m_\mathrm{E}) + 1};$$

$R_\mathrm{S} = 4620$ km; verglichen mit dem Erdradius R_E liegt der Schwerpunkt innerhalb der Erde.

2.5 Dynamik der Rotation

Ernergie, Massenträgheitsmoment

Aufgabe 34:

Eine Kugel und ein Vollzylinder mit gleichem Radius R und Masse m rollen aus gleicher Höhe h eine schiefe Ebene hinunter. Welcher Körper kommt eher unten an und weshalb?

Lösung:

Es sind: Θ: Massenträgheitsmoment, v_Z, v_K: Rollgeschwindigkeit des Zylinders bzw. der Kugel, ω: Winkelgeschwindigkeit.

Es gilt der Energiesatz: $W_\mathrm{POT} = W_\mathrm{KIN} + W_\mathrm{ROT}$ mit W_POT: potentielle Energie, W_KIN: kinetische Energie, W_ROT: Rotationsenergie. Angewandt auf einen Zylinder folgt:

$$m \cdot g \cdot h = 0{,}5 \cdot m \cdot v_\mathrm{Z}^2 + 0{,}5 \cdot \Theta_\mathrm{Z} \cdot \omega_\mathrm{Z}^2 \quad \text{mit} \quad \Theta_\mathrm{Z} = 0{,}5 \cdot m \cdot R^2 \quad \text{und} \quad v_\mathrm{Z} = R \cdot \omega_\mathrm{Z};$$

$$\Rightarrow \quad W_\mathrm{POT} = \frac{3}{4} m \cdot v_\mathrm{Z}^2; \qquad \text{Gl. (1)}.$$

Angewandt auf eine Kugel:

$$m \cdot g \cdot h = 0{,}5 \cdot m \cdot v_\mathrm{K}^2 + 0{,}5 \cdot \Theta_\mathrm{K} \cdot \omega_\mathrm{K}^2 \quad \text{mit} \quad \Theta_\mathrm{K} = \frac{2}{5} \cdot m \cdot R^2 \quad \text{und} \quad v_\mathrm{K} = R \cdot \omega_\mathrm{K}$$

$$\Rightarrow \quad W_\mathrm{POT} = \frac{7}{10} m \cdot v_\mathrm{K}^2; \qquad \text{Gl.(2)}.$$

Gl. (1)/Gl. (2) $\Rightarrow \dfrac{v_\mathrm{K}}{v_\mathrm{Z}} = \sqrt{\dfrac{15}{16}} \Rightarrow v_\mathrm{K} > v_\mathrm{Z}$,

d.h. die Kugel kommt eher am Ende der schiefen Ebene an.

Drehmoment

Aufgabe 35:

Eine runde Scheibe (Masse m = 20 kg, Durchmesser D = 40 cm) rotiert mit einer Drehzahl n = 180 min^{-1}. An einem Stift, der in einem Abstand a = 10 cm von der Achse angebracht ist, wird die Rotation in t = 50 ms gestoppt. Welche Trägheitskraft F wirkt auf den Stift?

Lösung:

Für das Drehmoment M gilt (Θ: Massenträgheitsmoment, α: Winkelbeschleunigung, ω: Winkelgeschwindigkeit):

$$M = F \cdot a \quad \text{und} \quad M = \Theta \cdot \alpha \Rightarrow F = \frac{\Theta \cdot \alpha}{a}; \quad \text{weiterhin gilt:}$$

$$\omega = \alpha \cdot t \Rightarrow \alpha = \frac{2\pi \cdot n}{t}; \quad \Rightarrow F = \frac{m \cdot D^2 \cdot 2\pi \cdot n}{2 \cdot 4 \cdot a \cdot t};$$

mit $\quad \Theta = 0{,}5 \cdot m \cdot (D/2)^2 \quad$ für Scheibe oder Vollzylinder;

$$\Rightarrow \quad F = \frac{20 \cdot \text{kg} \cdot 0{,}4^2 \,\text{m}^2 \cdot 2\pi \cdot 180}{8 \cdot 0{,}1 \cdot \text{m} \cdot 50 \cdot 10^{-3}\,\text{s} \cdot 60 \cdot \text{s}} = 1{,}51\,\text{kN}.$$

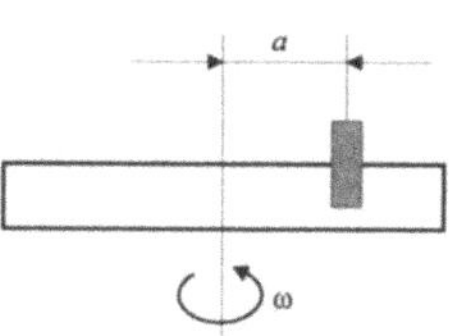

Aufgabe 36:

Beschleunigt man einen Wagen mit der Masse m, so müssen die vier Räder zusätzlich in Drehung versetzt werden, d.h. auch beschleunigt werden.

a) Wie groß ist die Gesamtkraft F, die zur Beschleunigung des Wagens nötig ist?

b) Um wieviel erhöht sich bei der Beschleunigung scheinbar die Gesamtmasse durch die vier Räder?

Lösung:

m: Wagenmassse, a: Wagenbeschleunigung, M_R: Drehmoment pro Rad, R: Radradius, θ_S: Massenträgheitsmoment pro Rad bzgl. Schwerpunktachse, m_G: Gesamtmasse einschließlich Äquivalentmasse der vier Räder, F_R: Beschleunigungskraft pro Rad.

a) $\quad F = m \cdot a + 4 \cdot F_R \quad$ mit $M_R = F_R \cdot R$ folgt $\quad F = m \cdot a + 4 \cdot \dfrac{M_R}{R}$; mit $M_R = \Theta_S \cdot \alpha$

$$F = m \cdot a + 4 \frac{\Theta_S \cdot \alpha}{R}; \quad \text{für } \alpha = a/R \text{ erhält man: } F = m \cdot a + 4 \cdot \frac{\Theta_S \cdot a}{R \cdot R} = (m + 4 \cdot \frac{\Theta_S}{R^2}) \cdot a = m_G \cdot a$$

b) Die scheinbare Massenerhöhung m_R durch die vier Räder beträgt: $\quad m_R = 4 \cdot \dfrac{\Theta_S}{R^2}$.

Aufgabe 37:

Eine Schleifscheibe (Durchmesser d = 20 cm, Masse m = 3,8 kg) wird von einem Motor mit einem Dremoment M_A = 0,2 Nm und einer Drehzahl n = 375 min^{-1} angetrieben. Wie lange kann ein Schleifvorgang mit einer Anpreßkraft F = 5 N bei einer Reibungszahl von μ = 0,5 erfolgen, bis die Drehzahl um 20 % abgenommen hat, und wie lange dauert es danach, bis die ursprüngliche Drehzahl wieder erreicht ist?

Lösung:

Das Trägheitsmoment der Scheibe ist: $\Theta = \dfrac{1}{2} m \cdot r^2 = \dfrac{3{,}8\,\text{kg} \cdot (0{,}1\,\text{m})^2}{2} = 1{,}9 \cdot 10^{-2}\,\text{kg} \cdot \text{m}^2$;

die Abnahme der Winkelgeschwindigkeit beträgt: $\Delta\omega = 0{,}2 \cdot 2 \cdot \pi \cdot n = 0{,}2 \cdot 2 \cdot \pi \cdot 375/60 \cdot \text{s}^{-1} = 7{,}85\,\text{s}^{-1}$;

das Schleifmoment beträgt: $M_S = \mu \cdot F \cdot r = 0{,}5 \cdot 5 \cdot \text{N} \cdot 0{,}1 \cdot \text{m} = 0{,}25\,\text{N} \cdot \text{m}$;

Mit dem Impulssatz gilt (t: Zeit): $(M_S - M_A) \cdot t = \Theta \cdot \Delta\omega$, nach t auflösen und Werte einsetzen folgt:

$$t_1 = \frac{\Theta \cdot \Delta\omega}{M_S - M_A} = \frac{1{,}9 \cdot 10^{-2}\,\text{kg} \cdot \text{m}^2 \cdot 7{,}85}{(0{,}25 - 0{,}20)\,\text{N} \cdot \text{m} \cdot \text{s}} = 2{,}98 \frac{\text{kg} \cdot \text{m} \cdot \text{s}^2}{\text{kg} \cdot \text{m} \cdot \text{s}} \approx 3{,}0\,\text{s} \text{ (Schleifzeit)};$$

Zeit bis zum Erreichen der ursprünglichen Drehzahl: $t_2 = \dfrac{\Theta \cdot \Delta\omega}{M_A} = \dfrac{1{,}9 \cdot 10^{-2}\,\text{kg} \cdot \text{m}^2 \cdot 7{,}85}{0{,}20\,\text{N} \cdot \text{m} \cdot \text{s}} = 0{,}75\,\text{s}$.

Drehimpulserhaltung

Aufgabe 38:

Ein zylindrischer Stab mit einer Länge $l = 0,5\,\text{m}$ und einem Durchmesser $D = 1,0\,\text{cm}$ rotiert mit einer Drehzahl $n = 600\ \text{min}^{-1}$ um seine senkrechtstehende Längsachse (s. Skizze, Pos. 1). Wie ändert sich die Drehzahl, wenn der Stab um den Fußpunkt in die waagerechte Lage gebracht wird (Position 2)?

Lösung:

Der Drehimpulserhaltungssatz lautet:

$$L_1 = \Theta_1 \cdot \omega_1 = \Theta_2 \cdot \omega_2 = L_2$$

mit L: Drehimpuls, Θ: Massenträgheitsmoment.
Für den Stab in Position 1 findet man (Formelsammlung):

$\Theta_1 = m \cdot D^2 / 8$; und für den Stab in Position 2 (mit

dem Satz von Steiner; Θ_S: Θ bzgl der Schwerpunktsachse):

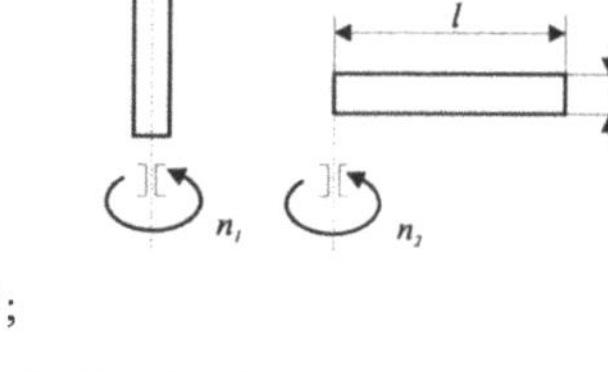

$$\Theta_2 = \Theta_S + m \cdot (l/2)^2 = \frac{1}{12} \cdot m \cdot l^2 + \frac{3}{12} \cdot m \cdot l^2 = \frac{1}{3} \cdot m \cdot l^2 ;$$

$$\frac{1}{8} m \cdot D^2 \cdot 2\pi \cdot n_1 = \frac{1}{3} m \cdot l^2 \cdot 2\pi \cdot n_2 \Rightarrow n_2 = \frac{3 \cdot D^2 \cdot n_1}{8 \cdot l^2} = \frac{3 \cdot 0,01^2 \cdot \text{m}^2 \cdot 600}{8 \cdot 0,5^2 \cdot \text{m}^2 \cdot \text{min}} = 0,09 \cdot \text{min}^{-1}.$$

Aufgabe 39:

An einem mit der Drehzahl $n = 20\ \text{s}^{-1}$ rotierenden Rad ($\Theta = 2,0\ \text{kg} \cdot \text{m}^2$) wird ein gleiches Rad über eine Rutschkupplung (Reibungskupplung) angekoppelt.
a) Mit welcher Drehzahl rotieren beide Räder weiter?
b) Welche Energie muß die Kupplung aufnehmen?

Lösung:

a) Es gilt der Impulserhaltungssatz: Beträg des Drehimpuls vor der Kopplung L_1 gleich Drehimpuls
   nach der Kopplung L_2: $L_1 = \Theta \cdot 2\pi \cdot n_1 = 2 \cdot \Theta \cdot 2\pi \cdot n_2 = L_2 \Rightarrow n_2 = 0,5 \cdot n_1 = 0,5 \cdot 20 \cdot \text{s}^{-1} = 10 \cdot \text{s}^{-1}$.
b) Es gilt der Energieerhaltungssatz: Rotationsenergie vor der Kopplung gleich Rotationsenergie
   nach der Kopplung plus Reibungswärme W_R des Kopplungsvorgangs: $W_{ROT,1} = W_{ROT,2} + W_R$.

$$\frac{1}{2} \cdot \Theta \cdot (2\pi)^2 \cdot n_1^2 = \frac{1}{2} \cdot 2 \cdot \Theta \cdot (2\pi)^2 \cdot n_2^2 + W_R \Rightarrow W_R = \frac{1}{2} \cdot \Theta \cdot 4\pi^2 (n_1^2 - 2 \cdot n_2^2)$$

$$W_R = 2 \cdot 2,0 \cdot \text{kg} \cdot \text{m}^2 \cdot \pi^2 (400 - 2 \cdot 100) \cdot \text{s}^{-2} = 7,90 \cdot \text{kJ}.$$

3 Mechanik deformierbarer Medien

3.0 Formelsammlung

Zu 3.1 Deformation von festen Körpern und Flüssigkeiten

Ausdehnung fester Körper

$l_2 = l_1 \cdot (1 + \alpha \cdot \Delta T)$ l_1, l_2: Längen vor und nach der Längenänderung,

$\Delta T = \vartheta_2 - \vartheta_1$ ϑ_1, ϑ_2: Anfangs- und Endtemperatur in °C, ΔT: Temperaturdifferenz in K, α: Längenausdehnungskoeffizient

Belastungen, Anwendungen

$l_2 = l_1 \cdot (1 + \sigma / E)$ σ: mechanische Spannung bzw. Druck, E: Elastizitäts-

$\Delta l = l_2 - l_1$ modul

Ausdehnung von Flüssigkeiten

$V_2 = V_1 \cdot (1 + \gamma \cdot \Delta T)$ V_1, V_2: Volumen vor und nach der Volumenänderung,

$\gamma \approx 3 \cdot \alpha$ γ: Volumenausdehnungskoeffizient,

Zu 3.2 Statik der Flüssigkeiten und Gase

Druck in Flüssigkeiten

Druck in Flüssigkeiten und Gasen

$p = F / A$ p: Druck, F: Normalkraft zu A, A: Fläche

Druck einer Flüssigkeitssäule, Schweredruck

$p_S = \rho \cdot g \cdot h$ p_S: Schweredruck, ρ: Dichte der Flüssigkeit, g: Erdbeschleunigung, h: Höhe der Flüssigkeitssäule

Kräfte bei einer hydraulischen Presse

$F_1 / F_2 = A_1 / A_2$ F_1, F_2: Kolbenkräfte, A_1, A_2: Kolbenflächen

Druck in Gasen

Schweredruck in Gas

$p_h = p_0 \cdot e^{-\frac{\rho_0 \cdot g \cdot h}{p_0}}$ p_h, p_0: Druck bei h bzw. $h = 0$, ρ_0: Gasdichte bei $h = 0$, g: Erdbeschleunigung, h: Höhe der Gasschicht

Gesetz von Boyle/Mariotte

$p \cdot V = \text{const}$ bei $T = \text{const}$ p: Gasdruck, V: Volumen, T: Temperatur

Auftrieb

Auftriebskraft

$F_A = \rho \cdot V \cdot g = F_G$ F_A: Auftriebskraft, ρ: Dichte des verdrängten Mediums, V: Volumen des verdrängten Mediums, g: Erdbeschleunigung, F_G: Gewichtskraft des verdrängten Mediums

Oberflächenspannung

Oberflächenspannung, Oberflächenenergiedichte

$\sigma = W \,/\, \Delta A$ σ: Oberflächenenergiedichte (Oberflächenspannung),
                                     W: Arbeit zur Vergrößerung der Oberfläche um ΔA

Steighöhe in Kapillaren

$$h = \frac{2 \cdot \sigma}{r \cdot \rho \cdot g}$$ h: Steighöhe, r: Innenradius der Kapillare, ρ: Dichte der
                                     Flüssigkeit, g: Erdbeschleunigung

Zu 3.3 Dynamik der Flüssigkeiten und Gase

Reibungsfreie Strömungen

Kontinuitätsgleichung

$A \cdot v = \text{const}$ A: Fläche senkrecht zur Strömung, v: Strömungsgeschwin-
                                     digkeit senkrecht zur Fläche

Bernoullisches Gesetz

$$p + \frac{1}{2}\rho \cdot v^2 + \rho \cdot g \cdot h = \text{const}$$ p: statischer Druck, ρ: Dichte des Fluids, v: Geschwindigkeit
                                     des Fluids, g: Erdbeschleunigung, h: Höhe der Flüssigkeits-
                                     säule bzw. Höhe des Gefälles

oder

$p_{ST} + p_v + p_S = p_{GES} = \text{const}$ p_{ST}: statischer Druck, p_v: Stau- oder dynamischer Druck,
                                     p_S: Schweredruck, p_{GES}: Gesamtdruck

Innere Reibung

Newtonscher Reibungsansatz

$$F_R = \eta \cdot A \frac{dv}{dx}$$ F_R: Reibungskraft, η: dynamische Viskosität, A: Fläche der
                                     aufeinander gleitenden Fluidschichten, dv/dx: Geschwindig-
                                     keitsgefälle in den Fluidschichten

Hagen-Poisseuillesches Gesetz (laminare Strömung in einem Rohr)

$$I_V = \frac{\pi \cdot R^4 \cdot \Delta p_V}{8 \cdot \eta \cdot L}$$ I_V: Stromstärke, Volumenstrom, R: Rohrradius, Δp_V: Druck-
                                     verlust durch innere Reibung in einem Rohr der Länge L

Stokessches Gesetz (laminare Umströmung einer Kugel)

$F_R = 6 \cdot \pi \cdot \eta \cdot r \cdot v$ F_R: Reibungskraft auf umströmte Kugel, r: Kugelradius,
                                     v: Relativgeschwindigkeit zwischen Kugel und Fluid

Bernoullisches Gesetz mit innerer Rohrreibung (um Δp_V erweiterte Bernoullische Gleichung)

$p_{ST} + p_v + p_S + \Delta p_V = p_{GES} = \text{const}$ Δp_V: Druckverlust durch innere Reibung im Rohr der
                                     Länge L

Volumenströmungswiderstand (laminare Rohrströmung)

$$R_V = \frac{\Delta p_V}{I_V}$$ R_V: Volumenströmungswiderstand, Δp_V: Druckverlust im
                                     Rohr, I_V: Stromstärke (Volumenstrom)

Turbulente Strömung

Widerstandskraft auf einen turbulent umströmten Körper

$$F_W = \frac{1}{2}c_W \cdot \rho \cdot A \cdot v^2$$

F_W: Widerstandskraft, c_W: Widerstandsbeiwert, ρ: Dichte des Fluids, A: Fläche des umströmten Körpers senkrecht zu v, v: Relativgeschwindigkeit zwischen Körper und Fluid

Reynoldsche Zahl (Übergang laminare/turbulente Strömung)

$$Re = \frac{\rho \cdot l \cdot v_{kri}}{\eta}$$

Re: Reynoldsche Zahl, ρ: Dichte des Fluids, l: typische geometrische Größe des durch- bzw. umströmten Körpers, η: dynamische Zähigkeit des Fluids, v_{kri}: kritische Strömungsgeschwindigkeit – Übergang von laminarer in turbulente Strömung

Reynoldsche Zahl (Anwendung auf Modellversuche)

$$Re = \frac{\rho_{real} \cdot l_{real} \cdot v_{real}}{\eta_{real}} = \frac{\rho_M \cdot l_M \cdot v_M}{\eta_M}$$

Index „real": Größen der realen Strömungsverhältnisse, Index „M": Größen im Modellversuch

3.1 Deformation von festen Körpern und Flüssigkeiten

Ausdehnung fester Körper

Aufgabe 1:

Ein Stahlbandmaß ist bei 20 °C geeicht. Man mißt damit bei −15 °C den Abstand 1,2750 m. Wie groß ist der wahre Abstand und wie groß ist der absolute Fehler? ($\alpha = 1{,}1 \cdot 10^{-5}$ K^{-1}).

Lösung:

Frage: Auf welche Länge l_2 bei −15°C schrumpft die bei 20 °C geeichte Länge $l_1 = 1{,}2750$ m zusammen?

$$l_2 = l_1 \cdot (1 + \alpha \cdot \Delta T) \quad \text{mit} \quad \Delta T = \Delta \vartheta = \vartheta_2 - \vartheta_1$$

$$l_2 = 1{,}2750 \text{ m} \cdot \left(1 + 1{,}1 \cdot 10^{-5} \frac{1}{°\text{C}} \cdot (-15°\text{C} - 20°\text{C})\right) = 1{,}2750 \text{ m} \cdot (1 - 1{,}1 \cdot 10^{-5} \cdot 35)$$

$$l_2 = 1{,}2745 \text{ m} \quad \text{(wahrer Abstand)}$$

$$\Delta l = l_1 - l_2 = 0{,}0005 \text{ m} = 0{,}5 \text{ mm} \quad \text{(absoluter Fehler)}$$

Aufgabe 2:

Wie stark dehnt sich eine 20 m lange Stahlbetonbrücke bei einer Änderung der Temperatur von −30 °C auf +35 °C aus (thermischer Längenausdehnungskoeffizient $\alpha = 14 \cdot 10^{-6}$ 1/K)?

Lösung:

Die Längenausdehnung wird mit folgender Gleichung berechnet: $\Delta l = l \cdot \alpha \cdot \Delta T$. Daraus ergibt sich die Längenänderung zu $\Delta l = 20 \cdot \text{m} \cdot 14 \cdot 10^{-6} \text{K}^{-1} \cdot 65 \text{ K} = 0{,}0182 \text{ m} = 18{,}2 \text{ mm}$.

Aufgabe 3:

Beweisen Sie, daß aus der Gleichung für die Wärmeausdehnung $\Delta l / l = \alpha \cdot \Delta T$ folgt: $l' = l \cdot (1 + \alpha \cdot \Delta T)$. Dabei sind l die Länge vor und l' nach der Temperaturänderung ΔT.

Lösung:

Es gilt mit $l' = l + \Delta l$ und $\Delta l = \alpha \cdot \Delta T \cdot l$. Daraus folgt der Beweis: $l' = l + \alpha \cdot \Delta T \cdot l = l \cdot (1 + \alpha \cdot \Delta T)$.

Aufgabe 4:

Welchen Ausdehnungskoeffizienten α besitzt ein Metallstab, dessen Länge sich bei der Erhöhung der Temperatur von 20 °C auf 100 °C um 1,9 ‰ ändert? Versuchen Sie das Metall zu identifizieren.

Lösung:

Der Ausdehnungskoeffizient α berechnet sich nach der Formel $\alpha = \Delta l / (l \cdot \Delta T)$. Dabei entspricht $\Delta l / l = 1{,}9 \cdot 10^{-3}$. Mit $\Delta T = 80$ K ergibt sich für den gesuchten Koeffizienten: $\alpha = 23{,}8 \cdot 10^{-6}$ K^{-1}. Es handelt sich um Aluminium.

Aufgabe 5:

Bei He-Ne-Lasern werden die Spiegel direkt auf das Entladungsrohr aus Quarzglas ($\alpha = 0{,}5 \cdot 10^{-6}$ K^{-1}) geklebt. Welche Temperaturänderung ist zulässig, damit sich der relative Spiegelabstand $\Delta l / l$ nur um 10^{-5} ändert?

Lösung:

Die Längenausdehnung wird durch folgende Gleichung beschrieben:

$$\Delta l / l = \alpha \cdot \Delta T = 10^{-5}.$$

Nach ΔT umgestellt, ergibt sich für die Temperaturänderung:

$$\Delta T = \frac{\Delta l}{l} \cdot \frac{1}{\alpha} = 10^{-5} \cdot \frac{1}{0{,}5 \cdot 10^{-6}\,\mathrm{K}} = 20\,\mathrm{K} \ .$$

Aufgabe 6:

Bei 90 °C soll ein Aluminiumrohr l = 400,00 mm lang sein und einen Innendurchmesser von d = 30,00 mm aufweisen. Welche Maße muß das Rohr in der Fertigung bei einer Temperatur 20 °C besitzen?

Lösung:

Für die Wärmeausdehnung gilt $l' = l \cdot (1 + \alpha \cdot \Delta T)$. Die Länge l des Al-Rohres vor der Temperaturänderung berechnet sich demnach zu

$$l = \frac{l'}{1 + \alpha \cdot \Delta T} = \frac{400{,}00 \cdot \mathrm{mm}}{1 + 23{,}8 \cdot 10^{-6}\,\mathrm{K}^{-1} \cdot 70 \cdot \mathrm{K}} = 399{,}33\,\mathrm{mm} \ .$$

Der Durchmesser berechnet sich über die Längenausdehnung des Umfanges. Der Umfang nach der Temperaturerhöhung beträgt $U' = 2\pi \cdot r = 2\pi \cdot 15\,\mathrm{mm} = 94{,}25\,\mathrm{mm}$. Analog zu der Gleichung oben gilt $U' = U \cdot (1 + \alpha \cdot \Delta T)$. Damit läßt sich der Umfang U vor der Temperaturerhöhung ermitteln

$$U = \frac{94{,}25\,\mathrm{mm}}{1 + 23{,}8 \cdot 10^{-6}\,\mathrm{K}^{-1}\,70\,\mathrm{K}} = 94{,}093\,\mathrm{mm} \ . \text{ Der Durchmesser ist dann: } d = \frac{U}{\pi} = 29{,}95\,\mathrm{mm} \ .$$

Aufgabe 7:

Eine Straße besteht aus Betonplatten ($\alpha = 14 \cdot 10^{-6}\ \mathrm{K}^{-1}$) von 12 m Länge und 25 cm Dicke. Die Fuge mit einer Breite von 1 cm wird bei 20 °C mit Teer (Volumenausdehnungskoeffizient $\gamma = 0{,}6 \cdot 10^{-3}\ \mathrm{K}^{-1}$) zugegossen. Welches Teervolumen tritt pro Meter Straßenbreite nach oben aus der Fuge, wenn die Temperatur auf 35 °C steigt?

Lösung :

Die Betonplatten dehnen sich aus und verringern das Volumen der Fuge. Eine Platte verändert die Länge bei Erhöhung der Temperatur um

$$\Delta l = l \cdot \alpha \cdot \Delta T = 12\,\mathrm{m} \cdot 14 \cdot 10^{-6}\,\mathrm{K}^{-1} \cdot 15\,\mathrm{K} = 2{,}52 \cdot 10^{-3}\,\mathrm{m} \ . \text{ Das Fugenvolumen verringert sich}$$

durch die Ausdehnung des Betons um

$$\Delta V_\mathrm{F} = \Delta l \cdot D \cdot B = 2{,}52 \cdot 10^{-3}\,\mathrm{m} \cdot 0{,}25 \cdot \mathrm{m} \cdot 1 \cdot \mathrm{m} = 6{,}3 \cdot 10^{-4}\,\mathrm{m}^3 .$$

Das Volumen des Teers ändert sich mit der Temperatur:

$$\Delta V_\mathrm{T} = \gamma \cdot \Delta T \cdot V \ \Rightarrow\ \Delta V_\mathrm{T} = 0{,}6 \cdot 10^{-3}\,\mathrm{K}^{-1} \cdot 15\,\mathrm{K} \cdot 0{,}01 \cdot 0{,}25 \cdot 1\,\mathrm{m}^3 = 2{,}25 \cdot 10^{-5}\,\mathrm{m}^3 .$$

Addiert man die beiden Volumenänderungen, so erhält man das Teervolumen, das aus der Fuge gedrückt wird:

$$\Delta V = (0{,}63 \cdot 10^{-3} + 0{,}0225 \cdot 10^{-3}) \cdot \mathrm{m}^3 = 0{,}653 \cdot 10^{-3} \cdot \mathrm{m}^3 \approx 0{,}65 \cdot \mathrm{dm}^3 .$$

Belastungen, Anwendungen

Aufgabe 8:

Welcher Druck und welche Kraft sind erforderlich, um bei einem Stahlstab mit einer Querschnittsfläche von 1 cm^2 ($\alpha = 12 \cdot 10^{-6}\ \mathrm{K}^{-1}$, $E = 2 \cdot 10^5\ \mathrm{N/mm^2}$) die Wärmeausdehnung bei einer Temperaturerhöhung von 10 °C zu verhindern?

Lösung:

Die thermische Längenänderung beträgt: $\Delta l = l \cdot \alpha \cdot \Delta T$. Diese Änderung kann durch mechanische Kräfte kompensiert werden: $\Delta l = \sigma \cdot l / E$ (σ: mechanische Spannung bzw. Druck). Durch Gleichsetzen erhält man $l \cdot \alpha \cdot \Delta T = \sigma \cdot l / E$. Daraus ergibt sich für die Spannung (Druck)

$$\sigma = \alpha \cdot \Delta T \cdot E = 12 \cdot 10^{-6}\,\mathrm{K}^{-1} \cdot 10\,\mathrm{K} \cdot 2 \cdot 10^{11}\,\mathrm{N/m^2} = 2{,}4 \cdot 10^7\,\mathrm{N/m^2} .$$

Für die Kraft gilt:

$$F = \sigma \cdot A = 2{,}4 \cdot 10^7\,\mathrm{N/m^2} \cdot 10^{-4}\,\mathrm{m}^2 = 2400\,\mathrm{N} = 2{,}4\,\mathrm{kN} \ .$$

Aufgabe 9:

Ein Bimetallstreifen besteht aus einem je 1 mm dickem Kupfer- bzw. Zinkblech, die miteinander verbunden sind und ein Länge von 5 cm haben. Wie groß ist der Krümmungsradius des Streifens bei einer Temperaturänderung von 100 °C?

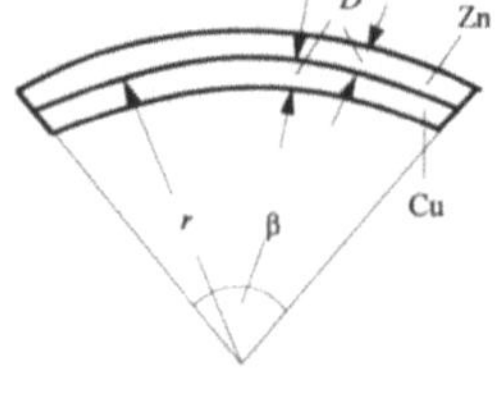

$$(\alpha_{Cu} = 17 \cdot 10^{-6}\ K^{-1},\ \alpha_{Zn} = 36 \cdot 10^{-6}\ K^{-1})$$

Lösung:

Die Längenänderung eines freien Bleches beträgt $\Delta l = l \cdot \alpha \cdot \Delta T$.

Mit $\Delta T = 100$ K und den angegebenen Werten für Kupfer und Zink

ist: $\Delta l_{Zn} = 0,18 \cdot 10^{-3}\,m;\ \Delta l_{Cu} = 0,085 \cdot 10^{-3}\,m$. Man nimmt nun an, daß durch die feste Verbindung beider Bleche nur die Mitten der jeweiligen Streifen (neutrale Fasern) die Längenänderungen voll mitmachen. Dadurch krümmt sich der Bimetallstreifen in der Form wie es in der nebenstehenden Skizze dargestellt ist. Für die Länge der beiden Kreisbögen der neutralen Fasern gilt:

$l + \Delta l_{Zn} = (r + D/2) \cdot \beta$ und $l + \Delta l_{Cu} = (r - D/2) \cdot \beta$. Beide Gleichungen ins Verhältnis gesetzt und nach r aufgelöst ergibt:

$$r = \frac{D \cdot (2 \cdot l + \Delta l_{Cu} + \Delta l_{Zn})}{2 \cdot (\Delta l_{Cu} + \Delta l_{Zn})} = \frac{1\,mm \cdot (2 \cdot 50 + 0,085 + 0,18)\,mm}{2 \cdot (0,085 + 0,18)\,mm} = 189,2\ mm.$$

Aufgabe 10:

Durch die Kombination zweier Werkstoffe ist es möglich, die Längenausdehnung eines Bauelementes auf null zu bringen. Als Material werden Stahl ($\alpha_{Fe} = 11 \cdot 10^{-6}$ 1/K) und Zink ($\alpha_{Zn} = 36 \cdot 10^{-6}$ 1/K) verwendet. Man berechne das Verhältnis l / l_{Zn} (s. Skizze).

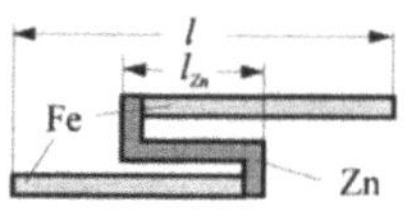

Lösung:

Die gesamte Längenausdehnung soll gleich null werden. Dies ist der Fall, wenn die Ausdehnung des Eisens mit der Länge $l + l_{Zn}$ genau so groß ist wie die des Zinkteils mit der Länge l_{Zn}:

$$(l + l_{Zn}) \cdot \alpha_{Fe} \cdot \Delta T = l_{Zn} \cdot \alpha_{Zn} \cdot \Delta T.$$ Daraus folgt $l / l_{Zn} = \alpha_{Zn} / \alpha_{Fe} - 1 = 36 / 11 - 1 = 2,27 \approx 2,3$.

Ausdehnung von Flüssigkeiten

Aufgabe 11:

Ein zylinderförmiger Tank ($d = 1$ m, $h = 2$ m) ist mit Öl ($\rho = 890$ kg/m³, $\gamma = 0,9 \cdot 10^{-3}\ K^{-1}$) bei 10 °C vollgefüllt. ($\alpha_{Fe} = 11 \cdot 10^{-6}\ K^{-1}$)

a) Wieviel Liter fließen über den Rand, wenn die Temperatur des Öls auf 20 °C erhöht wird?

b) Wie ändert sich die relative Dichte $\Delta\rho/\rho$ des Öls?

Lösung:

a) Für die relative thermische Volumenausdehnung des Öls gilt:

$$\Delta V_{Öl} / V_{Öl} = \gamma \cdot \Delta T = 0,9 \cdot 10^{-3} \cdot 10 = 0,9\,\%.$$

Da das Volumen $V_{Öl} = d^2 \pi h / 4 = 1,57$ m³ beträgt, ist $\Delta V_{Öl} = 14,1 \cdot 10^{-3}$ m³ Öl.

Durch die Temperaturerhöhung vergrößert der Stahltank ebenfalls sein Volumen:

$$\Delta V = V \cdot 3 \cdot \alpha \cdot \Delta T \Rightarrow \Delta V = 1,57\ m^3 \cdot 3 \cdot 11 \cdot 10^{-6} 10\ K = 0,518 \cdot 10^{-3}\ m^3 \approx 0,5 \cdot 10^{-3} m^3.$$

Damit fließen $\Delta V'_{Öl} = \Delta V_{Öl} - \Delta V = 13,6 \cdot 10^{-3}\,m^3 = 13,6\ dm^3$ über.

b) Die Dichte nimmt mit steigender Temperatur ab

$$\Delta\rho / \rho = -\gamma \cdot \Delta T = -0,9 \cdot 10^{-3} \cdot 10 = -0,9\,\%.$$

Aufgabe 12:

Welchen Durchmesser muß die Kapillare eines Thermometers haben, wenn $\Delta T = 10$ K eine Skalenlänge von $l = 10$ cm ergeben soll? (Hg-Vorrat beträgt 0,5 cm³, der effektive Volumenausdehnungskoeffizient des Hg einschließlich des Glases beträgt $\alpha = 1{,}6 \cdot 10^{-4}$ K^{-1})

Lösung:

V_1, V_2: Hg-Volumina bei 10 K Temperaturdifferenz, A: Querschnitt der Kapillare, l: Skalenlänge, D: Kapillarendurchmesser

$$V_2 = V_1 \cdot (1 + \gamma \cdot \Delta T) \quad \text{und} \quad V_2 = V_1 + A \cdot l \quad \text{gleichsetzen ergibt:}$$

$$V_1 + A \cdot l = V_1 \cdot (1 + \gamma \cdot \Delta T) \quad \text{nach } A \text{ auflösen} \Rightarrow$$

$$A = V_1 \cdot \frac{\gamma \cdot \Delta T}{l} = \frac{0{,}5\,\text{cm}^3 \cdot 1{,}6 \cdot 10^{-4}\,\text{K}^{-1} \cdot 10 \cdot \text{K}}{10 \cdot \text{cm}} = 8{,}0 \cdot 10^{-5}\text{cm}^2 \Rightarrow D = \sqrt{\frac{A \cdot 4}{\pi}} = 0{,}10\,\text{mm.}$$

3.2 Statik der Flüssigkeiten und Gase

Druck in Flüssigkeiten

Aufgabe 13:

Bis zu welcher Tiefe darf ein Unterseeboot tauchen, wenn es einem Überdruck von $p = 5{,}5$ bar standhält? (Dichte von Wasser $\rho = 10^3$ kg/m³)

Lösung:

$$p_S = \rho \cdot g \cdot h \Rightarrow h = \frac{p_S}{\rho \cdot g} = \frac{5{,}5 \cdot 10^5\,\text{N} \cdot \text{m}^3 \cdot \text{s}^2}{1 \cdot 10^3 \cdot \text{kg} \cdot \text{m}^2 \cdot 9{,}81 \cdot \text{m}} = 56\,\frac{\text{N} \cdot \text{m}}{\text{N}} = 56\,\text{m}\,; \; (p_S\text{: Schweredruck})$$

Es darf bis zu 56 m tief tauchen.

Aufgabe 14:

Bei einer hydraulischen Presse besitzt der kleine Kolben (Arbeitskolben) einen Durchmesser von $d = 1{,}5$ cm und der große (Kraftkolben) einen Durchmesser $D = 7{,}5$ cm. Der Arbeitskolben wird über einen Hebel mit der Übersetzung von 1:4 mit einer Handkraft von $F_H = 100$ N bewegt. Welche Kraft F_K kann damit am Kraftkolben erzeugt werden?

Lösung:

Bei der hydraulischen Presse gilt, daß die Drücke unter beiden Kolben gleich sind, $p_A = p_K$; $\Rightarrow$

$$\frac{F_A' \cdot 4}{d^2 \pi} = \frac{F_K \cdot 4}{D^2\,\pi} \quad \text{mit } F_A' = 4 \cdot F_H \Rightarrow F_K = 4 \cdot F_H\,\frac{D^2}{d^2} = 4 \cdot 100\,\text{N}\,\frac{7{,}5^2\,\text{cm}^2}{1{,}5^2\,\text{cm}^2} = 10^4\text{N} = 10\,\text{kN}\,.$$

Druck in Gasen

Aufgabe 15:

Welche Kraft wirkt auf den Deckel eines Einkochglases mit dem Durchmesser $d = 10$ cm, wenn der Innendruck noch $p_i = 870$ hPa beträgt? (Luftdruck $p_0 = 1013$ hPa)

Lösung:

$$F = \Delta p \cdot A = (p_0 - p_i) \cdot d^2\,\frac{\pi}{4} = 143 \cdot 10^2\,\frac{\text{N}}{\text{m}^2} \cdot 0{,}1^2\,\frac{\pi}{4}\,\text{m}^2 = 112\,\text{N}\,,$$

d.h. der Deckel wird mit $F = 112$ N zugedrückt.

Aufgabe 16:

Einer Preßluftflasche von 40 l Inhalt mit 60 bar Druck werden 1,0 m^3 Luft mit 1,0 bar Druck entnommen. Auf welchen Betrag sinkt der Druck in der Flasche ab?

Lösung:

Gegeben: $V_1 = 40\ l;\ V_2 = 1{,}0\ \text{m}^3;\ p_1 = 60$ bar; $p_2 = 1{,}0$ bar;   gesucht: p_2'

Ansatz: $p \cdot V = \text{const.}$ mit $T = \text{const.}$ Frage: Welchen Druck nimmt Luft von 1,0 m^3 und 1,0 bar an, wenn sie auf 40 dm^3 bei konstanter Temperatur verdichtet wird?

$$p_2 \cdot V_2 = p_2' \cdot V_1 \;\Rightarrow\; p_2' = p_2 \cdot \frac{V_2}{V_1} = 1{,}0\ \text{bar} \cdot \frac{1{,}0 \cdot \text{m}^3}{40 \cdot 10^{-3}\,\text{m}^3} = 25\ \text{bar} \;\Rightarrow$$

$$p_1' = p_1 - p_2' = (60 - 25) \cdot \text{bar} = 35\ \text{bar} \Rightarrow \text{In der Flasche sinkt der Druck auf 35 bar ab.}$$

Aufgabe 17:

Otto von Guericke benutzte für seinen berühmten Versuch zwei Halbkugeln von 57,5 cm Durchmesser. Mit welcher Kraft hielten diese zusammen, wenn ein normaler Luftdruck von 1,01 bar herrschte und die Kugel bis auf 100 hPa evakuiert wurde?

Lösung:

Gegeben: $d = 57{,}5$ cm; $p_0 = 1{,}01$ bar; $p = 100$ hPa.

$$F = A \cdot (p_0 - p) = \frac{d^2 \cdot \pi}{4}(p_0 - p) = \frac{0{,}575^2\ \text{m}^2 \cdot \pi}{4} \cdot 0{,}91 \cdot 10^5\ \frac{\text{N}}{\text{m}^2} = 23{,}6\ \text{kN}\,.$$

Aufgabe 18:

In welcher Höhe h über der Erdoberfläche ist bei $\vartheta = 0\ °\text{C}$ der Luftdruck gleich 1/2, 1/3 und 1/10 des Luftdrucks an der Erdoberfläche ($p_0 = 1013$ hPa)?

(Annahme: Erdbeschleunigung $g = 9{,}8$ m/s^2 = konst., Dichte der Luft $\rho_0 = 1{,}29$ kg/m^3)

Lösung:

Die barometrische Höhenformel lautet: $p_h = p_0 \cdot e^{-\frac{\rho_0 \cdot g \cdot h}{p_0}}$; diese logarithmiert ergibt:

$$\ln\left(\frac{p_0}{p_h}\right) = \frac{\rho_0 \cdot g \cdot h}{p_0} \Rightarrow h = \frac{p_0}{\rho_0 \cdot g} \ln\left(\frac{p_0}{p_h}\right); \text{ mit } p_H:\ \frac{1}{2}p_0, \frac{1}{3}p_0, \frac{1}{10}p_0 \text{ folgt:}$$

$$h_{1/2} = \frac{1{,}013 \cdot 10^5\,\text{N} \cdot \text{m}^3 \cdot \text{s}^2}{\text{m}^2\,1{,}29\ \text{kg} \cdot 9{,}8\ \text{m}} \ln 2 = 5{,}55\ \text{km}\,; \text{ entsprechendes gilt für:}$$

$$h_{1/3} = 8{,}80\ \text{km}, \quad h_{1/10} = 18{,}5\ \text{km}\,.$$

Auftrieb

Aufgabe 19:

Ein quaderförmiger Körper aus Holz (Dichte $\rho_H = 0{,}85$ kg/dm^3; Höhe $H = 25$ cm) schwimmt in Salzwasser. Wie groß ist die Eintauchtiefe T?

(Dichte des Salzwassers: $\rho_W = 1{,}1$ kg/dm^3)

Lösung:

Es gilt die Gleichgewichtsbedingung zwischen Gewichtskraft F_G und Auftriebskraft F_A. Damit folgt: $\rho_H \cdot A \cdot H \cdot g = \rho_W \cdot A \cdot T \cdot g$ mit A: Grundfläche des Quaders, g: Erdbeschleunigung; auflösen der Gleichung nach T und einsetzen der Werte ergibt:

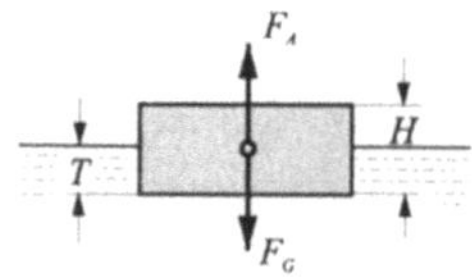

$$T = H\frac{\rho_H}{\rho_W} = 25\,\text{cm}\,\frac{0{,}85\ \text{kg}/\text{dm}^3}{1{,}1\ \text{kg}/\text{dm}^3} = 19{,}3\,\text{cm}\,.$$

Aufgabe 20:

Eine Person mit der Masse $m = 75$ kg wiegt sich. Durch die umgebende Luft erfährt sie eine Auftriebskraft F_A, die die Gewichtskraft F_G theoretisch verfälscht. Es ist die Auftriebskraft abzuschätzen; dabei soll folgendes angenommen werden: durchschnittliche Dichte der Person $\rho_P = 1,0$ kg/dm^3; Dichte der Luft $\rho_L = 1,29$ kg/m^3.

Lösung:

Für die Auftriebskraft gilt:

$$F_A = V_P \cdot \rho_L \cdot g = \frac{m_P}{\rho_P} \rho_L \cdot g; \quad \text{mit } V_P, m_P: \text{Volumen bzw. Masse der Person}; g = 9,81 \text{ m/s}^2$$

$$F_A = \frac{75 \text{ kg} \cdot 1,29 \text{ kg} \cdot \text{m}^3 \cdot 9,81 \text{ m}}{\text{m}^3 1,0 \cdot 10^3 \text{kg} \cdot \text{s}^2} = 0,95 \text{ N} \approx 1\text{N}.$$

Es ist $F_G = 75$ kg$\cdot 9,81$ m/s$^2 = 736$ N, d.h. $F_{G,real} \approx 737$ N, eine Korrektur von nur 0,13 %, die praktisch vernachlässigbar ist.

Aufgabe 21:

Ein Schmuckstück wiegt in Luft $9,0 \cdot 10^{-2}$ N und unter Wasser $8,2 \cdot 10^{-2}$ N. Ist es aus Gold ($\rho_G = 19,3$ g$\cdot$cm^{-3}) oder aus dünn vergoldetem Silber ($\rho_S = 10,5$ g$\cdot$cm^{-3})?

Lösung:

$$F_A = F_{G,L} - F_{G,W} = m_W \cdot g = \rho_W \cdot V_W \cdot g \quad (F_A: \text{Auftriebskraft})$$

$$\Rightarrow V_W = V_{Schm.} = \frac{F_{G,L} - F_{G,W}}{\rho_W \cdot g}; \quad \text{mit } \rho_{Schm.} = \frac{m_{Schm.}}{V_{Schm.}} = \frac{m_{Schm.} \cdot g}{V_{Schm.} \cdot g} = \frac{F_{G,L}}{V_{Schm.} \cdot g}$$

$$\rho_{Schm.} = \frac{F_{G,L} \cdot \rho_W \cdot g}{\left(F_{G,L} - F_{G,W}\right) \cdot g} = \frac{9,0 \cdot 10^{-2}\text{N} \cdot 1,0}{(9,0 - 8,2) \cdot 10^{-2}\text{N}} \cdot \frac{\text{g}}{\text{cm}^3} = 11,3 \frac{\text{g}}{\text{cm}^3}$$

$\Rightarrow$ Das Schmuckstück besteht aus dünn vergoldetem Silber.

Oberflächenspannung

Aufgabe 22:

Zwei Kapillaren mit den Radien $r_1 = 1$ mm und $r_2 = 2$ mm werden parallel in eine Salzlösung getaucht mit der Dichte $\rho = 1,03$ kg/dm^3. Welche Oberflächenenergiedichte σ (gleich Oberflächenspannung) hat die Lösung, wenn sich zwischen den Steighöhen in den Kapillaren eine Höhendifferenz $\Delta h = 10$ mm einstellt (es wird vollständige Benetzung vorausgesetzt)? (Erdbeschleunigung: $g = 9,81$ m/s^2)

Lösung:

Es gilt für die Steighöhe in einer Kapillare bei vollständiger Benetzung: $h = 2 \cdot \sigma/(r \cdot \rho \cdot g)$;

angewandt auf die beiden Kapillaren folgt: $\Delta h = \dfrac{2 \cdot \sigma}{\rho \cdot g}\left(\dfrac{1}{r_1} - \dfrac{1}{r_2}\right)$; nach σ auflösen:

$$\sigma = \frac{\Delta h \cdot \rho \cdot g \cdot r_1 \cdot r_2}{2 \cdot (r_2 - r_1)} \Rightarrow$$

$$\sigma = \frac{10 \text{ mm} \cdot 1,03 \cdot 10^3 \text{kg} \cdot 9,81 \text{ m} \cdot 1 \cdot 2 \cdot 10^{-6}\text{m}^2}{\text{m}^3 2 \cdot (2 - 1)\text{mm} \cdot \text{s}^2} = 0,101 \frac{\text{N}}{\text{m}}.$$

Aufgabe 23:

Ein Liter Wasser V_W wird zerstäubt, dabei entstehen Tröpfchen mit einem durchschnittlichen Durchmesser von $d = 0,1$ mm. Es ist die Arbeit W zu ermitteln, die beim Zerstäubungsvorgang gegen die Oberflächenspannung ($\sigma = 0,074$ N/m) des Wassers zur Vergrößerung der Gesamtoberfläche ΔA aufzubringen ist.

Lösung:

Das Volumen eines Tröpfchens ist: $V = 4 \cdot \pi \cdot r^3/3 = 4 \cdot \pi \cdot 0{,}05^3 \cdot 10^{-9} \cdot m^3/3 = 5{,}24 \cdot 10^{-13}\ m^3$; die Anzahl N der Tröpfchen ist dann: $N = V_W/V = 10^{-3}\ m^3/(5{,}24 \cdot 10^{-13}\ m^3 = 1{,}91 \cdot 10^9$ Tröpfchen. Die Oberfläche eines Tröpfchens (Kugel) ist: $A_O = \pi \cdot D^2 = \pi \cdot 0{,}1^2 \cdot 10^{-6} \cdot m^2 = 3{,}14 \cdot 10^{-8}\ m^2 \Rightarrow \Delta A = N \cdot A_O = 60\ m^2$. Für die Oberflächenenergiedichte σ (gleich Oberflächenspannung) gilt: $\sigma = W/\Delta A$; mit W als der Oberflächenenergie, die als Arbeit bei der Vergrößerung aufgebracht werden muß;

$\Rightarrow W = 0{,}074\ N/m \cdot 60\ m^2 = 4{,}44\ N \cdot m \approx 4{,}4\ J$.

Aufgabe 24:

Am unteren Ende einer Pipette (Austrittsdurchmesser $d = 1$ mm) hängt ein kugelförmiger Terpentinöltropfen ($\rho = 0{,}855$ kg/dm^3, $\sigma = 0{,}027$ N/m).
Wie groß kann maximal der Tropfendurchmesser $d_{T,MAX}$ werden, bevor er abreißt?

Lösung:

Es gilt das Kräftegleichgewicht: Gewichtskraft des Tropfens F_G gleich Haftkraft am Pipettenrand F_H.

$$F_G = F_H \Rightarrow \frac{\pi \cdot d_{T,MAX}^3 \cdot \rho \cdot g}{6} = \pi \cdot d \cdot \sigma \ ; \text{ nach } d_{T,MAX} \text{ auflösen ergibt:}$$

$$d_{T,NMAX} = \left[\frac{d \cdot \sigma \cdot 6}{\rho \cdot g} \right]^{1/3} , \text{ einsetzen der Werte ergibt:}$$

$$d_{T,MAX} = \left[\frac{10^{-3}\,m \cdot 0{,}027\,N \cdot 6 \cdot m^3 \cdot s^2}{m \cdot 0{,}855 \cdot 10^3\,kg \cdot 9{,}81\,m} \right]^{1/3} = 2{,}68 \cdot 10^{-3}\,m \approx 2{,}7\ mm\ .$$

3.3 Dynamik der Flüssigkeiten und Gase

Reibungsfreie Strömungen

Aufgabe 25:

Die Austrittsgeschwindigkeit einer Wasserstrahlpumpe beträgt $v = 2{,}0$ m/s bei einem Querschnitt von $A = 0{,}75$ cm^2. Der statische Druck ist hier der Luftdruck ($p_A = 10^3$ hPa). Wie groß müssen die Geschwindigkeit des Wassers an der engen Düse und deren Querschnitt bzw. Durchmesser sein, damit dort der Druck null ist (der Dampfdruck wird vernachlässigt)?

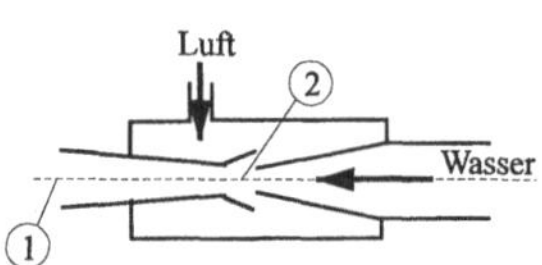

Lösung:

Es gilt: $p_A = p_2 = 10^3$ hPa, $\rho = 10^3$ kg/m^3, $p_1 = 0$.

Ansatz nach Bernoulli für die Orte „1" und „2" (s. Skizze): $p_1 + 1/2 \cdot \rho \cdot v_1^2 = p_2 + 1/2 \cdot \rho \cdot v_2^2$.

Nach v_1 aufgelöst rgibt: $v_1 = \sqrt{v_2^2 + \frac{2 \cdot p_2}{\rho}} = \sqrt{4{,}0\ \frac{m^2}{s^2} + \frac{2 \cdot 10^5 kg\,m\,m^3}{10^3\ kg\,s^2\,m^2}} = 14{,}3\ m/s$.

Mit der Kontinuitätsgl. folgt: $A_1 \cdot v_1 = A_2 \cdot v_2 \Rightarrow A_1 = A_2 \cdot \frac{v_2}{v_1} = 0{,}75\ cm^2\ \frac{2{,}0}{14{,}3} = 0{,}105\ cm^2$.

Daraus errechnet man den Durchmesser d der Düse zu: $d = 3{,}7$ mm.

Aufgabe 26:

Ein geschlossener Behälter mit einem Durchmesser von $D = 1{,}0$ m ist 1,5 m hoch mit Wasser gefüllt. Im Boden des Behälters befindet sich ein Loch von $d = 12$ mm Durchmesser. Wie groß ist die Ausflußgeschwindigkeit v_2, wenn über dem Wasserspiegel ein Überdruck $p_Ü$ von 0,2 bar herrscht?

Lösung:

Gegeben : $D = 1,0$ m, $d = 12$ mm, $h = 1,5$ m, $p_{\text{Ü}} = 0,2$ bar $= 0,2 \cdot 10^5$ hPa.

Ansatz nach Bernoulli für die Positionen „1" und „2" (s. Skizze):

$$p_1 + 0,5\, \rho \cdot v_1^2 + \rho \cdot g \cdot h = p_2 + 0,5\, \rho \cdot v_2^2 + 0 \,.$$

Kontinuitätsgleichung:

$$A_1 \cdot v_1 = A_2 \cdot v_2 \Rightarrow v_1 = \frac{A_2}{A_1} v_2 = \frac{d^2}{D^2} v_2 = 1,44 \cdot 10^{-4} v_2 \Rightarrow v_1 \ll v_2 \,,$$

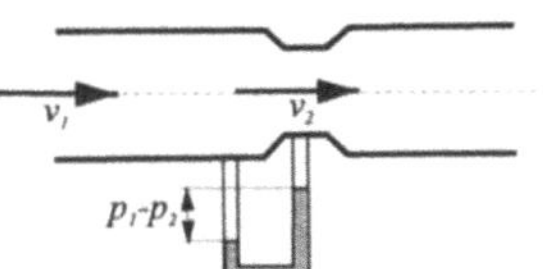

d.h. der Term $0,5 \cdot \rho \cdot v_1^2$ kann vernachlässigt werden. Dann folgt mit $p_1 - p_2 = p_{\text{Ü}}$ für v_2 :

$$v_2 = \sqrt{\frac{p_{\text{Ü}} + \rho \cdot g \cdot h}{0,5\, \rho}} = \sqrt{\frac{2 \cdot 10^4\, \text{Pa} + 10^3\, \text{kg} / \text{m}^3 \cdot 9,81\, \text{m} / \text{s}^2 \cdot 1,5\, \text{m}}{0,5 \cdot 10^3\, \text{kg} / \text{m}^3}} = 8,33 \sqrt{\frac{\text{kg} \cdot \text{m} \cdot \text{m}^3}{\text{m}^2 \cdot \text{kg}}} = 8,33\, \frac{m}{s} \,.$$

Aufgabe 27:

Welches Querschnittsverhältnis hat eine Venturidüse, die bei einer Luftströmung mit der Geschwindigkeit 4,6 m/s den Differenzdruck 196 Pa ergibt? ($\rho_{\text{L}} = 1,29$ kg/m^3)

Lösung:

Gegeben: $v_1 = 4,6$ m/s; $\Delta p = p_1 - p_2 = 196$ Pa.

Ansatz nach Bernoulli vor und in der Venturidüse:

$$p_1 + 0,5\, \rho_{\text{L}} \cdot v_1^2 = p_2 + 0,5\, \rho_{\text{L}} \cdot v_2^2 \,. \text{ Nach } v_2 \text{ aufgelöst ergibt:}$$

$$v_2 = \sqrt{\frac{2 \cdot \Delta p}{\rho_{\text{L}}} + v_1^2} = \sqrt{\frac{2 \cdot 196\, \text{kg} \cdot \text{m} \cdot \text{m}^3}{1,29\, \text{kg} \cdot \text{s}^2 \cdot \text{m}^2} + 4,6^2\, \frac{\text{m}^2}{\text{s}^2}} = 18\, \text{m} / \text{s} \,. \text{ Damit folgt:}$$

$$\frac{A_1}{A_2} = \frac{v_2}{v_1} = \frac{18,6\, \text{m} / \text{s}}{4,6\, \text{m} / \text{s}} = 3,92 \approx 3,9 \,.$$

Innere Reibung

Aufgabe 28:

Die dynamische Viskosität (Zähigkeit) von Fluiden (z.B. Öl) kann nach den beiden folgenden Methoden bestimmt werden:

- Eine Masse von 350 g mit der Auflagefläche von 20 cm^2 gleitet auf einer Ölschicht (Dicke 0,5mm) mit der konstanten Geschwindigkeit $v = 0,45$ m/s eine schiefe Ebene abwärts ($\alpha = 30\,°$);

- Stahlkugeln ($\rho_{\text{ST}} = 7,8$ kg/dm^3) von 0,2 mm Durchmesser durchfallen eine Strecke von 25 cm in 15,6 s in einem mit Öl gefüllten Standzylinder. Es ist die dynamische Viskosität für beide Methoden zu berechnen ($\rho_{\text{ÖL}} = 0,85$ kg/dm^3)?

Lösung:

1. Methode: Gegeben: $m = 350$ g, $A = 20$ cm^2, $d = 0,5$ mm, $v = 0,45$ m/s, F_{R}: Reibungskraft, F_{H}: Hangabtriebskraft, F_{G} : Gewichtskraft.

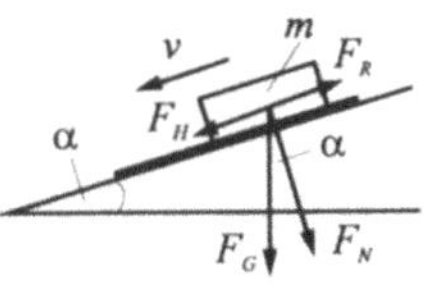

Newtonscher Reibungsansatz: $F_{\text{R}} = \eta \cdot A \frac{v}{d}$;

lt. Skizze gilt: $F_{\text{R}} = F_{\text{H}}$ mit $F_{\text{H}} = m \cdot g \cdot \sin\alpha$, einsetzen in F_{R}

und nach η auflösen: $\eta = \dfrac{m \cdot g \cdot \sin\alpha \cdot d}{A \cdot v} \Rightarrow$

$$\eta = \frac{0,35\, \text{kg} \; 9,81\, \text{m} \cdot \sin 30° \cdot 0,5 \cdot 10^{-3}\, \text{m} \cdot \text{s}}{20\, \text{m}^2\, 10^{-4}\, \text{s}^2 \; 0,45\, \text{m}} = 0,954\, \text{Pa} \cdot \text{s} \,.$$

2. Methode: Gegeben: $s = 0,25$ m; $t = 15,6$ s, $r = 0,1$ mm. Mit Stokes und $v = s/t = 1,60 \cdot 10^{-2}$ m/s:

$$\eta = \frac{2}{9} r^2 \cdot \rho_{ST} \cdot \frac{g}{v} \cdot (1 - \frac{\rho_{\ddot{O}l}}{\rho_{ST}}) = \frac{2}{9} 1 \cdot 10^{-6} \text{ m}^2 \, 7,8 \cdot 10^3 \frac{\text{kg}}{\text{m}^3} \cdot \frac{9,81 \text{ m} \cdot \text{s}}{1,6 \text{ s}^2 \, 10^{-2} \text{ m}} (1 - \frac{0,85}{7,8}) = 0,947 \text{ Pa} \cdot \text{s}.$$

Nach beiden Methoden erhält man innerhalb der Fehlergrenzen den selben Wert für η.

Aufgabe 29:

Ein Öltankeinlauf liegt 6 m höher als die Pumpe (Fördervolumen $I_V = 0,8$ l/s). Das Zuleitungsrohr hat eine Länge von 7 m und einen Durchmesser von $d = 1,7$ cm. Wie groß ist der erforderliche Pumpendruck? ($\rho_{\ddot{O}l} = 0,85$ kg/dm^3; $\eta_{\ddot{O}l} = 0,20$ Pa·s)

Lösung:

Gegeben: $h = 6,0$ m; $L = 7,0$ m, $R = 0,85$ cm, Δp_V: Druckverlust durch innere Reibung im Rohr.

Nach Hagen-Poisseuille gilt: $\Delta p_V = \dfrac{I_V \cdot 8\eta \cdot L}{\pi \cdot R^4} = \dfrac{0,8 \cdot 10^{-3} \text{ m}^3 \cdot 8 \cdot 0,2 \cdot \text{N} \cdot \text{s} \cdot 7 \text{ m}}{\pi \cdot \text{m}^2 \cdot \text{s} \cdot 0,85^4 \cdot 10^{-8} \cdot \text{m}^4} = 5,46 \cdot 10^5 \dfrac{\text{N}}{\text{m}^2}$.

Ferner gilt für die mittlere Strömungsgeschwindigkeit im Rohr:

$$\bar{v} = \frac{I_V}{R^2 \pi} = \frac{0,8 \cdot 10^{-3} \text{ m}^3}{0,85^2 \cdot 10^{-4} \text{ m}^2} = 3,52 \frac{\text{m}}{\text{s}}.$$

Ansatz nach Bernoulli am Ort der Pumpe und am Rohrende (p_P: Pumpendruck, $p_1 = p_2$: Außendruck:

$$p_P + p_1 = p_2 + 0,5\,\rho \cdot \bar{v}^2 + \rho \cdot g \cdot h + \Delta p_V \quad \Rightarrow \quad p_p = (0,053 + 0,50 + 5,46) \cdot 10^5 \text{ Pa} = 6,01 \cdot 10^5 \text{ Pa}.$$

Der Pumpendruck beträgt mindestens $p_P = 6,0$ bar.

Aufgabe 30:

Infusionsströmung: Die Kanüle K (Abb. II) besitzt die folgenden Abmessungen: Länge l_K = 30 mm, Radius $r = 0,2$ mm. Der Zuleitungsschlauch S hat einen Durchmesser $d = 5,0$ mm und eine Länge von $l_S = 60$ cm. Die dynamische Viskosität der Infusionsflüssigkeit beträgt $\eta = 0,95 \cdot 10^{-3}$ Pa·s und die Dichte $\rho = 10^3$ kg/m^3. Der Luftdruck sei $p_L = 950$ hPa.

a) Zunächst sei keine Kanüle angeschlossen (Abb. I). Wie groß sind der statische Druck an der Stelle A und die Ausströmgeschwindigkeit v?

b) Anordnung mit Kanüle (Abb. II). Es soll die Volumenstromstärke $I_{V,S}$ im Schlauch und in der Kanüle $I_{V,K}$ berechnet werden, wenn die Strömungsgeschwindigkeit im Schlauch $v_S = 2,5$ mm/s beträgt.

Wie groß sind ferner die Druckdifferenz Δp_K und die Ausströmgeschwindigkeit v_K?

Lösung:

a) Ansatz nach Bernoulli für die Orte „A" und am Ausfluß (s. Abb. I):

$$p_A + 0,5\,\rho \cdot v^2 + \rho \cdot g \cdot l_S = p_L + 0,5\,\rho \cdot v^2 + 0 \Rightarrow p_A = p_L - \rho \cdot g \cdot l_S \text{ ;einsetzen der Werte:}$$

$p_A = 950 \text{ hPa} - 59 \text{ hPa} = 891 \text{ hPa}$.   Bernoulliansatz bei „B" und am Ausfluß:

$$p_L + 0,5\,\rho \cdot v_V^2 + \rho \cdot g \,(l_S + l_V) = p_L + 0,5\,\rho \cdot v^2 + 0 \text{ ;}$$

da $D \gg d$ ist, folgt mit der Kontinuitätsgleichung $v_V^2 \ll v^2 \Rightarrow$

$$v = \sqrt{2\,g\,(l_S + l_V)} = \sqrt{2 \cdot 9,81 \text{ m/s}^2 \cdot (0,60 + 0,10) \text{ m}} = 3,71 \text{ m/s}.$$

b) Es gilt: $I_{V,S} = I_{V,K} = v_S \cdot d^2\pi / 4 = 49{,}1 \text{ mm}^3 / \text{s}$. Mit Hagen-Poisseuille folgt:

$$\Delta p = \frac{I_{V,K} \cdot 8 \cdot \eta \cdot l_K}{\pi \cdot r^4} = \frac{49{,}1 \cdot 10^{-9} \text{ m}^3 \; 8 \cdot 0{,}95 \cdot 10^{-3} \text{ Pa} \cdot \text{s} \; 0{,}03 \text{ m}}{\text{s} \cdot \pi \cdot 0{,}2^4 \cdot 10^{-12} \cdot \text{m}^4} = 22{,}3 \text{ hPa} .$$

Mit der Kontinuitätsgleichung folgt: $\quad v_K = v_S \dfrac{d^2}{(2r)^2} = 2{,}5 \dfrac{\text{mm}}{\text{s}} \dfrac{5^2}{0{,}4^2} = 0{,}39 \text{ m}/\text{s}$.

Aufgabe 31:

Zwei hintereinandergeschaltete schräg verlaufende Kanülen (Innendurchmesser $d_1 = 2{,}5$ mm und $d_2 = 1{,}5$ mm, Längen $l_1 = 30$ cm und $l_2 = 40$ cm) werden von oben nach unten mit Wasser durchströmt.

An den Stellen „1" und „2" werden jeweils mit einem Drucksensor die statischen Drücke p_1 und p_2 gemessen (s.Abb.).

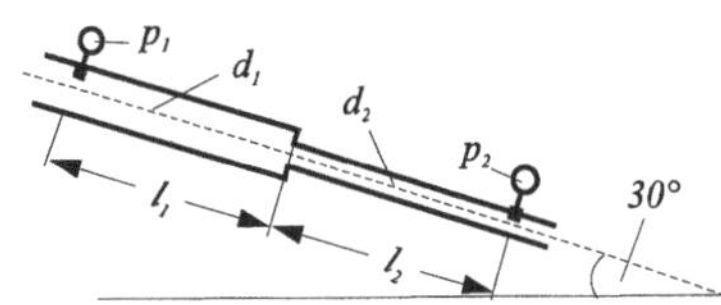

a) Zunächst wird eine reibungsfreie Strömung angenommen mit der Druckdifferenz $p_1 - p_2 = 500$ hPa. Wie groß ist der Volumenstrom $I_{V,1}$?

b) Bei der Berücksichtigung der inneren Reibung der Strömung ergibt sich für den dadurch vorhandenen Druckverlust auf der Strecke $l_1 + l_2$ ein Wert von $\Delta p_V = 376$ hPa. Wie groß ist der Volumenstrom I_V, der gesamte Volumenströmungs-Widerstand $R_{V,G}$ und die Einzelwiderstände $R_{V,1}$, $R_{V,2}$? (dynamische Viskosität $\eta = 10^{-3}$ Pa·s)

Lösung:

a) Bernoulli für die Orte „1" und „2" (s.Abb.): $\quad p_1 + 0{,}5\,\rho \cdot v_1^2 + \rho \cdot g \cdot h = p_2 + 0{,}5\,\rho \cdot v_2^2 + 0$.

Die Kontinuitätsgleichung liefert: $v_1 = v_2 \cdot d_2^2 / d_1^2$; einsetzen in Bernoulli und nach v_2 auflösen ($h = (l_1 + l_2) \cdot \sin 30° = 0{,}35$ m, s. Abb.):

$$v_2 = \sqrt{\frac{(p_1 - p_2) + \rho \cdot g \cdot h}{0{,}5 \cdot \rho \cdot (1 - d_2^4 / d_1^4)}} = \sqrt{\frac{5 \cdot 10^4 \text{ Pa} + 10^3 \text{ kg}/\text{m}^3 \cdot 9{,}81 \text{m}/\text{s}^2 \cdot 0{,}35 \text{ m}}{0{,}5 \cdot 10^3 \text{ kg}/\text{m}^3 \cdot 0{,}870}} = 11{,}1 \frac{\text{m}}{\text{s}} .$$

Volumenstärke: $I_V = v_2 \cdot d_2^2 \cdot \pi / 4 = 19{,}6 \cdot 10^{-6} \text{ m}^3 / \text{s} = 19{,}6 \text{ cm}^3 / \text{s}$.

b) Bernoulli für die Orte „1" und „2": $\quad p_1 + 0{,}5\,\rho \cdot v_1^2 + \rho \cdot g \cdot h = p_2 + 0{,}5\,\rho \cdot v_2^2 + 0 + \Delta p_v$.

Wie unter a) nach v_2 auflösen:

$$v_2 = \sqrt{\frac{(p_1 - p_2) + \rho \cdot g \cdot h - \Delta p_V}{0{,}5 \cdot \rho \cdot (1 - d_2^4 / d_1^4)}} = \sqrt{\frac{(534 - 367) \text{ hPa}}{0{,}5 \cdot 10^3 \text{ kg}/\text{m}^3 \cdot 0{,}870}} = 6{,}03 \frac{\text{m}}{\text{s}} .$$

Volumenstromstärke: $I_V = v_2 \cdot d_2^2 \cdot \pi / 4 = 10{,}7 \text{ cm}^3 / \text{s}$.

Für den gesamten Volumenströmungswiderstand gilt:

$$R_{V,G} = \frac{\Delta p_V}{I_V} = \frac{376 \cdot 10^2 \text{ Pa} \cdot \text{s}}{10{,}7 \cdot 10^{-6} \text{ m}^3} = 3{,}51 \cdot 10^9 \text{ Pa} \cdot \text{s}/\text{m}^3 .$$ Für die Einzelströmungswiderstände

gilt: $R_{V,1} = \dfrac{8\,\eta \cdot l_1}{\pi \cdot r_1^4} = \dfrac{8 \cdot 10^{-3} \text{ Pa} \cdot \text{s} \cdot 0{,}3 \text{ m}}{\text{p} \cdot 1{,}25^4 \cdot 10^{-12} \text{ m}^4} = 3{,}13 \cdot 10^8 \dfrac{\text{Pa} \cdot \text{s}}{\text{m}^3} ,$

$R_{V,2} = 32{,}2 \cdot 10^8 \text{ Pa} \cdot \text{s}/\text{m}^3$. Ferner gilt: $R_{V,G} = R_{V,1} + R_{V,2} = 3{,}54 \cdot 10^9 \text{ Pa} \cdot \text{s}/\text{m}^3$.

Vergleich mit $R_{V,G}$ (3 Zeilen höher) ergibt praktisch Übereinstimmung.

Turbulente Strömung

Aufgabe 32:

Ein Fallschirm mit einer effektiven Fläche von $A = 50$ m^2 und einem Widerstandsbeiwert $c_W = 1{,}35$, an dem ein Körper mit der Masse $m = 80$ kg hängt, schwebt zu Boden. Welche Sinkgeschwindigkeit hat er kurz vor der Landung und in 5,5 km (halber Luftdruck) Höhe? (Luftdichte am Boden: $\rho_0 = 1{,}29$ kg/m^3).

Lösung:

Es gilt: Widerstandskraft der Luft F_W gleich Gewichtskraft F_G:

$$F_W = F_G \;\Rightarrow\; \text{Gl.(1); mit } F_W = c_W \cdot 0{,}5 \cdot \rho \cdot v^2 \cdot A \text{ und } F_G = m \cdot g \text{ in Gl.(1) eingesetzt, folgt:}$$

$$v = \sqrt{\frac{m \cdot g}{0{,}5 \cdot c_W \cdot \rho \cdot A}} \;\Rightarrow\; v_0 = \sqrt{\frac{80 \text{ kg} \cdot 9{,}81 \text{ m} \cdot \text{m}^3}{0{,}5 \cdot 1{,}35 \cdot \text{s}^2 \cdot 1{,}29 \text{ kg} \cdot 50 \cdot \text{m}^2}} = 4{,}25 \text{ m/s}$$

gleich Sinkgeschwindigkeit kurz vor dem Boden.

$$v_{5,5} = v_0 \cdot \sqrt{2} = 6{,}01 \text{ m/s gleich Sinkgeschwindigkeit in 5,5 km Höhe.}$$

Aufgabe 33:

Ein Auto mit einer effektiven Fläche von $A = 3{,}0$ m^2 und einem c_W-Wert von 1,0 fährt mit einer Geschwindigkeit von 72 km/h. Wie groß ist die Motorleistung und wieviel mehr an Motorleistung wird benötigt, um mit doppelter Geschwindigkeit zu fahren (die Rollreibungsleistung wird vernachlässigt)?

Lösung:

Gegeben: $c_W = 1{,}0$; $v_1 = 72$ km/h, $v_2 = 144$ km/h, $\rho_L = 1{,}29$ kg/m^3, P: Motorleistung, F_W: Widerstandskraft.

Es gilt: $P = F_W \cdot v = 0{,}5 \cdot c_W \cdot \rho_L \cdot A \cdot v^3$;

$$P_1 = 0{,}5 \cdot 1{,}0 \cdot 1{,}29 \frac{\text{kg}}{\text{m}^3} \cdot 3{,}0 \text{ m}^2 \cdot \left(\frac{72}{3{,}6} \cdot \frac{\text{m}}{\text{s}} \right)^3 = 15{,}5 \cdot 10^3 \frac{\text{N} \cdot \text{m}}{\text{s}} = 15{,}5 \text{ kW} .$$

Für das Verhältnis der Motorleistungen gilt: $\dfrac{P_2}{P_1} = \dfrac{v_2^3}{v_1^3} = \dfrac{144^3}{72^3} = 2^3 = 8$, d.h. eine Verdoppelung der Geschwindigkeit erfordert eine 8-fach größere Antriebsleistung!

Aufgabe 34:

Die Strömungen im menschlichen Blutkreislauf sollten sowohl in den großen Gefäßen (Aorta mit $R = 10$ mm, $\bar{v} = 0{,}3$ m/s) als auch in den engsten Gefäßen (Kapillaren mit $r = 4$ µm, $\bar{v} = 5$ mm/s) laminar sein. Es ist dies mit Hilfe der kritischen Reynoldzahl ($Re_{\text{krit}} = 1150$) zu untersuchen. ($\rho = 10^3$ kg/m^3, $\eta = 4 \cdot 10^{-3}$ Pa$\cdot$s)

Lösung:

Für laminare Strömungen in glatten Röhren gilt: $Re = R \cdot \rho \cdot \bar{v} / \eta$.

$$Re_{\text{AORTA}} = \frac{1{,}0 \cdot 10^2 \text{ m} \cdot 10^3 \text{ kg/m}^3 \cdot 0{,}3 \cdot \text{m/s}}{4 \cdot 10^{-3} \cdot \text{kg} \cdot \text{m} \cdot \text{s/(s}^2 \cdot \text{m}^2)} = 750 \; < Re_{\text{krit}}, \text{ d.h. es liegt laminare Strömung vor.}$$

$$Re_{\text{KAP.}} = \frac{4{,}0 \cdot 10^{-6} \text{ m} \cdot 10^3 \text{ kg/m}^3 \cdot 0{,}5 \cdot 10^{-3} \text{ m/s}}{4 \cdot 10^{-3} \cdot \text{kg} \cdot \text{m} \cdot \text{s/(s}^2 \cdot \text{m}^2)} = 5{,}0 \cdot 10^{-3} \ll Re_{\text{krit}}, \text{ d.h. laminare Strömung.}$$

Aufgabe 35:

Es soll der Strömungswiderstand eines Kraftfahrzeuges bei einer Geschwindigkeit von $v_0 = 120$ km/h im Windkanal bestimmt werden. Die größte Ausdehnung der maximalen Querschnittsfläche des Fahrzeugs beträgt $l_0 = 1{,}6$ m, beim Modell dagegen nur die Häflte, also $l_M = 0{,}8$ m. Wie groß ist die erforderliche Windgeschwindigkeit v_M im Windkanal?

Lösung:

Die Reynoldzahlen Re der Realität und im Modellversuch müssen identisch sein, damit folgt:

$$Re = \frac{\rho \cdot l_0 \cdot v_0}{\eta} = \frac{\rho \cdot l_M \cdot v_M}{\eta}.$$

Da in beiden Fällen Luft als Strömungmedium dient, sind die Dichte ρ und die Vikosität η gleich, so daß gilt:

$$v_M = v_0 \frac{l_0}{l_M} = 120 \frac{km}{h} \frac{1{,}6\,m}{0{,}8\,m} = 240 \frac{km}{h} = 66{,}7\ m/s.$$

Aufgabe 36:

Wieviel Wasser je Minute darf maximal durch ein Wasserleitungsrohr von $d = 4$ cm Durchmesser fließen, damit gerade noch laminare Srömung herrscht? (dynamische Viskosität $\eta = 10^{-3}$ Pa·s, Dichte $\rho = 10^3 = $ kg/m^3, Reynoldzahl $Re = 1160$ mit $l = d/2$)

Lösung:

Es gilt für die Reynoldzahl: $Re = \rho \cdot l \cdot v_{kri} / \eta$, mit v_{kri}: kritische Strömungsgeschwindigkeit, bei der die laminare in die turbulente Strömung übergeht. Nach v_{kri} auflösen und Werte einsetzen ergibt:

$$v_{kri} = \frac{h \cdot Re}{r \cdot l} = \frac{10^{-3}\,Pa \cdot s \cdot 1160 \cdot m^3}{10^3\,kg \cdot 0{,}02\,m} = 0{,}058 \frac{kg \cdot m \cdot s \cdot m^2}{s^2 \cdot m^2 \cdot kg} = 0{,}058\ m/s;$$

das Volumen pro Minute erhält man zu:

$$V_t = v_{kri} \cdot d^2 \frac{\pi}{4} = 0{,}058 \frac{m}{s} 0{,}04^2\,m^2 \frac{\pi}{4} = 7{,}29 \cdot 10^{-5} \frac{m^3}{s} = 4{,}37\ l/min.$$

4 Gravitation

4.0 Formelsammlung

Zu 4.1 Klassische Gravitationstheorie

Gravitationsgesetz (Betrag)

$$F = \gamma \frac{m_1 \cdot m_2}{r^2}$$

F: Gravitationskraft, γ: Gravitationskonstante, m_1, m_2: zwei Massenpunkte, die sich gegenseitig anziehen, r: Abstand der beiden Massen

Potentielle Energie

Potentielle Energie im Schwerefeld der Erde

$$W_{\text{POT}} = \gamma \cdot m_{\text{E}} \cdot m \cdot \left(\frac{1}{r_{\text{E}}} - \frac{1}{r} \right)$$

W_{POT}: potentielle Energie der Masse m, m_{E}: Erdmasse, r_{E}: Erdradius, r: Abstand zwischen den Massenmittelpunkten m_{E} und m

Satellitenbahnen

Drittes Keplersches Gesetz

$$\frac{T^2}{a^3} = \frac{4 \cdot \pi^2}{\gamma \cdot m_{\text{S}}} = \text{const}$$

T: Umlaufzeit der Planeten, a: große Halbachse der Umlaufellipsen, m_{S}: Masse der Sonne

Drittes Keplersche Gesetz angewandt auf Erdsatellitenbahnen

$$\frac{T^2}{r^3} = \frac{4 \cdot \pi^2}{\gamma \cdot m_{\text{E}}} = \text{const}$$

T: Umlaufzeit der Erdsatelliten, r: Abstand Satellit zum Erdmittelpunkt, m_{E}: Erdmasse

4.1 Klassische Gravitationstheorie

Gravitationsgesetz

Aufgabe 1:

Wie groß ist die Gravitationskraft zwischen zwei erwachsenen Personen, die je 75 kg Masse besitzen und einen Abstand von 1 Meter zueinander haben?

($\gamma = 6{,}67 \cdot 10^{-11}$ m^3/(kg·s^2))

Lösung:

Es gilt das Gravitationgesetz (Betrag):

$$F = \gamma \frac{m_1 \cdot m_2}{r^2} = \frac{6{,}67 \cdot 10^{-11} \text{m}^3 \cdot 2 \cdot 75 \text{ kg}^2}{\text{kg} \cdot \text{s}^2 \cdot 1 \text{ m}^2} = 1{,}00 \cdot 10^{-8} \frac{\text{kg} \cdot \text{m}}{\text{s}^2} \Rightarrow F = 10{,}0 \text{ nN.}$$

Aufgabe 2:

Nachdem von Cavendish (1798) die Gravitationskonstante $\gamma = 6{,}67 \cdot 10^{-11}$ m^3/(kg·s^2) mit der nach ihm benannten Drehwaage bestimmt werden konnte, war es nun auch möglich, die Masse der Erde zu berechnen. Bei Kenntnis des Erdradiuses $r_E = 6{,}38 \cdot 10^6$ m ist die Erdmasse m_E mit der ebenfalls bekannten Erdbeschleunigung $g = 9{,}81$ m/s^2 zu ermitteln.

Lösung:

Die Gewichtskraft einer Probemasse m_P ist: $F_G = m_P \cdot g$; F_G ist nach dem Gravitationsgesetz auch:

$$F_G = \gamma \frac{m_P \cdot m_E}{r_E^2}; \text{ beide Ausdrücke gleichgesetzt } m_E = \frac{r_E^2 \cdot g}{\gamma} = \frac{(6{,}38 \cdot 10^6 \text{m})^2 \, 9{,}81 \text{ m} \cdot \text{kg} \cdot \text{s}^2}{6{,}67 \cdot 10^{-11} \text{m}^3 \text{s}^2} \Rightarrow$$

$m_E = 5{,}987 \cdot 10^{24}$ kg $\approx 5{,}99 \cdot 10^{24}$ kg; im Vergleich mit dem Literaturwert von

$m_E = (5{,}977 \pm 0{,}004) \cdot 10^{24}$ kg ist eine gute Übreinstimmung vorhanden.

Aufgabe 3

Es ist die Erdbeschleunigung g auf der Oberfläche der Erde mit Hilfe des Gravitationsgesetzes bei Kenntnis der Erdmasse m_E zu ermitteln.

($\gamma = 6{,}67 \cdot 10^{-11}$ m^3/(kg·s^2); $m_E = 5{,}977 \cdot 10^{24}$ kg; Erdradius $r_E = 6{,}38 \cdot 10^6$ m)

Lösung:

Die Gewichtskraft F_G einer Probemasse m_P kann wie folgt berechnet werden:

$$F_G = \gamma \frac{m_P \cdot m_E}{r_E^2} \text{ und } F_G = m_P \cdot g. \text{ Beide Ausdrücke gleichgesetzt und nach } g \text{ auflösen:}$$

$$g = \frac{\gamma \cdot m_E}{r_E^2} \Rightarrow g = \frac{6{,}67 \cdot 10^{-11} \text{m}^3 \, 5{,}977 \cdot 10^{24} \text{kg}}{\text{kg} \cdot \text{s}^2 (6{,}38 \cdot 10^6 \text{m})^2} = 9{,}794 \text{ m / s}^2 \approx 9{,}79 \text{ m / s}^2.$$

Im Vergleich mit der Normalerd- oder Normalfall-Beschleunigung von 9,80665 m/s^2 ergibt sich eine gute Übereinstimmung.

Aufgabe 4:

In welcher Entfernung vom Erdmittelpunkt wird zwischen Erde und Mond ein Raumschiff schwerelos?

($m_E = 81 \cdot m_M$; $r_{ER} + r_{MR} = 60 \cdot r_E$;

$r_E = 6{,}38 \cdot 10^6$ m)

Lösung:

Es gilt für die Kräfte Erde/Raumschiff F_{ER} und Mond/Raumschiff F_{MR} das Kräftegleichgewicht:

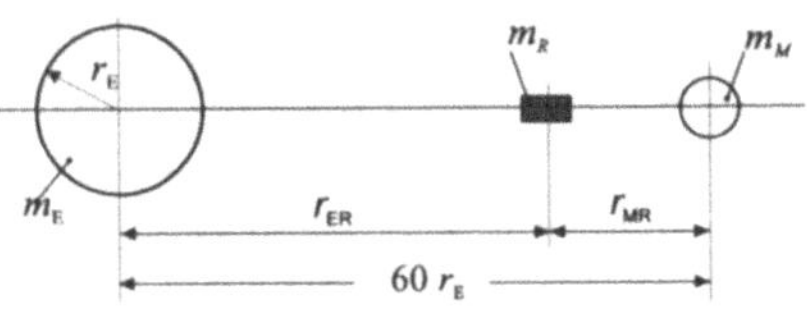

$F_{ER} = F_{MR}$; anwenden des Gravitationsgesetzes ergibt:

$$F_{ER} = \gamma \cdot \frac{m_E \cdot m_R}{r_{ER}^2} \quad ; \quad F_{MR} = \gamma \cdot \frac{m_M \cdot m_R}{r_{MR}^2}; \quad \Rightarrow \quad \frac{m_E}{r_{ER}^2} = \frac{m_M}{r_{MR}^2} \; ; \; \text{auflösen nach } r_{ER}^2:$$

$$r_{ER}^2 = r_{MR}^2 \cdot \frac{m_E}{m_M} = 81 \cdot (60 \cdot r_E - r_{ER})^2 \Rightarrow r_{ER} = \pm 9 \cdot (60 \cdot r_E - r_{ER}) \quad \text{.Es gibt zwei Lösungen:}$$

$$\Rightarrow r_{ER,1} = 67,5 \cdot r_E \quad \text{ist physikalisch nicht sinnvoll, da } > 60 \, r_E!$$

$$r_{ER,2} = 60 \cdot r_E \cdot 0,9 = 54 \cdot r_E = 3,45 \cdot 10^8 \text{ m.}$$

Aufgabe 5:

Wie groß ist die Gewichtskraft F_A eines Astronauten (m_A = 100 kg, einschl. Ausrüstung) und die Fallbeschleunigung a_M auf der Mondoberfläche? (Mondmasse $m_M = 7,35 \cdot 10^{22}$ kg; Mondradius $r_M = 1,74 \cdot 10^6$ m)

Lösung:

Mit dem Gravitationsgesetz folgt:

$$F_A = \gamma \frac{m_A \cdot m_M}{r_M^2} = \frac{6,67 \cdot 10^{-11} \text{m}^3 \, 100 \text{ kg} \cdot 7,35 \cdot 10^{22} \text{kg}}{\text{kg} \cdot \text{s}^2 \, (1,74 \cdot 10^6)^2 \text{ m}^2} \Rightarrow$$

F_A = 162 N (auf der Erde beträgt die entsprechende Gewichtskraft 981 N, d.h. ca. 6mal soviel).
Für die Fallbeschleunigung gilt:

$$a_M = \frac{F_G}{m_A} = \frac{162 \text{ kg} \cdot \text{m}}{\text{s}^2 \, 100 \text{ kg}} = 1,62 \text{ m} / \text{s}^2.$$

Potentielle Energie

Aufgabe 6:

Welche Anfangsgeschwindigkeit (Fluchtgeschwindigkeit) benötigt ein Körper mit der Masse m, um von der Erde in den Weltraum zu gelangen? (Erdmasse $m_E = 6 \cdot 10^{24}$ kg; Erdradius: $r_E = 6,38 \cdot 10^6$ m, $\gamma = 6,67 \cdot 10^{-11} \cdot \text{m}^3 / (\text{kg} \cdot \text{s}^2)$)

Lösung:

Für die potentielle Energie einer Masse m im Gravitationsfeld der Erde gilt:

$$W_{POT} = \gamma \cdot m_E \cdot m \left(\frac{1}{r_E} - \frac{1}{r} \right) \quad \text{mit } r \to \infty \text{ folgt: } W_{POT} = \gamma \cdot m_E \cdot m \cdot \frac{1}{r_E};$$

$$W_{kin} = \frac{1}{2} m \cdot v^2 \quad \Rightarrow \quad W_{pot} \overset{!}{=} W_{kin};$$

$$\Rightarrow v = \sqrt{2 \cdot \gamma \cdot m_E \cdot \frac{1}{r_E}} = \sqrt{2 \cdot 6,67 \cdot 10^{-11} \frac{\text{m}^3}{\text{kg} \cdot \text{s}^2} \cdot 6 \cdot 10^{24} \text{kg} \cdot \frac{10^{-6}}{6,38 \cdot \text{m}}} \Rightarrow$$

$$v = 1,12 \cdot 10^4 \frac{\text{m}}{\text{s}} = 4,03 \cdot 10^4 \frac{\text{km}}{\text{h}} \approx 40\,000 \; km / h.$$

Satellitenbahnen

Aufgabe 7:

Ein Satellit bewegt sich auf einer mittleren Erdumlaufbahn von 500 km Höhe h. Wie groß ist die Erd- oder Fallbeschleunigung a, die in dieser Höhe auf den Satelliten wirkt? (Erdradius $r_E = 6,38 \cdot 10^6$ m)

Lösung:

Es gilt das Kräftegleichgewicht: Zentrifugalkraft F_Z gleich Gravitationskraft F_G: $F_Z = F_G \Rightarrow$

$$F_Z = m_S \cdot a \text{ und } F_G = \gamma \frac{m_S \cdot m_E}{(r_E + h)^2}. \text{ Gleichsetzen und nach } a \text{ auflösen ergibt:}$$

$$a = \frac{\gamma \cdot m_E}{(r_E + h)^2}.$$

Mit dem Ausdruck für die Fallbeschleunigung g an der Erdoberfläche (siehe Aufgabe 6):

$$g = \frac{\gamma \cdot m_E}{r_E^2} \text{ erhält man: } a = g \frac{r_E^2}{(r_E + h)^2} = 9{,}81 \frac{m}{s^2} \frac{(6{,}38 \cdot 10^6 \, m)^2}{((6{,}38 + 0{,}5) \cdot 10^6 \, m)^2} \Rightarrow$$

$a = 8{,}44 \text{ m/s}^2$; d.h. die Fallbeschleunigung hat in 500 km Höhe um rund 14 % abgenommen.

Aufgabe 8:

Wie groß sind die Umlaufgeschwindigkeit v und die Umlaufzeit T eines Satelliten, der auf einer Kreisbahn in einer mittleren Höhe von 300 km um die Erde kreist? (Erdradius $r_E = 6{,}38 \cdot 10^6$ m)

Lösung:

Das dritte Keplersche Gesetz, angewendet auf das System Erde/Satellit, lautet:

$$T^2 = \frac{4 \cdot \pi^2}{\gamma \cdot m_E} (r_E + h)^3; \text{ mit der Beziehung (s. Aufgabe 6): } g = \frac{\gamma \cdot m_E}{r_E^2}, \text{ erhält man:}$$

$$T = \frac{2 \cdot \pi}{r_E} \sqrt{\frac{(r_E + h)^3}{g}} = \frac{2 \cdot \pi}{6{,}38 \cdot 10^6 \, m} \sqrt{\frac{(6{,}38 + 0{,}3)^3 \, 10^{18} \, m^3 \cdot s^2}{9{,}81 \, m}} = 5429 \, s = 90{,}5 \, \min.$$

Die Umlaufgeschwindigkeit v erhält am: $v = 2 \cdot \pi \cdot (r_E + h)/T = 2 \cdot \pi \cdot (6{,}38 + 0{,}3) \cdot 10^6 \, m / (5429 \, s) \Rightarrow$

$v = 7731 \text{ m/s} = 27831 \text{ km/h} \approx 2{,}78 \cdot 10^4 \text{ km/h} \approx 28\,000 \text{ km/h}.$

Aufgabe 9:

Es ist die sogenannte geostationäre Umlaufbahn für Satelliten zu bestimmen, d.h. in welcher Entfernung von der Erdoberfläche muß ein Satellit sich auf einer Umlaufbahn um die Erde bewegen, damit er von der Erde aus gesehen praktisch „stillsteht".

(Erdradius $r_E = 6{,}38 \cdot 10^6$ m)

Lösung:

Die geostationäre Umlaufbahn muß in der Äquatorebene der Erde liegen und die gleiche Umlaufrichtung wie die Erddrehung aufweisen. Daraus folgt für die Umlaufzeit auf der geostationären Kreisbahn: $T = 24 \text{ h} = 8{,}64 \cdot 10^4$ s.

Mit dem dritten Keplerschen Gesetz, angewendet auf das System Erde/Satellit,

$$T^2 = \frac{4 \cdot \pi^2}{\gamma \cdot m_E} (r_E + h)^3 \text{ und der Beziehung } g = \frac{\gamma \cdot m_E}{r_E^2} \text{ (s. Aufgabe 6) folgt für die Höhe des}$$

Satelliten über dem Äquator: $h = \left(\dfrac{T^2 \cdot r_E^2 \cdot g}{4 \cdot \pi^2} \right)^{1/3} - r_E$. Einsetzen der Werte ergibt:

$$h = \left(\frac{(8{,}64 \cdot 10^4 \, s)^2 \cdot (6{,}38 \cdot 10^6)^2 \cdot m^2 \cdot 9{,}81 \, m}{4 \cdot \pi^2 \, s^2} \right)^{1/3} - 6{,}38 \cdot 10^6 \, m = 3{,}589 \cdot 10^7 \, m \approx 36\,000 \text{ km}.$$

---

5 Thermodynamik

5.0 Formelsammlung

Zu 5.1 Zustandsgleichungen von Gasen

Temperatur

$$\vartheta/°C = (\vartheta_F/°F - 32) \cdot (5/9)$$

ϑ: Temperatur in °C (Grad Celsius), ϑ_F: Temperatur in °F (Grad Fahrenheit)

$$T/K = \vartheta/°C + 273{,}15$$

ϑ: Temperatur in °C, T: absolute Temperatur in K (Grad Kelvin)

Zustandsgleichung idealer Gase

$$p \cdot V = m \cdot R_S \cdot T$$

p: Gasdruck, V: Gasvolumen, m: Gasmasse, R_S: spezielle oder individuelle Gaskonstante, T: absolute Gastemperatur

oder

$$p \cdot V = n \cdot R_m \cdot T$$

n: Stoffmenge, R_m: molare (allgemeine) Gaskonstante

oder

$$p \cdot V = N \cdot k \cdot T$$

N: Teilchenzahl, k: Boltzmann-Konstante

oder

$$\frac{p_1 \cdot V_1}{T_1} = \frac{p_2 \cdot V_2}{T_2} = \text{const}$$

Indizes „1" und „2" kennzeichnen zwei beliebige Zustände einer bestimmten Gasmenge

Molare Größen

$$n = N/N_A$$

n: Stoffmenge, N: Teilchenzahl, N_A: Avogadrokonstante

$$M = m/n$$

M: molare Masse (Molmasse), m: Masse

$$m_M = m/N$$

m_M: Teilchenmasse

Zustandsgleichung realer Gase

$$\left(p + \frac{a}{v^2}\right) \cdot (v - b) = R_S \cdot T$$

p: Druck, a, b: spezifische Van-der-Waals-Konstanten, gasartabhängig, v: spezifisches Volumen, R_S: spezielle Gaskonstante, T: absolute Temperatur

oder

$$\left(p + \frac{a_m}{V_m^2}\right) \cdot (V_m - b_m) = R_m \cdot T$$

a_m, b_m: molare Van-der-Waalskonstanten, V_m: molares Volumen (Molvolumen), R_m: molare (allgemeine) Gaskonstante

Es gilt:

$$a = \frac{a_m}{M^2} \qquad \text{und} \qquad b = \frac{b_m}{M}$$

Kritische Temperatur und kritischer Druck

$$T_K = \frac{8 \cdot a \cdot M}{27 \cdot b \cdot R_m}$$

T_K: kritische Temperatur

$$p_K = \frac{a}{27 \cdot b^2}$$

p_K : kritischer Druck

Aggregatzustände

Schmelzwärme

$$Q_S = q_S \cdot m$$

Q_S: Schmelzwärme, q_S: spezifische Schmelzwärme, m: Masse

Verdampfungswärme

$$Q_V = q_V \cdot m$$

Q_V: Verdampfungswärme, q_V: spezifische Verdampfungswärme

Erwärmung bei Temperaturänderung ohne Aggregatzustandswechsel

$$Q = m \cdot c \cdot \Delta T$$

Q: Wärmemenge, c: spezifische Wärmekapazität, ΔT: Temperaturänderung

Zu 5.2 Kinetische Gastheorie

Gasdruck

Gasdruck als Impulsübertrag auf Gefäßwand

$$p = \frac{1}{3}\rho \cdot \bar{v}^2$$

p: Gasdruck, ρ: Gasdichte, $\bar{v}^2$: mittlere quadratische Geschwindigkeit der Molekel

Mittlere Geschwindigkeit (quadratisches Mittel)

$$v_m = \sqrt{\bar{v}^2} = \sqrt{3 \cdot R_m \cdot T / M}$$

v_m: mittlere Geschwindigkeit, R_m: molare Gaskonstante, T: absolute Temperatur, M: Molmasse

Mittlere freie Weglänge

$$\bar{l} = \frac{k \cdot T}{\pi \cdot \sqrt{2} \cdot d^2 \cdot p}$$

$\bar{l}$: mittlere Freie Weglänge, k: Boltzmannkonstante, d: Molekeldurchmesser (Wirkungsradius), p: Druck

Thermische Energie

Bewegungsenergie eines Gases pro Freiheitsgrad

$$W = (f_{TRANS.} + f_{ROT.})\frac{1}{2} \cdot N \cdot k \cdot T$$

W: Bewegungsenergie (Translations- und Rotationsenergie), $f_{TRANS.}, f_{ROT.}$: Zahl der Freiheitsgrade für Translation bzw. Rotation der Molekel, N: Teilchenz.

Geschwindigkeitsverteilung

Näherungsformel für Maxwell-Boltzmannsche Geschwindigkeitsverteilung für Geschwindigkeiten $v > v_m$ (v_m: mittlere Geschwindigkeit):

$$\frac{\Delta N}{N} = \frac{2}{\sqrt{\pi}}\sqrt{\frac{W}{k \cdot T}} \cdot e^{-\frac{W}{k \cdot T}}$$

$\Delta N/N$: relativer Anteil der Teilchen an der Gesamtzahl der Teilchen, W: Bewegungsenergie der Teilchen

$$W = \frac{1}{2}m_M \cdot v^2$$

m_M: Molekel-/Teilchenmasse, v: Geschwindigkeit der Teilchen, v_m: mittlere Geschwindigkeit

Zu 5.3 Hauptsätze der Thermodynamik

Wärmekapazität

Wärmekapazität bei festen und flüssigen Stoffen

$$Q_{1,2} = m \cdot c \cdot (T_2 - T_1)$$

$Q_{1,2}$: übertragene Wärmemenge zwischen den Zuständen „1"
und „2", m: Masse des Stoffes, c: mittlere spezifische
Wärmekapazität des Stoffes, T_1, T_2: absolute Temperaturen
der Stoffzustände „1" und „2"

$$Q_{1,2} = n \cdot C_\mathrm{m} \cdot (T_2 - T_1)$$

n: Stoffmenge, C_m: mittlere molare Wärmekapazität

Wärmekapazität bei Gasen

$$c_\mathrm{p} - c_\mathrm{v} = R_\mathrm{S}$$

c_p, c_v: spezifische Wärmekapazität bei konstantem Druck
bzw. konstantem Volumen, R_S: spezielle Gaskonstante

$$C_\mathrm{m,p} - C_\mathrm{m,v} = R_\mathrm{m}$$

$C_\mathrm{m,p}$, $C_\mathrm{m,v}$: molare Wärmekapazitäten bei konstantem Druck
bzw. konstantem Volumen, R_m: molare Gaskonstante

Wärmebilanz

$$Q_\mathrm{ZU} = Q_\mathrm{AUF}$$

Q_ZU, Q_AUF: zu- bzw. aufgenommene Wärmemenge

Wärmeleistung, Wärmestrom

$$\dot{Q} = \frac{Q}{\Delta t}$$

$\dot{Q}$: Wärmeleistung, Wärmestrom, Q: zu- oder abgeführte
Wärme, Δt: Zeitintervall

Zustandsänderungen

Isochore Zustandsänderung (V = const)

$$p / T = \text{const}$$

p: Druck, T: Temperatur

Isobare Zustandsänderung (p = const)

$$V / T = \text{const}$$

V: Volumen

Isotherme Zustandsänderung (T = const):

$$p \cdot V = \text{const}$$

Isentrope (adiabate) Zustandsänderung (dQ = 0)

$$p \cdot V^\kappa = \text{const}$$

κ: Isentropenexponent, Adiabatenexponent

$$\kappa = c_\mathrm{p} / c_\mathrm{v}$$

dQ: differentielle Änderung der Wärme

Polytrope Zustandsänderung, reale Zustandsänderung ($dQ \neq 0$)

$$p \cdot V^\upsilon = \text{const}$$

υ: Polytropenexponent

Kreisprozesse

Thermischer Wirkungsgrad des Carnot-Prozesses, Wärmekraftprozeß

$$\eta = \left|\frac{W}{Q}\right| = \frac{T_2 - T_1}{T_2}$$

η: thermischer Wirkungsgrad, W: Nutzarbeit, Q: bei T_2 aufgenommene Wärme, T_1, T_2: tiefere bzw. höhere Temperatur

Entropie

Entropieänderung für quasistationäre Zustandsänderung

$$\Delta S = S_2 - S_1 = \int_1^2 \frac{dQ}{T}$$

S_1, S_2: Entropien bei den Zuständen „1" und „2", dQ: bei der Temperatur T zu- oder abgeführte differentielle Wärme

Entropieänderung eines Gases bei quasistationärer Zustandsänderung

$$\Delta S = n \cdot C_{m,v} \cdot \ln\frac{T_2}{T_1} + n \cdot R_m \cdot \ln\frac{V_2}{V_1}$$

n: Stoffmenge, $C_{m,v}$: molare Wärmekapazität bei konstantem Volumen, T_1, T_2: Anfangs- bzw. Endtemperatur, V_1, V_2: Anfangs- bzw. Endvolumen, R_m: molare Gaskonstante

Entropieänderung bei festen und flüssigen Stoffen (Volumenausdehnung wird vernachlässigt)

$$\Delta S = m \cdot c \cdot \ln\frac{T_2}{T_1}$$

Die Indizes „1" und „2" kennzeichnen den Anfangs- und Endzustand, m: Masse, c: spezifische Wärmekapazität

Zu 5.4 Thermische Maschinen

Wärmekraftmaschinen

Thermischer Wirkungsgrad

$$\eta = \frac{|W_N|}{Q_{ZU}}$$

W_N: Nutzarbeit, Q_{ZU}: zugeführte Wärmemenge

Arbeitskraftmaschinen

Leistungszahl der Wärmepumpe

$$\varepsilon_W = \frac{|Q_{AB}|}{W_{AUF}}$$

Q_{AB}: Wärme, die bei der höheren Temperatur abgegeben wird, W_{AUF}: aufgenommene Arbeit

Leistungszahl der Kältemaschine

$$\varepsilon_K = \frac{Q_{AUF}}{W_{AUF}}$$

Q_{AUF}: Wärme, die bei der niedrigen Temperatur aufgenommen wird

Zu 5.5 Wärmetransport

Wärmeleitung

Reine Wärmeleitung (eindimensionaler, stationärer Fall)

$$Q = \lambda \frac{A \cdot t \cdot \Delta T}{l}$$

Q: übertragene Wärmemenge, λ: Wärmeleitfähigkeit,
A: Fläche senkrecht zum Wärmestrom, t: Zeit,
ΔT: Temperaturdifferenz

Wärmestrom

$$\dot{Q} = \frac{Q}{t}$$

$\dot{Q}$: Wärmestrom

Wärmeübergang

Wärmeübergang in einer Grenzschicht (eindimensionaler, stationärer Fall)

$$Q = \alpha \cdot A \cdot t \cdot \Delta T$$

Q: übertragene Wärme, α: Wärmeübergangszahl,
A: Fläche senkrecht zum Wärmestrom

Wärmedurchgang (eindimensionaler, stationärer Fall):

$$Q = K \cdot A \cdot t \cdot \Delta T$$

Q: übertragene Wärme, K: Wärmedurchgangszahl

Wärmedämmwert bei mehreren Trennwänden

$$\frac{1}{K} = \frac{1}{\alpha_i} + \frac{l_1}{\lambda_1} + \frac{l_2}{\lambda_2} + \cdots + \frac{1}{\alpha_a}$$

$\frac{1}{K}$: Wärmedämmwert, α_i, α_a: Wärmeübergangszahl für
innen bzw. außen, l_1, l_2,$\cdots$: Wanddicken,
λ_1, $\lambda_2\cdots$:Wärmeleitfähigkeitswerte der Trennwände

Wärmestrahlung

Stefan-Boltzmannsches Strahlungsgesetz

$$P = \sigma \cdot \varepsilon \cdot A \cdot T^4$$

P: gesamte von einem Körper abgegebene spektrale
Strahlungsleistung, σ: Strahlungskonstante, ε:
Emissionsgrad, A: Strahlungsfläche, T: Temperatur des
Körpers

Strahlungsgesetz bei Berücksichtigung der Umgebungsstrahlung

$$P = \sigma \cdot \varepsilon' \cdot A \cdot (T_1^4 - T_2^4)$$

ε': effektiver Emissionsgrad, T_1: Temperatur des
strahlenden Körpers, T_2: Umgebungstemperatur

Wiensches Verschiebungsgesetz

$$\lambda_{max} = \frac{h \cdot c_0}{4{,}97 \cdot k \cdot T}$$

λ_{max}: Wellenlänge des Maximums des abgestrahlten
Strahlungsflusses (-leistung), h: Plancksche Konstante,
c_0: Vakuumlichtgeschwindigkeit, k: Boltzmann-
konstante, T: absolute Temperatur des Körpers

5.1 Zustandsgleichungen von Gasen

Temperatur

Aufgabe 1:

Im Wetterbericht des amerikanischen Fernsehens wird die Temperatur an einem Wintertag mit 28 °F angegeben. Wie hoch ist die Temperatur in °C und K?

Lösung:

Es besteht folgender Zusammenhang zwischen der Temperatur in °F, °C und K:

$$\vartheta/°C = (\vartheta_F/°F - 32)\cdot(5/9) = -2{,}22 \implies \vartheta = -2{,}22\ °C \text{ und}$$

$$T/K = \vartheta/°C + 273{,}15 = 270{,}93 \implies T = 270{,}93\ K \approx 270{,}9\ K\ .$$

Aufgabe 2:

Die Basisgröße Temperatur ist definiert als der 273,16-te Teil der thermodynamischen Temperatur des Tripelpunktes von Wasser bei 6,106 hPa. Wie groß ist die Temperatur des Tripelpunktes in °C und °F?

Lösung:

Es gilt der folgende Zusammenhang:

$$\vartheta_{TR}/°C = T/K - 273{,}15 = 273{,}16\ K/K - 273{,}15 = 0{,}01 \implies \vartheta_{TR} = +0{,}01\ °C\ ,$$

$$\vartheta_{TR}/°F = \frac{\vartheta}{°C}\cdot\frac{9}{5} + 32 = (\frac{T}{K} - 273{,}15)\cdot\frac{9}{5} + 32 = 0{,}01\cdot\frac{9}{5} + 32 = 32{,}018 \implies \vartheta_{TR} \approx 32{,}02\ °F\ .$$

Zustandsgleichung idealer Gase

Aufgabe 3:

Ein Kühlschrank ($V = 140$ l) hat ausgeschaltet einen Innendruck von 1,0 bar. Die Außen- und Innentemperatur betragen 27 °C. Nach dem Einschalten des Kühlschranks, dessen Tür völlig dicht ist, sinkt die Innentemperatur auf 20 °C ab.

a) Wie groß ist der Druck nach dem Abkühlen im Kühlschrank?

b) Welche Wärme wurde der Luft im Kühlschrank entzogen? ($c_{v,Luft} = 716$ J·kg^{-1}·K^{-1}; $\rho_{0,Luft} = 1{,}293$ kg·m^{-3})

c) Welche Kraft F braucht man zum Öffnen der Kühlschranktür? (Türabmessungen: Höhe $H = 0{,}8$ m; Breite $B = 0{,}6$ m; Scharniere und Griff jeweils am Rand der Tür)

d) Wie ändert sich die innere Energie U der Luft?

Lösung:

a) Es liegt eine isochore Zustandsänderung vor: V = const. Für zwei beliebige Zustände kann jeweils die ideale Gasgleichung angesetzt werden: $p_1 \cdot V = m \cdot R_S \cdot T_1$ und $p_2 \cdot V = m \cdot R_S \cdot T_2$. Nach

Division beider Gleichungen folgt: $\dfrac{p_1}{p_2} = \dfrac{T_1}{T_2} \implies p_2 = p_1 \cdot \dfrac{T_2}{T_1}$

$$p_2 = 1{,}0\ \text{bar}\ \frac{293{,}15\ K}{300{,}15\ K} = 0{,}977\ \text{bar} \implies \Delta p = p_1 - p_2 = 23{,}3\ \text{mbar} = 23{,}3\ \text{hPa}\ .$$

b) $Q = c_v \cdot m \cdot \Delta T = c_v \cdot \rho_{LUFT,27°C} \cdot V \cdot \Delta T$.

Umrechnung der Luftdichte von 0 °C auf 27 °C geschieht ebenfalls mit der idealen Gasgleichung: die Normdichte ρ_0 ist bezogen auf $T_0 = 273{,}15$ K, $p_0 = 1013$ hPa und $\rho_{LUFT,27°C} = \rho_1$ auf $T_1 = 300{,}15$ K, $p_1 = 1000$ hPa:

$$p \cdot V = m \cdot R_S \cdot T \Rightarrow p = \frac{m}{V} R_S \cdot T = \rho \cdot R_S \cdot T \,.$$ Die letzte Beziehung wiederum für zwei

beliebige Zustände angesetzt und ins Verhältnis gesetzt ergibt:

$$\frac{p_0}{p_1} = \frac{\rho_0}{\rho_1} \cdot \frac{T_0}{T_1} \,; \quad \rho_1 = \rho_0 \cdot \frac{T_0}{T_1} \cdot \frac{p_1}{p_0} = 1{,}293 \cdot \frac{\text{kg}}{\text{m}^3} \frac{273{,}15 \cdot \text{K}}{300{,}15 \cdot \text{K}} \cdot \frac{1{,}0 \cdot \text{bar}}{1{,}013 \cdot \text{bar}} = 1{,}162 \frac{\text{kg}}{\text{m}^3}$$

(ρ_1 = konst., da V, m konst.)

$$Q = 716 \frac{\text{J}}{\text{kg} \cdot \text{K}} \cdot 1{,}162 \frac{\text{kg}}{\text{m}^3} \cdot 0{,}140 \cdot \text{m}^3 \cdot 7 \text{ K} = 815{,}4 \text{ J} \approx 815 \text{ J} \,.$$

c) $F = \Delta p \cdot A = 23{,}3 \cdot 10^2 \, \frac{\text{N}}{\text{m}^2} \cdot 0{,}8 \text{ m} \cdot 0{,}6 \text{ m} = 1{,}12 \cdot 10^3 \text{N}$. Für die Kühlschranktür gilt das Gleich-

gewicht der Drehmomente: $F_G \cdot 0{,}6 \cdot \text{m} = F \cdot 0{,}3 \text{ m}$ (F_G: Zugkraft am Griff) $\Rightarrow$

$$F_G = 1{,}12 \cdot 10^3 \text{N} \cdot \frac{0{,}3 \cdot \text{m}}{0{,}6 \cdot \text{m}} = 560 \text{ N} \,.$$

d) $\Delta U = -Q = -815$ J, d.h. es verringert sich die innere Energie, da bei der isothermen Zustandsänderung keine Arbeit verrichtet wird (1. Hauptsatz der Thermodynamik).

Aufgabe 4:

Eine Druckflasche mit einem Volumen von $V = 10$ l enthält ein CO_2-N_2-He-Gemisch bei
einem Druck von $p = 70$ bar. Damit sollen CO_2-Laserrohre mit einem Fülldruck von
$p_L = 5000$ Pa und einem Volumen von $V_L = 3$ l gefüllt werden. Für wieviele Füllungen
reicht die Druckflasche, wenn der Füllvorgang bei konstanter Temperatur abläuft?

Lösung:

Es gilt: $p_L \cdot V_L' = p \cdot V$. Nach V umgestellt: $V_L' = V \cdot \dfrac{p}{p_L} = 10 \cdot \text{dm}^3 \cdot \dfrac{70 \cdot 10^5 \cdot \text{Pa}}{5 \cdot 10^3 \cdot \text{Pa}} = 1{,}4 \cdot 10^4 \, \text{dm}^3$.

$N = V_L' / V_L = 4666{,}7$, d.h. damit lassen sich 4666 Laserrohre füllen.

Aufgabe 5:

Welches Luftvolumen entweicht aus einem Wohnraum von 120 m^3, wenn die Luft von
5 °C auf 20 °C erwärmt wird?

Lösung:

Der Vorgang spielt sich bei gleichem Außendruck ab, es handelt sich um einen isobaren Vorgang:

$$V_1 / T_1 = V_2 / T_2 \quad \text{und} \quad V_2 = V_1 \cdot T_2 / T_1 = 120 \cdot \text{m}^3 \cdot 293{,}2 \cdot \text{K} / 278{,}3 \cdot \text{K} = 126{,}5 \ \text{m}^3 \,.$$

Es entweichen also $\Delta V = (126{,}5 - 120) \cdot \text{m}^3 = 6{,}5 \text{ m}^3$ Luft.

Aufgabe 6:

Man beweise, daß für $p = $ const aus $V/T = $ const die Gleichg. $V = V_0 \cdot (1 + \vartheta / (273{,}15 \, °\text{C}))$,
mit V_0 gleich Volumen bei $T_0 = 273{,}15$ K ($\Rightarrow \vartheta = 0$ °C) folgt.

Lösung:

Es folgt aus $V/T = $ const: $V / T = V_0 / T_0$. Mit $T = 273{,}15 \text{ K} + \vartheta \cdot \text{K}/°\text{C}$ und $T_0 = 273{,}15$ K folgt:

$$V = V_0 \cdot T / T_0 = V_0 \cdot (273{,}15 \text{ K} + \vartheta \cdot \text{K}/°\text{C}) / (273{,}15 \text{ K}) = V_0 \cdot (1 + \vartheta / (273{,}15 \, °\text{C})) \,.$$

Aufgabe 7:

Eine Gasflasche mit 50 bar wird erwärmt, bis der Druck um 15 bar angestiegen ist. Die
Außentemperatur beträgt 10 °C. Wie hoch ist die Endtemperatur?

Lösung:

Ausgehend von der Gasgleichung $p \cdot V / T = $ const findet man für $V = $ const $\Rightarrow p / T = $ const.

Daraus folgt $p_1 / T_1 = p_2 / T_2$ und $T_2 = T_1 \cdot \dfrac{p_2}{p_1} = 283{,}15 \text{ K} \cdot \dfrac{65 \cdot \text{bar}}{50 \cdot \text{bar}} = 368{,}1 \text{ K} \Rightarrow \vartheta = 95 \ °\text{C}$.

Aufgabe 8:

Die spezielle Gaskonstante für Luft beträgt $R_S = 290\ \text{J}/(\text{kg}\cdot\text{K})$. Wie hoch ist die Dichte der Luft bei 1,0 bar und 22 °C? Welche Masse hat 1,0 dm³ Luft?

Lösung:

Aus der Zustandsgleichung für ideale Gase $p\cdot V = m\cdot R_S\cdot T$ folgt mit $\rho = m/V$:

$$\rho = \frac{p}{R_S\cdot T} = \frac{1\cdot 10^5\,\text{N}\cdot\text{kg}\cdot\text{K}}{\text{m}^2\cdot 290\,\text{N}\cdot\text{m}\cdot 295{,}15\,\text{K}} = 1{,}17\ \text{kg}/\text{m}^3 = 1{,}17\ \text{g/dm}^3.$$ Ein Liter Luft besitzt somit eine Masse von 1,17 g.

Aufgabe 9:

Man beweise, daß aus $p\cdot V = $ const (bei $T = $ const) und $V/T = $ const (bei $p = $ const) die allgemeine Gasgleichung für ideale Gase folgt: $p\cdot V/T = p_0\cdot V_0/T_0$.

Lösung:

Ausgehend vom Zustand $p_0,\ V_0,\ T_0$ wird ein beliebiger Endzustand $p,\ V,\ T$, in zwei Schritten über den Zwischenzustand $p',\ V',\ T'$ erreicht.

- Der erste Schritt $(p_0,\ V_0,\ T_0) \rightarrow (p',\ V',\ T')$ erfolgt isotherm, d.h. $p_0\cdot V_0 = p'\cdot V$ und $T_0 = T'$.
- Der zweite Schritt $(p',\ V',\ T') \rightarrow (p,\ V,\ T)$ erfolgt isobar, d.h. $V'/T' = V/T$ und $p' = p$.
- Daraus folgt: $p_0\cdot V_0 = p\cdot V'$ und $V'/T_0 = V/T$, $\Rightarrow V' = V\cdot T_0/T$ und in die vorletzte Gleichung eingesetzt: $p\cdot V/T = p_0\cdot V_0/T_0$.

Molare Größen

Aufgabe 10:

Wieviele Molekel (Atome/Moleküle) befinden sich in 1 g Aluminium (Al) und in 1 g Sauerstoff (O_2)?

Lösung:

Es sind: N: Anzahl der Molekel, m: Molekelmasse, n: Stoffmenge, N_A: Avogadrokonstante.

In 1 mol befindet sich stets die gleiche Anzahl von Molekülen: $N_A = 6{,}022\cdot 10^{23}\ \text{mol}^{-1}$

Für Aluminium beträgt die relative Atommasse $A_R = 26{,}98 \approx 27{,}0 \Rightarrow$ Molmasse $M = 27{,}0$ g/mol.

Mit $N_A = \dfrac{N_{Al}}{n}$ und $M = \dfrac{m}{n}$ folgt $N_{Al} = \dfrac{m\cdot N_A}{M} = \dfrac{1\cdot\text{g}\cdot 6{,}022\cdot 10^{23}\,\text{mol}}{27{,}0\cdot\text{g}\cdot\text{mol}} = 2{,}23\cdot 10^{22}$ Atome in 1 g Aluminium.

Für O_2 beträgt $A_R = 32 \Rightarrow M = 32$ g/mol

$$\Rightarrow N_{O2} = \frac{1\cdot\text{g}\cdot 6{,}022\cdot 10^{23}\,\text{mol}}{32\cdot\text{g}\cdot\text{mol}} = 1{,}88\cdot 10^{22}$$ Moleküle in 1 g Sauerstoff.

Aufgabe 11:

Berechnen Sie aus der allgemeinen Zustandsgleichung für ideale Gase die Dichten ρ von O_2, H_2 und He bei den Normbedingungen $(p_0,\ T_0)$ unter Verwendung der Molmassen.

Lösung:

Es sind: M: Molmasse, n: Stoffmenge, R_m: molare Gaskonstante.

Die Gasgleichung lautet: $p\cdot V = n\cdot R_m\cdot T$; mit $\rho = m/V$ und $M = m/n$ folgt $\rho = \dfrac{p\cdot M}{R_m\cdot T}$. Setzt man $p_0 = 1013$ hPa, $T_0 = 273{,}15$ K, $M_{O2} = 32$ g/mol, $M_{H2} = 2$ g/mol, $M_{He} = 4$ g/mol in die Endgleichung ein, so erhält man $\rho_{O2} = \dfrac{1{,}013\cdot 10^5\,\text{N}\cdot 32\cdot\text{kg}\cdot\text{mol}\cdot\text{K}}{\text{m}^2\cdot 8{,}314\cdot\text{N}\cdot\text{m}\cdot 10^3\cdot\text{mol}\cdot 273{,}12\cdot\text{K}} = 1{,}427\ \text{kg}/\text{m}^3$ für Sauerstoff. Für die anderen Gase erhält man die Dichten: $\rho_{H2} = 0{,}0892$ kg/m³ und $\rho_{He} = 0{,}178$ kg/m³.

Aufgabe 12:

Der Fülldruck eines Moleküllasers mit CO_2-Gas beträgt bei 20 °C 1000 Pa. Berechnen Sie die Zahl der Moleküle pro cm^3.

Lösung:

Für ideale Gase gilt: $p \cdot V = N \cdot k \cdot T$ mit k: Boltzmannkonstante, N: Teilchenzahl

Daraus folgt für die Teilchenzahldichte n_V der CO_2-Moleküle:

$$n_V = \frac{N}{V} = \frac{p}{k \cdot T} \Rightarrow n_V = \frac{10^3 \cdot N \cdot K}{m^2 \cdot 1{,}38 \cdot 10^{-23} \cdot N \cdot 293{,}15 \cdot K} = 2{,}47 \cdot 10^{23} \frac{1}{m^3} = 2{,}47 \cdot 10^{17} \frac{1}{cm^3}.$$

Aufgabe 13:

Wie groß ist die Masse m_C eines C-Atoms des Nuklids ^{12}C?

Lösung:

Es gilt: $m_C = M_C / N_A$ mit $M_C = 12$ g/mol und $N_A = 6{,}022 \cdot 10^{23}$ mol^{-1}

$\Rightarrow m_C = 1{,}99 \cdot 10^{-23}$ g $= 1{,}99 \cdot 10^{-26}$ kg.

Zustandsgleichung realer Gase

Aufgabe 14:

Es sind aus den kritischen Daten T_K (kritische Temperatur) und p_K (kritischer Druck) die Van-der-Waals-Konstanten a, b, a_m, b_m und das kritische Volumen V_K bzw. $V_{m,K}$ Ammoniak zu bestimmen.

Lösung:

Ammoniak (NH_3): gegeben: $T_K = 405{,}5$ K; $p_K = 11{,}1$ MPa; molare Masse $M = 17{,}0$ g/mol.

Es gilt für die kritischen Daten: $T_K = \dfrac{8 \cdot a \cdot M}{27 \cdot b \cdot R_m}$ und $p_K = \dfrac{a}{27 \cdot b^2} \Rightarrow b = \dfrac{T_K \cdot R_m}{8 \cdot p_K \cdot M}$.

$$b = \frac{405{,}5 \, K \cdot 8{,}314 \, N \cdot m \cdot m^2 \cdot mol}{8 \cdot 11{,}1 \cdot 10^6 N \cdot mol \cdot K \cdot 17 \cdot 10^{-3} kg} = 2{,}23 \cdot 10^{-3} \frac{m^3}{kg} \quad \text{und mit} \quad b_m = M \cdot b \text{ folgt:}$$

$b_m = 17 \cdot 10^{-3} \dfrac{kg}{mol} \, 2{,}23 \cdot 10^{-3} \dfrac{m^3}{kg} = 3{,}79 \cdot 10^{-5} \dfrac{m^3}{mol}$. Weiterhin gilt: $a = 27 \, p_K \cdot b^2 \Rightarrow$

$a = 27 \cdot 11{,}1 \cdot 10^6 N / m^2 \cdot 2{,}23^2 \cdot 10^{-6} m^6 / kg^2 = 1{,}49 \cdot 10^3 N \cdot m^4 / kg^2$. Mit $a_m = M^2 \cdot a \Rightarrow$

$a_m = 17^2 \cdot 10^{-6} \dfrac{kg^2}{mol^2} \cdot 1{,}49 \cdot 10^3 \dfrac{N \cdot m^4}{kg^2} = 0{,}431 \dfrac{N \cdot m^4}{mol^2}$. Für das kritische Volumen gilt:

$V_{m,K} = 3 \cdot b_m$ (molares kritisches Volumen) und $V_K = 3 \cdot b$ (spezifisches kritisches Volumen) $\Rightarrow$

$V_{m,K} = 1{,}14 \cdot 10^{-4} m^3 / mol \quad$ und $\quad V_K = 6{,}69 \cdot 10^{-3} m^3 / kg$.

Aufgabe 15:

Da die van-der-Waals-Konstante b bzw. b_m annähernd das Eigenvolumen eines Stoffes angibt, kann der Durchmesser eines Molekels (Molekül/Atom) abgeschätzt werden, wenn das Molekel näherungsweise als Kugel angenommen wird und diese in einen Würfel mit der Kantenlänge d eingebettet ist. Es sind die Durchmesser mit Hilfe der van-der-Waals-Konstanten für die folgenden Moleküle zu berechnen: Ammoniak, Chlor, Wasser.

Lösung:

Gegeben: NH_3: $b_m = 3{,}79 \cdot 10^{-5}$ m³/mol; Cl_2: $b_m = 5{,}6 \cdot 10^{-5}$ m³/mol; H_2O: $b_m = 3{,}0 \cdot 10^{-5}$ m³/mol; N_A;

Das Volumen eines Würfels ist: $V_{Wü} = d^3$. Damit folgt für den Durchmesser des Molekels:

$$d = (b_m / N_A)^{1/3} \quad \Rightarrow \quad \text{Ammoniak:} \quad d = \left(\frac{3{,}79 \cdot 10^{-5} m^3 \cdot mol}{6{,}02 \cdot 10^{23} \cdot mol} \right)^{1/3} = 4{,}0 \cdot 10^{-10} m;$$

$$\text{Chlor:}\ d = \left(\frac{5{,}6 \cdot 10^{-5} \cdot \text{m}^3 \cdot \text{mol}}{6{,}02 \cdot 10^{23} \cdot \text{mol}}\right)^{1/3} = 4{,}5 \cdot 10^{-10}\,\text{m}\ ;\ \text{Wasser:}\ d = 3{,}7 \cdot 10^{-10}\,\text{m}\ .$$

Aufgabe 16:

Es ist die Temperaturänderung von 0,05 mol CO_2 bei der adiabatischen Entspannung ins Vakuum auf das 100-fache seines Anfangsvolumens von $V_1 = 30$ cm^3 (Volumen einer CO_2-Patrone) zu berechnen. Dabei ist von der kalorischen Zustandsgleichung für reale Gase auszugehen, die wie folgt lautet: $dU = n \cdot C_{m,v} \cdot dT + \dfrac{n^2 \cdot a_m}{V^2} \cdot dV$ mit U: innere Energie, n: Stoffmenge, $C_{m,v}$: molare Wärmekapazität bei konst Volumen, a_m: Van-der-Waals-Konstante.

Lösung:

Gegeben sind: $a_m = 0{,}365$ N$\cdot$m^4/mol^2, $C_{m,v} = 27{,}8$ J/(mol$\cdot$K), $V_2 = 100 \cdot V_1$, $n = 0{,}05$ mol.

Da die Änderung der Wärme $dQ = 0$ und der Arbeit $dW = 0$ sind, folgt $dU = 0$ (1. Hauptsatz der Wärmelehre). D.h. die adiabatische Entspannungsarbeit eines realen Gases wird durch eine Temperaturerniedrigung des Gases aufgebracht. Daher folgt aus der kalorischen Zustandsgleichung:

$$dT = -\frac{n \cdot a_m}{C_{m,v}} \cdot \frac{dV}{V^2}\ ;\ \text{nach Integration folgt:}$$

$$\Delta T = -\frac{n \cdot a_m}{C_{m,v}} \int_{V_1}^{V_2} \frac{dV}{V^2} = \frac{n \cdot a_m}{C_{m,v}} \left(\frac{1}{V_2} - \frac{1}{V_1}\right) \approx -\frac{n \cdot a_m}{C_{m,v} \cdot V_1}\ ,\ \text{da}\ V_2 \gg V_1\ ;$$

$$\Rightarrow\ \Delta T = -\frac{0{,}05\ \text{mol} \cdot 0{,}365\ \text{N} \cdot \text{m}^4 \cdot \text{mol} \cdot \text{K}}{27{,}8\ \text{N} \cdot \text{m} \cdot 30 \cdot 10^{-6}\,\text{m}^3} = -21{,}9\ \text{K} \approx -22\ \text{K}\ .$$

Bei adiabatischer Entspannung von CO_2-Gas findet also eine Abkühlung um 22 K statt.

Aggregatzustände

Aufgabe 17:

Auf eine Schneefläche von 2,0 cm Höhe und einer Temperatur von -5 °C fällt 6 °C warmer Regen. Wieviel Millimeter Regen muß fallen, damit der Schnee gerade schmilzt? (Dichte von Schnee: $\rho_S = 10^2$ kg/m^3, spez. Wärmekapazität von Schnee und Wasser: $c_S = 2{,}12$ J/(kg$\cdot$K), $c_W = 4{,}18$ kJ/(kg$\cdot$K), spez. Schmelzwärme: $q_S = 335$ kJ/kg)

Lösung:

Wärmebilanz: abgegebene Wärme des Regenwassers Q_W gleich aufgenommene Wärmemenge $Q_{\Delta T}$ zur Temperaturerhöhung des Schnees auf 0 °C plus Schmelzwärme Q_S: $Q_W = Q_{\Delta T} + Q_S$.

Für die Wärmemengen gilt: $A \cdot h_W \cdot \rho_W \cdot c_W \cdot \Delta\vartheta_W = A \cdot h_S \cdot \rho_S \cdot c_S \cdot \Delta\vartheta_S + A \cdot h_S \cdot \rho_S \cdot q_S$; mit A: Fläche, h: Höhe des Regenwassers bzw. Schnees, Temperaturdifferenzen: $\Delta\vartheta_W = 6$ K, $\Delta\vartheta_S = 5$ K.

Nach h_W aufgelöst, ergibt: $h_W = \dfrac{h_S \cdot \rho_S \cdot (c_S \cdot \Delta\vartheta_S + q_S)}{\rho_W \cdot c_W \cdot \Delta\vartheta_W}$. Mit den gegebenen Werten folgt:

$$h_W = \frac{2{,}0\ \text{cm} \cdot 10^2\,\text{kg} \cdot \text{m}^{-3}(2{,}12\ \text{kJ} \cdot \text{kg}^{-1} \cdot \text{K}^{-1} \cdot 5\ \text{K} + 335\ \text{kJ} \cdot \text{kg}^{-1})}{10^3\,\text{kg} \cdot \text{m}^{-3} \cdot 4{,}18\ \text{kJ} \cdot \text{kg}^{-1} \cdot \text{K}^{-1} \cdot 6\ \text{K}} = 2{,}0\ \text{cm}\,\frac{3{,}456 \cdot 10^4\,\text{kJ} \cdot \text{m}^{-3}}{2{,}508 \cdot 10^4\,\text{kJ} \cdot \text{m}^{-3}}$$

$h_W = 2{,}76$ cm,

d.h. es müssen ≈ 28 mm Regen fallen, um den Schnee gerade zu schmelzen.

Aufgabe 18:

Ein Dampferzeuger nimmt stündlich 1,9 m^3 Wasser von 9 °C beim Druck von 1 bar auf. Er gibt überhitzten Dampf von 135 °C ab.

a) Es ist die Heizleistung zu berechnen, wenn die Anlage einen thermischen Wirkungsgrad η = 45% besitzt. (spez. Wärmekapazitäten von Wasser und Dampf: c_W = 4,18 kJ/(kg·K); c_D = 1,59 kJ/(kg·K); spez. Verdampfungswärme: q_V = 2,26 MJ/kg)

b) Für welchen Vorgang der Dampferzeugung wird die meiste Energie benötigt und weshalb?

Lösung:

a) Wärmebilanz: die gesamte Wärmemenge setzt sich zusammen aus:
$$Q_G = Q_W + Q_V + Q_D \Rightarrow \text{Gl. (1)};$$
mit Q_W: Aufheizwärme des Wassers, Q_V: Verdampfungswärme, Q_D: Aufheizwärme des Dampfes.

Es gilt: $Q_G = m \cdot (c_W \cdot \Delta\vartheta_W + q_W + c_D \cdot \Delta\vartheta_D)$; mit $m = V \cdot \rho_W = 1,9 \text{ m}^3 \cdot 10^3 \text{ kg/m}^3 = 1,9 \cdot 10^3 \text{ kg}$;

$\Delta\vartheta_W = (100 - 9) \text{ °C} = 91 \text{ °C} \equiv 91 \text{ K}$; $\Delta\vartheta_D = (135 - 100) \text{ °C} = 35 \text{ °C} \equiv 35 \text{ K}$.

$Q_G = 1,9 \cdot 10^3 \text{kg} \cdot (4,18 \text{ kJ} / (\text{kg} \cdot \text{k}) \cdot 91 \text{ K} + 2,26 \cdot 10^3 \text{kJ} / \text{kg} + 1,59 \text{ kJ} / (\text{kg} \cdot \text{K}) \cdot 35 \text{ K}) \Rightarrow$

$Q_G = 5,12 \cdot 10^6 \text{ kJ}$.

Die Heizleistung ist:

$$P = \frac{Q_G}{t \cdot \eta} = \frac{5,12 \cdot 10^9 \text{ J}}{3,6 \cdot 10^3 \text{ s} \cdot 0,45} = 3,16 \cdot 10^6 \frac{\text{J}}{\text{s}} = 3,16 \text{ MW}.$$

b) Die Phasenumwandlung vom flüssigen in den gasförmigen Zustand benötigt hier die meiste Energie ($Q_V >> Q_W, Q_D$), da die H$_2$O-Moleküle gegen ihre zwischenmolekularen Bindungskräfte getrennt werden müssen.

Aufgabe 19:

Ein Raum mit den Abmessungen 12 m · 7,5 m · 3,3 m soll mit klimatisierter Luft mit den Daten ϑ_R = 23 °C und der relativen Luftfeuchte φ_r = 65% versorgt werden. Die Außenluft hat eine Temperatur ϑ_A = 30 °C und $\varphi_{r,A}$ = 90% (z.B. im Sommer). Es steht ein Kühlaggregat zur Luftaufbereitung zur Verfügung.

a) Kurze Beschreibung des physikalischen Vorgangs der Luftaufbereitung.

b) Es ist die Taupunktstemperatur (gleich Taupunkt) der Außenluft zu ermitteln.

c) Wie groß ist die anfallende Wassermenge bei einem einmaligen Luftwechsel?

Lösung:

a) Die angesaugte Außenluft muß unter den Taupunkt ϑ_T abgekühlt werden, damit Wasser kondensiert. Danach wird die Luft wieder erwärmt und dem Raum zugeführt.

b) Sättigungsdampfdichte bei 30 °C ist lt. Dampfdrucktabelle:
$$\rho_{S,30} = 30,3 \text{ g/m}^3$$
$\Rightarrow$ Dampfdruck bei 30 °C und 90% Luftfeuchte:
$$\rho_{D,3\,0} = \rho_{S,30} \cdot \varphi_r = 30,3 \text{ g/m}^3 \cdot 0,9 = 27,3 \text{ g/m}^3.$$
Aus der Dampfdrucktabelle erhält man für $\rho_{D,30} = \rho_S$ den Taupunkt zu: $\vartheta_T = 28,0 \text{ °C}$.

c) Die Wasserdampfdichte innen beträgt: $\rho_{D,23} = \rho_{S,23} \cdot \varphi = 20,6 \text{ g/m}^3 \cdot 0,65 = 13,4 \text{ g/m}^3$.
Die zu kondensierende Wassermenge erhält man zu:
$$m_W = V \cdot (\rho_{D,30} - \rho_{D,23}) = 297 \text{ m}^3 \cdot (27,3 - 13,4) \cdot \text{g} / \text{m}^3,$$
$$\Rightarrow m_W = 4,13 \text{ kg}.$$

5.2 Kinetische Gastheorie

Gasdruck

Aufgabe 20:

Ein Rezipient, der mit Luft gefüllt ist, wird bei der Temperatur $\vartheta = 20\ ^\circ$C evakuiert.

a) Wie groß ist die mittlere freie Weglänge $\bar{l}$ bei den Drücken p_1, p_2, p_3?

b) Wie groß ist die Zahl der Zusammenstöße eines Moleküls in der Zeiteinheit Δt (gleich Stoßzahl $\dot{N}$)?

Gegeben: Molmasse der Luft: $M_L = 29$ g/mol, mittlerer Radius der Luftmoleküle: $r = 0,19$ nm, $p_1 = 10^3$ hPa ($\approx$ normaler Luftdruck), $p_2 = 1$ hPa ($\approx$ Leuchtstoffröhren), $p_3 = 0,001$ hPa ($\approx$ Elektronenröhren).

Lösung:

Wirkungsdurchmesser: $d = 2 \cdot r = 3,8 \cdot 10^{-10}$ m; k: Boltzmannkonstante; R_m: molare Gaskonstante.

a) Es gilt: $\bar{l}_1 = \dfrac{k \cdot T}{\pi\sqrt{2} \cdot d^2 \cdot p_1} = \dfrac{1,38 \cdot 10^{-23}\,\text{N} \cdot \text{m} \cdot 293,2\ \text{K} \cdot \text{m}^2}{\pi \cdot \sqrt{2} \cdot \text{K} \cdot 3,8^2 \cdot 10^{-20}\ \text{m}^2 \cdot 10^5\ \text{N}} = 6,31 \cdot 10^{-8}\,\text{m} \approx 0,06\,\mu\text{m}$;

entsprechend erhält man: $\bar{l}_2 = 6,31 \cdot 10^{-5}\,\text{m} \approx 0,06$ mm und $\bar{l}_3 = 6,31 \cdot 10^{-2}\,\text{m} \approx 6$ cm, da $\bar{l} \propto 1/p$.

b) Mit $\bar{l} = v/\dot{N}$ und v gleich der durchschnittlichen Geschwindigkeit $\bar{v} = \sqrt{\dfrac{8 \cdot R_m \cdot T}{\pi \cdot M}}$;

($\bar{v}$: arithmetisches Mittel der Geschwindigkeitsbeträge).

$$\Rightarrow \bar{v} = \sqrt{\dfrac{8 \cdot 8,31\,\text{N} \cdot \text{m} \cdot 293,2\ \text{K} \cdot \text{mol}}{\pi \cdot \text{mol} \cdot \text{K} \cdot 29 \cdot 10^{-3} \cdot \text{kg}}} = 463\sqrt{\dfrac{\text{kg} \cdot \text{m} \cdot \text{m}}{\text{s}^2 \cdot \text{kg}}} = 463\ \text{m}/\text{s}.$$

$$\Rightarrow \dot{N}_1 = \dfrac{\bar{v}}{\bar{l}_1} = \dfrac{463\ \text{m}}{6,31 \cdot 10^{-8}\,\text{m} \cdot \text{s}} = 7,3 \cdot 10^9\,\text{s}^{-1},\ \text{d.h. bei normalem Druck stößt im Mittel jedes}$$

Luftmolekül ca. 10^{10} mal pro Sekunde mit anderen Molekülen zusammen. Die beiden anderen Stoßzahlen sind: $\dot{N}_2 = 7,3 \cdot 10^6\,\text{s}^{-1}$ und $\dot{N}_3 = 7,3 \cdot 10^3\,\text{s}^{-1}$.

Aufgabe 21:

In einem Hochvakuumgefäß mit einem Durchmesser $D = 50$ cm, das eine Stickstoff-Restgasatmosphäre enthält, soll die mittlere freie Weglänge $\bar{l}$ der Gasteilchen gerade gleich der Gefäßabmessungen sein (Temperatur $T = 310$ K, Molekülradius $r = 0,19$ nm).

a) Bei welchem Druck ist diese Bedingung erfüllt?

b) Wieviele Teilchen sind bei dem Druck unter a) in dem Vakuumgefäß ($V = 125$ l) und wie groß ist deren gesamte Bewegungsenergie?

Lösung:

Es sind: k: Boltzmannkonstante; f: Anzahl der Freiheitsgrade.

a) Es soll sein: $D = \bar{l}$; $\Rightarrow p = \dfrac{k \cdot T}{\pi \cdot \sqrt{2} \cdot (2r)^2 \cdot D} = \dfrac{1,38 \cdot 10^{-23}\,\text{N} \cdot \text{m} \cdot 310\ \text{K}}{\pi \cdot \sqrt{2} \cdot \text{K}\,(0,38 \cdot 10^{-9})^2\,\text{m}^2\,0,5\ \text{m}} = 1,33 \cdot 10^{-2}\,\text{Pa}.$

Der Druck im Vakuumgefäß muß $< 1,3 \cdot 10^{-4}$ hPa sein.

b) Es gilt die Zustandsgl. für ideale Gase: $N = \dfrac{p \cdot V}{k \cdot T} = \dfrac{1,33 \cdot 10^{-2}\,\text{N} \cdot 0,125\ \text{m}^3 \cdot \text{K}}{\text{m}^2 \cdot 1,38 \cdot 10^{-23}\,\text{N} \cdot \text{m} \cdot 310\ \text{K}} = 3,89 \cdot 10^{17},$

d.h. es sind $\approx 4 \cdot 10^{17}$ Stickstoffmoleküle im Gefäß.

Für die gesamte Bewegungsenergie eines 2-atomigen starren Moleküls gilt: $W_G = W_{\text{TRANS.}} + W_{\text{ROT.}}$;

$\Rightarrow W_G = f_{\text{TRANS.}} \cdot 0,5 \cdot k \cdot T + f_{\text{ROT.}} \cdot 0,5 \cdot k \cdot T = 0,5 \cdot k \cdot T\,(3+2) = 0,5 \cdot 1,38 \cdot 10^{-23}\ \text{J}/\text{K} \cdot 310\ \text{K} \cdot 5,$

$W_G = 1,07 \cdot 10^{-20}$ J (Energie pro Teilchen), $W_{G,N} = W_G \cdot N = 1,07 \cdot 10^{-20}\,\text{J} \cdot 3,89 \cdot 10^{17} = 4,16$ mJ.

Aufgabe 22:

In einem Rezipienten von 2,3 l Inhalt befinden sich 0,11 mol Argongas, dessen Molekel eine mittlere Geschwindigkeit (quadratisches Mittel) von 530 m/s besitzen.

a) Wie groß sind Druck und Temperatur des Gases?

b) Wie groß ist die mittlere freie Weglänge $\bar{l}$ (Molekelradius r = $1,8 \cdot 10^{-10}$ m)?

Lösung:

Es sind gegeben: Molmasse von Argon: M = 40 g/mol, V = $2,3 \cdot 10^{-3}$ m^3, Stoffmenge: n = 0,11 mol,

v_m = 530 m/s, R_m: molare Gaskonstante.

a) Für die mittlere quadratische Geschwindigkeit gilt: $v_\mathrm{m} = \sqrt{\bar{v^2}} = \sqrt{3 \cdot R_\mathrm{m} \cdot T / M}$; auflösen nach T

$$\Rightarrow T = \frac{M \cdot v_\mathrm{m}^2}{3 \cdot R_m} = \frac{40 \cdot 10^{-3}\,\mathrm{kg} \cdot \mathrm{mol} \cdot \mathrm{K} \cdot 530^2\,\mathrm{m}^2}{\mathrm{mol} \cdot 3 \cdot 8,314\,\mathrm{N} \cdot \mathrm{m} \cdot \mathrm{s}^2} = 450,5\,\mathrm{K} \approx 451\,\mathrm{K} \;\Rightarrow\; \vartheta = 178\,^\circ\mathrm{C}\,.$$

Mit der idealen Gasgl. folgt:

$$p = \frac{n \cdot R_\mathrm{m} \cdot T}{V} = \frac{0,11\,\mathrm{mol} \cdot 8,31\,\mathrm{N} \cdot \mathrm{m} \cdot 450,5\,\mathrm{K}}{2,3 \cdot 10^{-3}\,\mathrm{m}^3 \cdot \mathrm{mol} \cdot \mathrm{K}} = 1,79 \cdot 10^5\,\frac{\mathrm{N}}{\mathrm{m}^2} = 0,179\,\mathrm{MPa} \approx 1,8\,\mathrm{bar}\,.$$

b) Es gilt: $\bar{l} = \dfrac{k \cdot T}{\pi\sqrt{2} \cdot d^2 \cdot p} = \dfrac{1,38 \cdot 10^{-23} \cdot \mathrm{N} \cdot \mathrm{m} \cdot \mathrm{m}^2 \cdot 450,5\,\mathrm{K}}{\pi\sqrt{2} \cdot \mathrm{K} \cdot (2 \cdot 1,8 \cdot 10^{-10})^2\,\mathrm{m}^2 \cdot 1,79 \cdot 10^5\,\mathrm{N}} = 6,03 \cdot 10^{-8}\,\mathrm{m} \approx 60\,\mathrm{nm}\,.$

Thermische Energie

Aufgabe 23:

Einer abgeschlossenen zweiatomigen Gasmenge mit der Masse m = 150 g und der Molmasse M = 28 g/mol wird bei konstantem Volumen eine Wärmemenge Q = 4,25 kJ zugeführt.

a) Wie groß ist dabei die Energie ΔW_M, die im Mittel auf ein Molekül entfällt? Wie ist die Aufteilung zwischen Translations- und Rotationsenergie?

b) Welche Temperaturänderung erfährt dabei das Gas?

Lösung:

Es sind: N_A: Avogadrozahl, f: Zahl der Freiheitsgrade.

a) Es gilt: $N = \dfrac{m \cdot N_A}{M} = \dfrac{150\,\mathrm{g} \cdot 6,02 \cdot 10^{23} \cdot \mathrm{mol}}{28\,\mathrm{g} \cdot \mathrm{mol}} = 3,22 \cdot 10^{24}$ Teilchen in der Gasmenge.

$$\Delta W_\mathrm{M} = \frac{Q}{N} = \frac{4,25 \cdot 10^3\,\mathrm{J}}{3,22 \cdot 10^{24}} = 1,32 \cdot 10^{-21}\,\mathrm{J}\,;\text{ es gilt ferner: } W_\mathrm{M} = W_\mathrm{TRANS} + W_\mathrm{ROT} \Rightarrow$$

$$\Delta W_\mathrm{M} = (f_\mathrm{TRANS} + f_\mathrm{ROT})\frac{1}{2}k \cdot T = \frac{3}{2}k \cdot T + \frac{2}{2}k \cdot T \;\Rightarrow\; \Delta W_\mathrm{TRANS} = 7,92 \cdot 10^{-22}\,\mathrm{J} \text{ und}$$

$$\Delta W_\mathrm{ROT,M} = 5,28 \cdot 10^{-22}\,\mathrm{J}\,.$$

b) Für die molare Wärmekapazität bei konstantem Volumen $C_\mathrm{m,v}$ eines ideales 2-atomiges Gas gilt:

$$C_\mathrm{m,v} = \frac{f}{2} \cdot R_\mathrm{m} \;\Rightarrow\; Q = \frac{m \cdot C_\mathrm{m,v} \cdot \Delta T}{M} \quad \text{und nach } \Delta T \text{ aufgelöst ergibt: } \Delta T = \frac{Q \cdot M \cdot 2}{m \cdot f \cdot R_\mathrm{m}} \Rightarrow$$

$$\Delta T = \frac{4,25 \cdot 10^3\,\mathrm{J} \cdot 28\,\mathrm{g} \cdot \mathrm{mol} \cdot \mathrm{K} \cdot 2}{150\,\mathrm{g} \cdot 5 \cdot \mathrm{mol} \cdot 8,31\,\mathrm{J}} = 38,2\,\mathrm{K} \text{ (Temperaturerhöhung).}$$

Geschwindigkeitsverteilung

Aufgabe 24:

Eine chemische Reaktion wird eingeleitet, wenn die Molekel (Atome/Moleküle) eine kinetische Aktivierungsenergie von $W_A = 1,5$ eV besitzen. Welcher Bruchteil der Molekel ist dazu in Lage, wenn deren Masse $m_m = 4,65 \cdot 10^{-26}$ kg beträgt? Die Frage ist für $T_1 = 300$ K und für $T_2 = 900$ K zu beantworten. (Hinweis: Man benutze die Näherungsformel für den sogenannten „Maxwellschwanz" der Maxwell-Boltzmannschen Geschwindigkeitsverteilung:

$$\frac{\Delta N}{N} = \frac{2}{\sqrt{\pi}} \sqrt{\frac{W_A}{k \cdot T}} \cdot e^{-\frac{W_A}{k \cdot T}} \text{ mit } v_A > v_m \text{ ,} v_m \text{: mittlere Geschwindigkeit}$$

Lösung:

Es gilt für die kinetische Energie der Teilchen: $W_A = 0,5 \cdot m_M \cdot v_A^2$; mit v_A: Mindestgeschwindigkeit zur Aktivierung; nach v_A auflösen:

$$v_A = \sqrt{\frac{2 \cdot W_A}{m_M}} = \sqrt{\frac{2 \cdot 1,5 \cdot 1,6 \cdot 10^{-19} \, \text{N} \cdot \text{m}}{4,65 \cdot 10^{-26} \, \text{kg}}} = 3,21 \cdot 10^3 \sqrt{\frac{\text{kg} \cdot \text{m}^2}{\text{kg} \cdot \text{s}^2}} = 3,21 \cdot 10^3 \, \frac{\text{m}}{\text{s}}.$$

Im Vergleich dazu sind die mittleren Geschwindigkeiten v_m bei den beiden Temperaturen 300 K und 900 K klein, nämlich: $v_{m,300K} = \sqrt{\frac{3 \cdot k \cdot T}{m_M}} = 517 \, \text{m} / \text{s}$ und $v_{m,900K} = 895 \, \text{m} / \text{s}$.

Um die obige Frage zu beantworten, ist das folgende Integral der Maxwell-Boltzmannschen Geschwindigkeitsverteilung zu berechnen: $\frac{\Delta N}{N} = \int\limits_{v_A}^{\infty} f(v) \, dv$. Dies ist numerisch möglich und ergibt die relativen Teilchenzahlen für die beiden Temperaturen: $\frac{\Delta N}{N} = 1,14 \cdot 10^{-16}$ und $\frac{\Delta N}{N} = 1,06 \cdot 10^{-5}$.

Mit der obigen Näherung lassen sich die relativen Teilchenzahlen jedoch einfacher berechnen:

$$\left(\frac{\Delta N}{N}\right)_{300K} = \frac{2}{\sqrt{\pi}} \sqrt{\frac{2,4 \cdot 10^{-19} \, \text{J} \cdot \text{K}}{1,38 \cdot 10^{-23} \text{J} \cdot 300 \, \text{K}}} \cdot \exp\left(\frac{2,4 \cdot 10^{-19} \text{J} \cdot \text{K}}{1,38 \cdot 10^{-23} \text{J} \cdot 300 \, \text{K}}\right) = 1,3 \cdot 10^{-16} \text{ und}$$

$$\left(\frac{\Delta N}{N}\right)_{900K} = 1,1 \cdot 10^{-5}.$$ Der Vergleich mit der numerischen Rechnung zeigt eine sehr gute Übereinstimmung. Ferner ist festzustellen, daß eine Erhöhung der Temperatur um den **Faktor 3** eine überaus große Steigerung der relativen Teilchenzahlen zur Folge hat, nämlich den **Faktor 10^{11}** ! In der Praxis bedeutet das, daß eine bereits geringfügige Temperaturerhöhung eine chemische Reaktion außerordentlich beschleunigen kann.

Aufgabe 25:

Bei der Glühemission von Metallen müssen die Elektronen die Austrittsarbeit W_A überwinden, um die Metalloberfläche zu verlassen.

a) Welcher Bruchteil der Elektronen ist für Wolfram ($W_A = 4,5$ eV) bei Raumtemperatur ($T = 300$ K) und bei $T = 1500$ K dazu in der Lage? (Hinweis: Es ist die Näherungsformel für den sogenannten „Maxwellschwanz" zu benutzen, siehe Aufgabe 24.)

b) Wieviele Elektronen stehen dann pro Mol bei den beiden Temperaturen zur Verfügung?

Lösung:

a) $$\left(\frac{\Delta N}{N}\right)_{300K} = \frac{2}{\sqrt{\pi}} \sqrt{\frac{W_A}{k \cdot T}} \cdot e^{-\frac{W_A}{k \cdot T}} = \frac{2}{\sqrt{\pi}} \sqrt{\frac{4,5 \cdot 1,60 \cdot 10^{-19} \text{J} \cdot \text{K}}{1,38 \cdot 10^{-23} \text{J} \cdot 300 \cdot \text{K}}} \cdot \exp\left(-\frac{4,5 \cdot 1,60 \cdot 10^{-19} \text{J} \cdot \text{K}}{1,38 \cdot 10^{-23} \text{J} \cdot 300 \cdot \text{K}}\right);$$

$$\left(\frac{\Delta N}{N}\right)_{300K} = 4,48 \cdot 10^{-75}.$$ Für $T = 1500$ K erhält man: $\left(\frac{\Delta N}{N}\right)_{1500K} = 5,23 \cdot 10^{-15}$.

Auch hier ist wieder erkennbar, daß eine Temperaturerhöhung um den Faktor 5 eine Zunahme der relativen Elektronenzahl um den Faktor 10^{60} zu Folge hat.

b) Ein Mol Elektronen sind: $N = 6{,}02 \cdot 10^{23}$; mit a) folgt dann:

$$(\Delta N)_{300K} = 4{,}48 \cdot 10^{-75} \cdot 6{,}02 \cdot 10^{23} = 2{,}7 \cdot 10^{-51} \text{ und } (\Delta N)_{1500K} = 3{,}1 \cdot 10^{9}. \text{ D.h. bei 1500 K}$$

treten pro Mol eine relativ große Menge von Elektronen aus der W-Oberfläche aus. Im Gegensatz dazu besitzen bei Raumtemperatur die Elektronen nicht die nötige Energie, um zu emittieren.

5.3 Hauptsätze der Thermodynamik

Wärmekapazität

Aufgabe 26:

Ein Kalorimeter enthält $m = 0{,}3$ kg Methylalkohol, der mit einer Heizwicklung elektrisch erwärmt wird. Die Heizleistung beträgt $P = 100$ W. Die konstante Temperaturzunahme der Flüssigkeit ist $dT/dt = 0{,}119$ K/s. Wie groß ist die spezifische Wärmekapazität c_v von Methylalkohol, wenn die Wärmekapazität des Kalorimeters $C_K = 95$ J/K beträgt?

Lösung:

Die Wärmebilanz lautet: $Q_E = Q_M + Q_K$ mit Q_E: elektrisch zugeführte Wärmemenge; Q_M: vom Methylalkohol aufgenommene Wärme; Q_K: vom Kalorimeter aufgenommene Wärme. Die Wärmemengen können wie folgt berechnet werden: $P \cdot \Delta t = m \cdot c_v \cdot \Delta T + C_K \cdot \Delta T$. Umgestellt nach c_v und

$$\text{mit } \frac{dT}{dt} = \frac{\Delta T}{\Delta t} \text{ folgt: } c_v = \frac{P}{m} \cdot \frac{\Delta t}{\Delta T} - \frac{C_K}{m} = \frac{100 \text{ J} \cdot \text{s}}{0{,}3 \text{ kg} \cdot \text{s} \cdot 0{,}119 \text{ K}} - \frac{95 \text{ J}}{0{,}3 \text{ kg} \cdot \text{K}} = 2{,}48 \frac{\text{J}}{\text{kg} \cdot \text{K}}.$$

Aufgabe 27:

Zur Bestimmung der spezifischen Wärmekapazität bei konstantem Druck c_p wird Stickstoffmonoxid (NO) durch die Rohrwendel eines Kalorimeters geleitet. Das Kalorimeter, dessen Wärmekapazität vernachlässigt wird, ist mit Wasser der Masse $m = 1$ kg gefüllt. Die Temperaturdifferenz zwischen ein- und ausströmendem Gas ist $T_1 - T_2 = 5{,}0$ K. Der Volumenstrom des Gases beträgt $\dot{V} = 1{,}0 \; l/s$. Die Dichte von NO ist $\rho = 1{,}34$ kg/m³. Die Temperaturzunahme der Wassers ist konstant und beträgt $\Delta T_3/\Delta t = 1{,}6$ mK/s. Wie groß sind die spezifischen und molaren Wärmekapazitäten von NO bei konstantem Druck (c_p bzw. $C_{m,p}$)? (spez. Wärme von Wasser: $c_W = 4{,}18$ kJ/(kg·K))

Lösung:

Die Wärmebilanz lautet: $Q_G = Q_W + Q_K$; mit Q_G: vom Gas abgegebene Wärme; Q_W: von Kalorimeterflüssigkeit (Wasser) aufgenommene Wärme; Q_K: vom Kalorimeter aufgenommene Wärme, hier vernachlässigt $\Rightarrow Q_K = 0$. Die Wärmemengen können wie folgt berechnet werden:

$$\dot{V} \cdot \rho \cdot \Delta t \cdot c_p (T_1 - T_2) = m \cdot c_W \cdot \Delta T_3 ; \Rightarrow c_p = \frac{m \cdot c_W \cdot}{\dot{V} \cdot \rho \cdot (T_1 - T_2)} \cdot \frac{\Delta T_3}{\Delta t}. \text{ Obige Werte einsetzen:}$$

$$c_p = \frac{s \cdot 1 \text{ kg} \cdot 4{,}18 \cdot 10^3 \text{ J} \cdot \text{m}^3}{1 \cdot 10^{-3} \text{ m}^3 \cdot \text{kg} \cdot \text{K} \cdot 1{,}34 \text{ kg} \cdot 5 \cdot \text{K}} \cdot 1{,}6 \cdot 10^{-3} \frac{\text{K}}{\text{s}} = 0{,}998 \frac{\text{kJ}}{\text{kg} \cdot \text{K}}.$$

Es gilt: $C_{m,p} = c_p \cdot M_{NO}$; (Molmasse von NO: $M = 30$ g/mol),

$$\Rightarrow C_{m,p} = 0{,}998 \frac{\text{kJ}}{\text{kg} \cdot \text{K}} \cdot 30 \cdot 10^{-3} \frac{\text{kg}}{\text{mol}} = 29{,}9 \frac{\text{J}}{\text{mol} \cdot \text{K}}.$$

Aufgabe 28:

Zur Bestimmung der Wärmekapazität eines Kalorimeters wird es mit 400 g Wasser von 20 °C gefüllt. Beim Zugießen von 600 g Wasser von 60 °C ergibt sich eine Mischungstemperatur ϑ_M = 42 °C. Es ist die Wärmekapazität C_K des Kalorimeters zu ermitteln. (spez. Wärmekapazität des Wassers c_W = 4,18 kJ/(kg·K))

Lösung:

Gegeben: m_1 = 0,6 kg, ϑ_1 = 60 °C, m_2 = 0,4 kg, ϑ_2 = 20 °C, ϑ_M = 42 °C.

Es sind: Q_1: die vom wärmeren Wasser abgegebene Wärmemenge; Q_2: die vom kälteren Wasser aufgenommene Wärmemenge; Q_K: vom Kalorimeter aufgenommene Wärmemenge $\Rightarrow$ Wärmebilanz:

$Q_1 = Q_2 + Q_K \Rightarrow c_W \cdot m_1 \cdot (\vartheta_1 - \vartheta_M) = c_W \cdot m_2 \cdot (\vartheta_M - \vartheta_2) + C_K \cdot (\vartheta_M - \vartheta_2)$; nach C_K umstellen:

$$C_K = c_W \left(m_1 \frac{\vartheta_1 - \vartheta_M}{\vartheta_M - \vartheta_2} - m_2 \right) = 4,18 \frac{kJ}{kg \cdot K} \left(0,6\,kg \frac{(60-42)\,°C}{(42-20)\,°C} - 0,4\,kg \right) = 0,38 \frac{kJ}{K} = 380 \frac{J}{K}.$$

Aufgabe 29:

Es ist die Zeit zu berechnen, in der ein elektrischer Heißwasserspeicher 8,0 Liter Wasser von 10 °C auf 95 °C erwärmt. Die Heizleistung beträgt 950 W, der Wirkungsgrad 92 %.

Lösung:

Gegeben: $V = 8 \cdot 10^{-3}$ m³; $\Delta\vartheta$ = 95 °C – 10 °C = 85 °C = 85 K; P = 950 W; η = 0,92.

Es gilt: abgegebene elektrische Wärme Q_E gleich vom Wasser aufgenommene $Q_W \Rightarrow Q_E = Q_W$;

$\Rightarrow P \cdot \Delta t \cdot \eta = V \cdot \rho_W \cdot c_W \cdot \Delta\vartheta$; nach Δt umstellen liefert: $\Delta t = \dfrac{V \cdot \rho_W \cdot c_W \cdot \Delta\vartheta}{P \cdot \eta}$; einsetzen

ergibt: $\Delta t = \dfrac{8 \cdot 10^{-3}\ m^3 \cdot 10^3\ kg \cdot 4,18 \cdot 10^3\ J \cdot 85\ K \cdot s}{950\ J \cdot 0,92 \cdot m^3 \cdot kg \cdot K} = 3252\ s = 54\ min\ 12\ s$.

Aufgabe 30:

Der Grundumsatz des Menschen beträgt ca. 6300 kJ pro Tag. Würde man die Wärmeabfuhr des Menschen an die Umgebung unterbinden, so würde seine Temperatur stetig ansteigen. Wie groß wäre der Temperaturanstieg ΔT pro Tag und wie groß ist die Wärmeleistung (Wärmestrom)? (durchschnittliches Gewicht eines Menschen: m = 70 kg; spez. Wärmekapazität des Menschen: c_M = 4 kJ/(kg·K))

Lösung:

Die Wärmeleistung (Wärmestrom) des Menschen beträgt: $\dfrac{Q}{\Delta t} = \dot{Q} = \dfrac{6,3 \cdot 10^6\ J}{60 \cdot 60 \cdot 24\ s} = 72,9\ W$.

Es gilt weiterhin: $\dot{Q} = m \cdot c_M \cdot \dfrac{dT}{dt}$; ist der Temperaturanstieg linear, so gilt $\dfrac{dT}{dt} = \dfrac{\Delta T}{\Delta t}$ und es folgt:

$\Delta T = \dfrac{\dot{Q} \cdot \Delta t}{m \cdot c_M} = \dfrac{72,9\ J \cdot 3,6 \cdot 10^3 \cdot 24 \cdot s \cdot kg \cdot K}{s \cdot 70\ kg \cdot 4 \cdot 10^3\ J} = 22,5\ K$, d.h. die Temperatur des Menschen würde pro Tag um 22,5 K ansteigen.

Zustandsänderungen

Aufgabe 31:

100 m³ Luft von 1,0 bar sollen mit einer zur Verfügung stehenden Energie von 3,0 kWh isotherm komprimiert werden. Bis zu welchem Druck kann dies geschehen?

Lösung:

Gegeben: V_1 = 100 m³; p_1 = 1,0 bar = 10^5 Pa; W = 3,0 · 10³ J/s · 3,6 · 10³ s = 10,8 · 10³ J.

Für die isotherme Kompressionsarbeit gilt: $W_{1,2} = p_1 \cdot V_1 \ln(p_2 / p_1)$; nach p_2 auflösen folgt:

$$p_2 = p_1 \cdot \exp\left(\frac{W_{1,2}}{p_1 \cdot V_1}\right) = 10^5 \text{ Pa} \cdot \exp\left(\frac{10{,}8 \cdot 10^6 \text{ N} \cdot \text{m} \cdot \text{m}^2}{10^5 \text{ N} \cdot 100 \text{ m3}}\right) \approx 10^5 \text{ Pa} \cdot e^{1{,}08} = 2{,}94 \cdot 10^5 \text{ Pa}.$$

Aufgabe 32:

In einem verschlossenen Behälter befindet sich 1,0 m^3 Luft von 0,9 bar und 300 K, die allein durch Temperaturerhöhung auf einen Druck von 3,0 bar gebracht werden soll.

a) Es ist die erforderliche Temperaturerhöhung zu ermitteln.

b) Wieviel Wärme muß dabei zugeführt werden? (spezielle Gaskonstante von Luft:

R_S = 287 J/(kg·K), spez. Wärme von Luft bei V = konst.: c_V = 0,717 kJ/(kg·K))

Lösung:

Gegeben sind: V = 1,0 m^3, p_1 = 0,9 bar, T_1 = 300 K, p_2 = 3,0 bar, V = konst.

a) Für die isochore Zustandsänderung gilt: $\dfrac{p_1}{p_2} = \dfrac{T_1}{T_2} \Rightarrow T_2 = T_1 \dfrac{p_2}{p_1} = 300 \text{ K} \dfrac{3{,}0 \text{ bar}}{0{,}9 \text{ bar}} = 1000 \text{ K}$.

b) Isochore Zustandsänderung: $Q_{1,2} = \dfrac{V \cdot c_V}{R_S}(p_2 - p_1) = \dfrac{1{,}0 \text{ m}^3 \cdot 717 \text{ J} \cdot \text{kg} \cdot \text{K}}{287 \text{ J} \cdot \text{kg} \cdot \text{K}}(3{,}0 - 0{,}9) \cdot 10^5 \dfrac{\text{N}}{\text{m}^2}$;

$Q_{1,2} = 524 \text{ kJ} \quad \Rightarrow$ gleich zuzuführende Wärmemenge.

Aufgabe 33:

In einem Zylinder mit reibungsfreiem Kolben befinden sich 1,0 m^3 Luft von 300 K bei einem Druck von 0,9 bar. Bei konstantem Druck wird diese Luft auf 1000 K erwärmt.

a) Wie groß ist das Endvolumen?

b) Wieviel Wärme muß dabei zugeführt werden?

c) Wie groß ist dabei die zu verrichtende Ausdehnungsarbeit W_A? (spezielle Gaskonstante von Luft: R_S = 287 J/(kg·K); mittlere spezifische Wärme von Luft bei konst. Druck im gegebenen Temperaturintervall: c_p = 1066 J/(kg·K))

Lösung:

Gegeben: V_1 = 1,0 m^3, T_1 = 300 K, p = 0,9 bar = konst., T_2 = 1000 K.

a) Isobare Zustandsänderung: $V_2 = V_1 \dfrac{T_2}{T_1} = 1{,}0 \text{ m}^3 \dfrac{1000 \text{ K}}{300 \text{ K}} = 3{,}33 \text{ m}^3$.

b) Zuzuführende Wärme bei isobarer Zustandsänderung: $Q_{1,2} = \dfrac{c_p \cdot p \cdot V_1}{R_S \cdot T_1}(T_2 - T_1) \Rightarrow$

$$Q_{1,2} = \frac{1{,}066 \cdot 10^3 \text{ J} / (\text{kg} \cdot \text{K}) \cdot 9 \cdot 10^4 \text{ N} / \text{m}^2 \cdot 1 \cdot \text{m}^3}{287 \text{ J} / (\text{kg} \cdot \text{K}) \cdot 300 \text{ K}}(1000 - 300) \text{ K} = 780 \text{ kJ}.$$

c) Isobare Volumenarbeit: $W_{1,2} = p \cdot (V_1 - V_2) = 9 \cdot 10^4 \text{ N} / \text{m}^2 \cdot (1{,}0 - 3{,}33) \text{ m}^3 = -210 \text{ kJ} \Rightarrow$ Das **Minus**vorzeichen heißt: die Arbeit wird dem System **entzogen**.

Aufgabe 34:

Ein mit Wasserstoffgas prallgefüllter Wetterballon hat das Volumen V_{MAX} = 50 m^3. Vor dem Aufstieg am Boden ist er nur teilweise gefüllt mit den folgenden Daten: p_1 = 1 bar, ϑ_1 = 7 °C, V_1 = 1/6·V_{MAX}. (molare Wärme bei p = konst.: $C_{m,p}$ = 28,8 J/(kg·K))

a) Welche Stoffmenge n und welche Masse m enthält der Ballon?

b) Der Ballonaufstieg geschieht so schnell, daß durch die Ballonhülle praktisch kein Wärmeaustausch stattfindet. In einer bestimmten Höhe ist der Innendruck gleich dem Außendruck von p_2 = 0,2 bar. Wie groß ist das dazugehörige Gasvolumen V_2 und die Temperatur T_2?

c) Die Sonneneinstrahlung heizt nun den Ballon auf. Das Gas dehnt sich dabei solange aus, bis der Ballon prall gefüllt ist. Der Druck bleibt währenddessen konstant, d.h. $p_3 = p_2$. Wie groß ist die Temperatur T_3 und welche Wärmemenge $Q_{2,3}$ hat das Gas aufgenommen? (Adiabaten-/Isentropenexponent von Wasserstoff: κ = 1,41)

Lösung:

Gegeben: $V_{MAX} = V_3 = 50 \text{ m}^3$, $V_1 = 1/6\ V_3 = 8{,}33 \text{ m}^3$, $p_1 = 10^5 \text{ Pa}$, $T_1 = 280{,}2 \text{ °C}$.

a) Es gilt für die Stoffmenge: $n = \dfrac{p_1 \cdot V_1}{R_m \cdot T_1} = \dfrac{10^5 \text{N} \cdot 8{,}33 \text{ m}^3 \cdot \text{mol} \cdot \text{K}}{\text{m}^2 \cdot 8{,}31 \text{N} \cdot \text{m} \cdot 280{,}2 \cdot \text{K}} = 358 \text{ mol}$.

Es gilt: $m = n \cdot M_{H2}$, mit $M_{H2} = 2 \text{ g/mol}$, $\Rightarrow m = 358 \text{ mol} \cdot 2 \text{ g / mol} = 716 \text{ g} = 0{,}716 \text{ kg}$.

b) Isentrope/adiabate Zustandsg: $p_1 \cdot V_1^{\kappa} = p_2 \cdot V_2^{\kappa} \Rightarrow V_2 = V_1 \left(\dfrac{p_1}{p_2}\right)^{1/\kappa} = 8{,}33 \ m^3 \left(\dfrac{10^5 \, Pa}{2 \cdot 10^4 \, Pa}\right)^{1/1{,}41}$;

$V_2 = 26{,}1 \text{ m}^3$. Für die Temperatur gilt: $T_2 = \dfrac{p_2 \cdot V_2}{n \cdot R_m} = \dfrac{2 \cdot 10^4 \cdot \text{N} \cdot 26{,}1 \cdot \text{m}^3 \cdot \text{mol} \cdot \text{K}}{\text{m}^2 \cdot 358 \text{ mol} \cdot 8{,}31 \cdot \text{J}} = 176 \text{ K}$.

c) Isobare Zustandsänderung mit $V_{MAX} = V_3$; $\Rightarrow T_3 = \dfrac{p_3 \cdot V_3}{n \cdot R_m} = \dfrac{2 \cdot 10^4 \text{N} \cdot 50 \text{ m}^3 \cdot \text{mol} \cdot \text{K}}{\text{m}^2 \cdot 358 \text{ mol} \cdot 8{,}31 \cdot \text{J}} = 336 \text{ K}$.

Die aufgenommene Wärme: $Q_{2,3} = n \cdot C_{m,p} \cdot (T_3 - T_2) = 358 \text{ mol} \cdot 28{,}8 \dfrac{\text{J}}{\text{mol} \cdot \text{K}} (336 - 176)\text{K}$;

$Q_{2,3} = 1{,}65 \cdot 10^6 \text{ J} = 1{,}65 \text{ MJ}$.

Aufgabe 35:

Ideales Gas wird vom Ausgangszustand $p_1 = 1{,}0$ bar, $V_1 = 1{,}0 \text{ dm}^3$ und $\vartheta_1 = 22 \text{ °C}$ auf die Hälfte seines Volumens verdichtet. Während der Kompression wird Wärme zugeführt, so daß eine Zustandsänderung gemäß der Beziehung $p \cdot V^2 = \text{konst.}$ durchlaufen wird.

a) Wie groß ist der Enddruck p_2 und die Endtemperatur ϑ_2?

b) Welche Kompressionsarbeit $W_{1,2}$ wurde dem System zugeführt?

c) Wie groß ist die zugeführte Wärme $Q_{1,2}$, wenn das Gas aus Molekülen in Form einer starren Hantel besteht (angeregte Freiheitsgrade: Translation und Rotation)?

Lösung:

Gegeben: Polytropenexponent: $\nu = 2$

a) Es gilt die polytrope Zustandsänderung: $p_1 \cdot V_1^{\nu} = p_2 \cdot V_2^{\nu} \Rightarrow p_2 = p_1 \cdot (V_1/V_2)^{\nu}$; einsetzen ergibt:

$p_2 = 10^5 \text{Pa} \cdot \left(1{,}0 \text{ dm}^3 / 0{,}5 \text{ dm}^3\right)^2 = 4{,}0 \cdot 10^5 \text{Pa}$. Für die Temperatur gilt die Polytropengleichung:

$p_1^{1-\nu} \cdot T_1^{\nu} = p_2^{1-\nu} \cdot T_2^{\nu} \Rightarrow T_2 = \left(T_1^{\nu} \dfrac{p_2}{p_1}\right)^{1/\nu}$; mit $\nu = 2$ folgt: $T_2 = \left(295{,}2^2 \text{ K}^2 \dfrac{4 \cdot 10^5 \text{Pa}}{1 \cdot 10^5 \text{Pa}}\right)^{1/2}$;

$T_2 = 590{,}3 \text{ K} \Rightarrow \vartheta_2 = 317 \text{ °C}$.

b) Bei polytroper Kompression gilt: $W_{1,2} = \dfrac{p_1 \cdot V_1}{\nu - 1}\left(\left(\dfrac{V_1}{V_2}\right)^{\nu-1} - 1\right)$; einsetzen der Werte ergibt:

$W_{1,2} = \dfrac{10^5 \text{N} \cdot 10^{-3} \text{m}^3}{\text{m}^2 \cdot (2-1)}\left(\left(\dfrac{1 \cdot \text{dm}^3}{0{,}5 \cdot \text{dm}^3}\right)^{2-1} - 1\right) = 10^2 \text{N} \cdot \text{m} = 100 \text{ J}$ (zugeführte Arbeit).

c) Starre Hantel $\Rightarrow$ Freiheitsgrade f für Translation und Rotation: $f = 3+2 = 5$; es gilt: $C_{m,v} = f/2 \cdot R_m$;

$C_{m,v} = \dfrac{5}{2} \cdot 8{,}314 \dfrac{\text{J}}{\text{mol} \cdot \text{K}} = 20{,}79 \dfrac{\text{J}}{\text{mol} \cdot \text{K}}$. Die Stoffmenge n erhält man: $n = \dfrac{p_1 \cdot V_1}{R_m \cdot T} \Rightarrow$ einsetzen

folgt: $n = \dfrac{10^5 \text{N} \cdot 10^{-3} \text{m}^3 \text{mol} \cdot \text{K}}{\text{m}^2 \cdot 8{,}31 \cdot \text{N} \cdot \text{m} \cdot 295{,}2 \text{ K}} = 4{,}07 \cdot 10^{-2} \text{ mol}$; Zunächst Ermittlung der inneren Energie U:

$U_{1,2} = n \cdot C_{m,v}(T_2 - T_1) = 4{,}07 \cdot 10^{-2} \text{mol} \cdot 20{,}79 \text{ J} / (\text{mol} \cdot \text{K}) \cdot (590{,}3 - 295{,}2) \text{ K} = 250 \text{ J}$; mit

dem ersten Hauptsatz folgt: $U_{1,2} = Q_{1,2} + W_{1,2} \Rightarrow Q_{1,2} = U_{1,2} - W_{1,2} = 250 \text{ J} - 100 \text{ J} = 150 \text{ J}$ (zugeführte Wärmemenge).

Kreisprozesse

Aufgabe 36:

Ein Wärmekraftprozeß (Dampfkraftanalge) arbeitet als Kreisprozeß zwischen zwei Wärmebädern mit den Temperaturen $\vartheta_1 = 20\ °C$ und $\vartheta_2 = 374\ °C$ (kritische Temperatur des Wassers). Wie groß ist der maximal mögliche thermische Wirkungsgrad der Anlage?

Lösung:

Den größten thermischen Wirkungsgrad besitzt der Carnotsche Kreisprozeß mit der Beziehung:

$$\eta_{TH,C} = \frac{T_2 - T_1}{T_2} = \frac{(647 - 293)\ K}{647\ K} = 0{,}55 \Rightarrow \eta_{TH,C} = 55\% .$$

Aufgabe 37:

Einer Maschine, die nach dem Carnot-Prozeß arbeitet, wird bei der hohen Temperatur T_2 die Wärmemenge $Q_{ZU} = 920$ kJ zugeführt und bei der tiefen Temperatur $T_1 = 283$ K die Wärme $Q_{AB} = 550$ kJ entzogen.

a) Es soll der Kreisprozeß in einem $p\text{-}V$-Diagramm prinzipiell dargestellt werden mit Eintragung der Temperaturen T_1, T_2, der zu- und abgeführten Wärmemengen und Arbeiten, der Nutzarbeit und des Umlaufsinns des Prozesses.

b) Wie groß ist die Nutzarbeit für einen Zyklus und wie groß ist der thermische Wirkungsgrad?

c) Es ist die Temperatur T_2 zu ermitteln.

Lösung:

b) Für den Carnot-Prozeß gilt:

$$|W_N| = |Q_{ZU}| - |Q_{AB}| \Rightarrow$$
$$W_N = (920 - 550)\ kJ = 370\ kJ.$$

Der thermische Wirkungsgrad ist definiert zu:

$$\eta_{TH} = \frac{|W_N|}{Q_{ZU}} = \frac{370\ kJ}{920\ kJ} = 0{,}402 \Rightarrow \eta_{TH} = 40{,}2\% .$$

c) Für den thermischen Wirkungsgrad eines im Uhrzeigersinn verlaufenden Carnotschen Kreisprozesses gilt:

$$\eta_{TH,C} = \frac{T_2 - T_1}{T_2} = \eta_{TH}; \text{ auflösen nach } T_2 \text{ ergibt:}$$

$$T_2 = \frac{T_1}{1 - \eta_{TH}} = \frac{283\ K}{1 - 0{,}402} = 473\ K; \ \vartheta_2 = 200\ °C$$

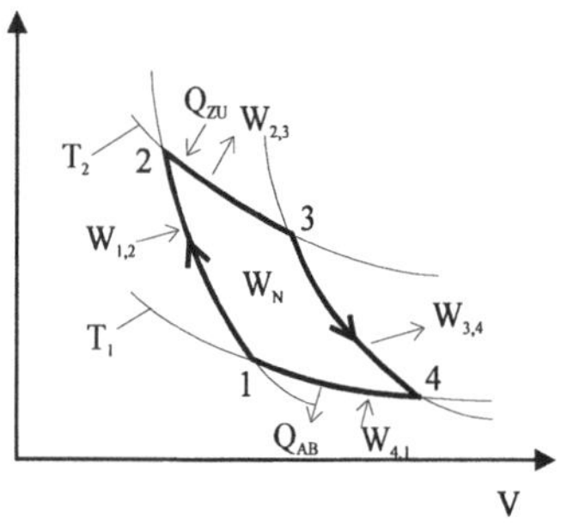

Aufgabe 38:

Eine Wärmekraftmaschine arbeitet mit einem idealen Gas nach folgendem Kreisprozeß:
- adiabatische Expansion vom Zustand 1 (T_1, p_1, V_1) zum Zustand 2 (T_2; p_2, V_2),
- isotherme Kompression vom Zustand 2 zum Zustand 3 (T_2, p_3, V_1) und
- isochore Druckerhöhung vom Zustand 3 zum Ausgangszustand 1.

Gegeben: $p_1 = 11$ bar, $p_2 = 1{,}0$ bar, $T_2 = 300$ K, $V_2 = 2{,}4$ dm³, $\kappa = 1{,}40$.

a) Der Kreisprozeß ist prinzipiell in einem $p\text{-}V$-Diagramm darzustellen mit Eintragung der Größen p, V, T für die einzelnen Zustände, die Nutzarbeit W_N und der Umlaufsinn.

b) Wie groß sind die Einzelwärmemengen und Arbeiten?

c) Es ist der thermische Wirkungsgrad η_{TH} zu ermitteln und mit dem thermischen Wirkungsgrad nach Carnot zu vergleichen.

Lösung:

a)

b) Gegeben: $C_{m,v} = 20{,}8\ \text{J/(mol·K)}$, da 2-atomiges ideales Gas.

<u>Adiabate Expansion:</u> $Q_{1,2} = 0$; Für die Arbeit gilt:

$W_{1,2} = n \cdot C_{m,v}\,(T_2 - T_1)$; Berechnung von n und T_1:

$$n = \frac{p_2 \cdot V_2}{R_m \cdot T_2} = \frac{10^5\ \text{N} \cdot 2{,}4 \cdot 10^{-3}\,\text{m}^3\text{mol} \cdot \text{K}}{\text{m}^2 \cdot 8{,}31 \cdot \text{J} \cdot 300\ \text{K}},$$

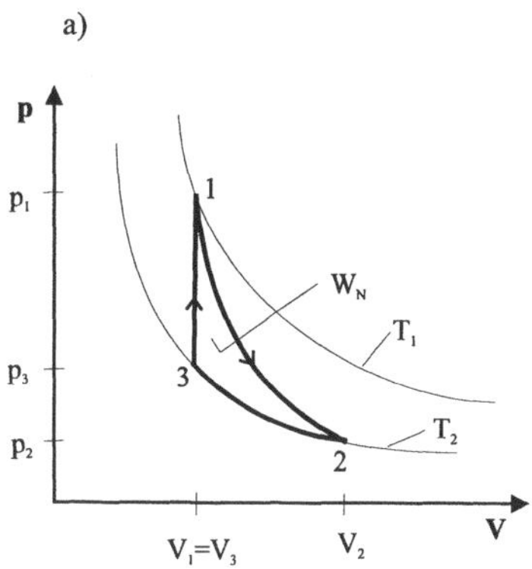

$n = 9{,}63 \cdot 10^{-2}\ \text{mol}$; ferner gilt: $T_1 = T_2 \left(\dfrac{p_2}{p_1}\right)^{\frac{1-\kappa}{\kappa}}$,

$$T_1 = 300\ \text{K} \cdot \left(\frac{10^5\,\text{Pa}}{11 \cdot 10^5\,\text{Pa}}\right)^{\frac{1-1{,}4}{1{,}4}} = 595\ \text{K}\ ; \Rightarrow$$

$$W_{1,2} = 9{,}63 \cdot 10^{-2}\,\text{mol} \cdot 20{,}8\,\text{J}\,/\,(\text{mol} \cdot \text{K}) \cdot (300 - 595)\ \text{K} = -591\,\text{J}\,.$$

<u>Isotherme Kompression:</u> $Q_{2,3} = n \cdot R_m \cdot T_2 \cdot \ln\dfrac{V_3}{V_2}$; Berechnung von $V_3 = V_1$: $V_1 = V_2 \cdot \left(\dfrac{p_2}{p_1}\right)^{\frac{1}{\kappa}} \Rightarrow$

$$V_1 = 2{,}4\ \text{dm}^3 \cdot \left(\frac{1 \cdot 10^5\,\text{Pa}}{11 \cdot 10^5\,\text{Pa}}\right)^{\frac{1}{1{,}4}} = 0{,}433\ \text{dm}^3 ; \Rightarrow Q_{2,3} = 9{,}63 \cdot 10^{-2}\,\text{mol}\ 8{,}31\,\frac{\text{J}}{\text{mol} \cdot \text{K}}\,300\ \text{K} \cdot \ln\frac{0{,}433}{2{,}4} ;$$

$Q_{2,3} = -411\,\text{J}$. Es gilt: $Q_{2,3} = -W_{2,3} \Rightarrow W_{2,3} = 411\,\text{J}$.

<u>Isochore Druckerhöhung:</u> $W_{3,1} = 0$, da $dV = 0$. $Q_{3,1} = n \cdot C_{m,v} \cdot (T_1 - T_2)$; einsetzen der Werte

ergibt: $\qquad Q_{3,1} = 9{,}63 \cdot 10^{-2}\,\text{mol} \cdot 20{,}8\,\text{J}\,/\,(\text{mol} \cdot \text{K}) \cdot (595 - 300)\ \text{K} = 591\,\text{J}$.

c) Der thermische Wirkungsgrad ist definiert zu: $\eta_{TH} = \dfrac{|W_N|}{Q_{ZU}} = \dfrac{|W_{1,2} + W_{2,3} + W_{3,1}|}{Q_{3,1}}$; Werte einsetzen:

$$\eta_{TH} = \frac{|-591 + 411 + 0|\ \text{J}}{591\,\text{J}} = 0{,}305 \Rightarrow \eta_{TH} = 30{,}5\%\,.$$

Der thermische Wirkungsgrad nach Carnot ist:

$$\eta_{TH,C} = \frac{T_1 - T_2}{T_1} = \frac{595\ \text{K} - 300\ \text{K}}{595\ \text{K}} = 0{,}496 \Rightarrow \eta_{TH,C} = 49{,}6\% > \eta_{TH}\,, \text{d.h. der Wirkungsgrad}$$

nach Carnot ist maximal möglich und jeder andere Kreisprozeß kann ihm nur beliebig nahe kommen.

Entropie

Aufgabe 39:

Eine Metallkugel der Masse $m_K = 0{,}85$ kg mit der Temperatur $\vartheta_K = 120\ °C$ (spezifische Wärmekapazität $c_K = 0{,}385\ \text{kJ/(kg·K)})$ wird in Wasser ($m_W = 0{,}435$ kg, $c_W = 4{,}19\ \text{kJ}\,/\,(\text{kg} \cdot \text{K})$) mit der Temperatur $\vartheta_W = 22\ °C$ geworfen. Bei völliger Isolierung von der Umgebung stellt sich die Mischungstemperatur ϑ_M ein.

a) Man berechne zunächst die Mischungstemperatur.

b) Es ist die Entropieänderung des Gesamtsystems zu berechnen und zu zeigen, daß dieser Wärmeaustausch ein nicht reversibler ist.

Die Wärmekapazität des Kalorimeters wird vernächlässigt.

Lösung:

a) Es gilt die Wärmebilanz: zugeführte Wärme der Metallkugel Q_{ZU} gleich der vom Wasser aufgenommenen Wärme $Q_{AUF} \Rightarrow m_K \cdot c_K \cdot (\vartheta_K - \vartheta_M) = m_W \cdot c_W \cdot (\vartheta_M - \vartheta_W)$; auflösen nach ϑ_M und einsetzen der Werte:

$$\vartheta_M = \frac{m_K \cdot c_K \cdot \vartheta_K + m_W \cdot c_W \cdot \vartheta_W}{m_K \cdot c_K + m_W \cdot c_W} = \frac{0,85\,\text{kg} \cdot 0,385\,\dfrac{\text{kJ}}{\text{kg} \cdot {}^\circ\text{C}} 120\,{}^\circ\text{C} + 0,435\,\text{kg} \cdot 4,19\,\dfrac{\text{kJ}}{\text{kg} \cdot {}^\circ\text{C}} 22\,{}^\circ\text{C}}{0,85\,\text{kg} \cdot 0,385\,\dfrac{\text{kJ}}{\text{kg}\,{}^\circ\text{C}} + 0,435\,\text{kg} \cdot 4,19\,\dfrac{\text{kJ}}{\text{kg}\,{}^\circ\text{C}}}$$

$\vartheta_M = 36,9\,{}^\circ\text{C}$ oder $T_M = 310,1\,\text{K}$.

b) Für die Entropieänderung der Metallkugel gilt: $\Delta S_K = m_K \cdot c_K \cdot \ln \dfrac{T_M}{T_K}$; (der Volumenänderungs-

anteil kann vernachlässigt werden) $\Rightarrow \Delta S_K = 0,85\,\text{kg} \cdot 0,385\,\dfrac{\text{kJ}}{\text{kg} \cdot \text{K}} \cdot \ln \dfrac{310,1\,\text{K}}{393,2\,\text{K}}$

$\Delta S_K = -77,7\,\text{J} / \text{K}$, d.h. die Entropie verkleinert sich bei dem Abkühlvorgang.

Die Entropieänderung des Wassers beträgt: $\Delta S_W = m_W \cdot c_W \cdot \ln \dfrac{T_M}{T_W}$; einsetzen der Werte liefert:

$\Delta S_W = +89,8\,\text{J} / \text{K}$, d.h. das Wasser erfährt eine Entropiezunahme. Die Entropieänderung des Gesamtsystems ist dann: $\Delta S_G = \Delta S_K + \Delta S_W = (-77,7 + 89,8)\,\text{J} / \text{K} = +12,1\,\text{J} / \text{K}$, d.h. $\Delta S_G > 0$ und damit ist obiger Wärmeaustauschprozeß irreversibel.

Aufgabe 40:

Der sogenannte historische Überströmversuch nach Gay-Lussac verläuft wie folgt: Ein sich ideal verhaltendes Gas (1,0 mol) befinde sich bei der Temperatur T_1 in einem abgeschlossenen Behälter mit dem Volumen V_1. Nach dem Öffnen eines Ventils strömt es in einen zweiten Behälter gleichen Volumens, der jedoch evakuiert ist. Beide Behälter sind nach außen wärmeisoliert. Wie groß ist dabei die Entropieänderung?

Lösung:

Der erste Hauptatz lautet: $dU = dQ + dW$; die Änderung der Wärme dQ ist null, da das System nach außen wärmeisoliert ist. Zwar kühlt sich beim Überströmen zunächst der Behälter „1" ab, doch Behälter „2" erwärmt sich; im Anschluß stellt sich dann wieder ein Temperaturausgleich ein. Die Ausdehnungsarbeit dW ist ebenfalls null, da der Druck im zweiten evakuierten Gefäß null ist. Daraus folgt, daß die innere Energie U sich ebenfalls nicht ändert und die Temperatur konstant bleibt.

Die Entropieänderung eines Gases ist: $\Delta S = n \cdot C_{m,v} \cdot \ln(T_2 / T_1) + n \cdot R_m \cdot \ln(V_2 / V_1)$; mit $T_1 = T_2 \Rightarrow$

der erste Term ist null; da $V_2 = 2\,V_1$ ist, erhält man: $\Delta S = 1,0\,\text{mol} \cdot 8,31\,\dfrac{\text{J}}{\text{mol K}} \ln \dfrac{2 \cdot V_1}{V_1} \Rightarrow$

$\Delta S = 5,76\,\text{J} / \text{K} > 0 \Rightarrow$ d.h. der Überströmversuch ist irreversibel.

Aufgabe 41:

Eine Wärmekraftmaschine mit einem Kreisprozeß nach Carnot entnimmt pro Zyklus dem Wärmereservoir der Temperatur $T_2 = 400\,\text{K}$ die Wärmemenge $Q_2 = 150\,\text{kJ}$ und gibt die Wärmemenge Q_1 an das kältere Reservoir mit Temperatur $T_1 = 290\,\text{K}$ ab. Wie groß ist die Entropieänderung jedes Reservoirs und des Gesamtsystems?

Lösung:

Es gilt für den thermischen Wirkungsgrad nach Carnot:

$$\eta_{TH,C} = \frac{T_2 - T_1}{T_2} = \frac{110\,\text{K}}{400\,\text{K}} = 0,275; \text{ ferner gilt:}$$

$$\eta_{TH,C} = \frac{Q_{ZU} - |Q_{AB}|}{Q_{ZU}} = \frac{Q_2 - |Q_1|}{Q_2} \Rightarrow |Q_1| = Q_2\,(1 - \eta_{TH,C}) = 150\,\text{kJ}\,(1 - 0,275) = 109\,\text{kJ}.$$

Entropieänderung des wärmeren Reservoirs: $\Delta S_2 = -\dfrac{|Q_2|}{T_2} = -\dfrac{150\ \mathrm{kJ}}{400\ \mathrm{K}} = -375\ \mathrm{J/K}$;

negatives Vorzeichen, da dem Reservoir Wärme entzogen wird.

Entropieänderung des kälteren Reservoirs: $\Delta S_1 = +\dfrac{|Q_1|}{T_1} = \dfrac{109\ \mathrm{kJ}}{290\ \mathrm{K}} = +375\ \mathrm{J/K}$;

positives Vorzeichen, da dem Reservoir Wärme zugeführt wurde.

Entropieänderung des Gesamtsystems (Wärmekraftmaschine plus Wärmereservoirs):

$\Delta S_G = \Delta S_W + \Delta S_1 + \Delta S_2 = (0 + 375 - 375)\ \mathrm{J/K} = 0$, d.h. der Gesamtprozeß ist reversibel, da

auch für den Carnot-Kreisprozeß gilt: $\Delta S_W = 0$.

Aufgabe 42:

Eine bestimmte Menge Eis mit der Temperatur $\vartheta_E = -45{,}5\ °\mathrm{C}$ wird in siedendes Wasser eingebracht. Nach dem Wärmeausgleich wird eine Mischungstemperatur $\vartheta_M = 65\ °\mathrm{C}$ ermittelt. Die Wärmekapazität des Kalorimeters wird vernachlässigt.

Gegeben sind: Masse Eis/Wasser: $m_E = 130\ \mathrm{g}$, $m_W = 620\ \mathrm{g}$; spezifische Wärmen Eis/Wasser: $c_E = 2{,}09\ \mathrm{J/(g{\cdot}K)}$, $c_W = 4{,}19\ \mathrm{J/(g{\cdot}K)}$; spezifische Schmelzenthalpie des Eises: $h_E = 332$ J/g; $\vartheta_S = 100\ °\mathrm{C}$.

Es sind die Entropieänderungen des Eises, des Wassers und des Gesamtsystems zu berechnen.

Lösung:

Für die Entropieänderung des Eises gilt (Erwärmung und Schmelzen von T_E auf T_M):

$$\Delta S_E = m_E \cdot c_E\ \ln\frac{T_0}{T_E} + m_E \cdot \frac{h_E}{T_0} + m_E \cdot c_W\ \ln\frac{T_M}{T_0}\ , \text{ einsetzen der Werte ergibt:}$$

$$\Delta S_E = 130\ \mathrm{g}\ (2{,}09\ \frac{\mathrm{J}}{\mathrm{g}\cdot\mathrm{K}}\ln\frac{273{,}2\ \mathrm{K}}{227{,}7\ \mathrm{K}} + \frac{332\ \mathrm{J}}{\mathrm{g}\cdot 273{,}2\ \mathrm{K}} + 4{,}19\ \frac{\mathrm{J}}{\mathrm{g}\cdot\mathrm{K}}\ln\frac{338{,}2\ \mathrm{K}}{273{,}2\ \mathrm{K}}) = 324\ \mathrm{J/K}\ .$$

Für die Entropieänderung des Wassers gilt (Abkühlung von T_S auf T_M): $\Delta S_W = m_W \cdot c_W\ \ln\dfrac{T_M}{T_S}$,

$$\Delta S_W = 620\ \mathrm{g}\cdot 4{,}19\frac{\mathrm{J}}{\mathrm{g}\cdot\mathrm{K}}\ln\frac{338{,}2\ \mathrm{K}}{373{,}2\ \mathrm{K}} = -256\ \mathrm{J/K}.\ \text{Die Entropieänderung für das Gesamtsystem}$$

ist dann: $\Delta S_G = \Delta S_E + \Delta S_W = (325 - 256)\ \mathrm{J/K} = +69\ \mathrm{J/K} > 0$, d.h. Zunahme der Entropie und somit ist dieser Prozeß irrevesibel.

Aufgabe 43:

Es ist die Entropieänderung des folgenden unwahrscheinlichen Vorgangs zu bestimmen: Ein Stein ($m = 1{,}0\ \mathrm{kg}$) mit der Temperatur $T = 300\ \mathrm{K}$ kühlt sich spontan ab und springt dafür um $h = 10\ \mathrm{cm}$ in die Höhe (spezifische Wärmekapazität des Steins: $c = 800\ \mathrm{J/(kg{\cdot}K)}$, Erdbeschleunigung: $g = 9{,}81\ \mathrm{m/s^2}$).

Lösung:

Es gilt: Abnahme der inneren Energie ΔU gleich Zunahme der potentiellen Energie ΔW_{POT}:

$-\Delta U = \Delta W_{POT}$ oder $-m \cdot c \cdot \Delta T = m \cdot g \cdot h$, nach der Temperaturänderung auflösen: $\Delta T = -g \cdot h/c \Rightarrow$

$$\Delta T = -\frac{9{,}81\ \mathrm{m}\cdot 0{,}1\ \mathrm{m}\cdot \mathrm{kg}\cdot \mathrm{K}}{\mathrm{s^2}\cdot 800\ \mathrm{N}\cdot\mathrm{m}} = -1{,}2\cdot 10^{-3}\ \mathrm{K};\ \Rightarrow \text{ Temperaturerniedrigung sehr gering, deshalb}$$

quasi isotherm, d.h. reversibler Ersatzprozeß ist isotherme Zustandsänderung $\Rightarrow$ dem Stein wird die Wärme $\Delta Q_{REV} = -m \cdot g \cdot h$ bei der Temperatur $T = 300\ \mathrm{K}$ entzogen; $\Rightarrow$ Entropieänderung ΔS ist:

$$\Delta S = \Delta Q_{REV}/T = -1\ \mathrm{kg}\cdot 9{,}81\cdot\mathrm{m}\cdot\mathrm{s^{-2}}\cdot 0{,}1\mathrm{m}/(300\ \mathrm{K}) = -3{,}3\cdot 10^{-3}\ \mathrm{J/K};$$

das **negative** Vorzeichen besagt, daß dieser Vorgang nach der klassischen Thermodynamik **nicht beobachtet** wird.

5.4 Thermische Maschinen

Wärmekraftmaschinen

Aufgabe 44:

Eine Wärmekraftmaschine nach dem Ericsson-Prozeß (geschlossene Gasturbine) wird mit einer Menge von 20 g eines 2-atomigen idealen Gases (spezielle Gaskonstante $R_S = 4{,}1$ kJ/(kg·K) betrieben und durchläuft einen Kreisprozeß zwischen zwei Isobaren ($p_1 = p_2 = 10^4$ hPa und $p_3 = p_4 = 10^3$ hPa) und den beiden Isothermen $T_2 = T_3 = 500$ K und $T_4 = T_1 = 300$ K.

a) Es ist eine prinzipielle Darstellung des Kreisprozesses in einem p-V-Diagramm anzufertigen mit Eintragung aller p-, V- und T-Variablen und die Wärmemengen und Arbeiten für die Zustände 1 bis 4. Was stellt die umschlossene Fläche dar?

b) Wie groß sind die spezifischen Wärmekapazitäten bei konstantem Druck und Volumen?

c) Berechnung aller Einzelarbeiten und Wärmemengen und der Nutzarbeit.

d) Wie groß ist der thermische Wirkungsgrad η_{TH} dieses Kreisprozesses? η_{TH} ist mit dem thermischen Wirkungsgrad nach dem Carnot-Prozeß $\eta_{TH,C}$ zu vergleichen.

Lösung:

b) Es gilt für den Adiabatenexponenten: $\kappa = c_p / c_v$ und mit $R_S = c_p - c_v$ folgt : $c_v = \dfrac{R_S}{\kappa - 1}$ $\Rightarrow$

$$c_v = \frac{4{,}1\,\text{kJ}}{(1{,}40 - 1)\,\text{kg}\cdot\text{K}} = 10{,}3\,\frac{\text{kJ}}{\text{kg}\cdot\text{K}} \quad \Rightarrow \quad c_p = 14{,}4\,\frac{\text{kJ}}{\text{kg}\cdot\text{K}} \;;$$

mit $\kappa = 1{,}40$ für 2-atomige ideale Gase.

c) Für die einzelnen Wärmen und Arbeiten erhält man: a)

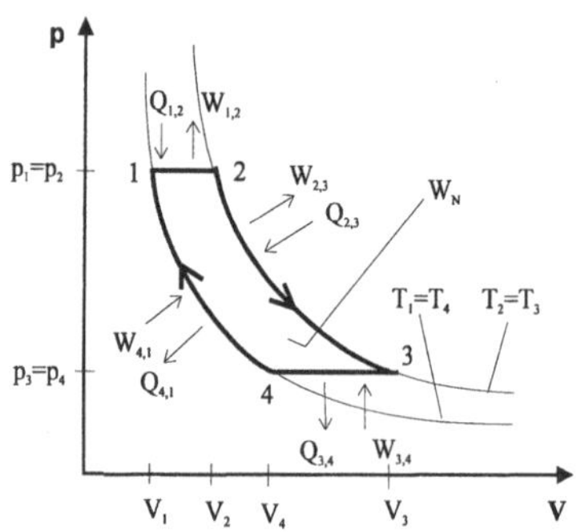

Isobare Expansion von 1 nach 2:
$$Q_{1,2} = m\cdot c_p \cdot (T_2 - T_1)$$
$$= 0{,}02\,\text{kg}\cdot 14{,}4\,\text{kJ}/(\text{kg}\cdot\text{K})\cdot 200\,\text{K}$$
$$Q_{1,2} = 57{,}6\,\text{kJ};$$
$$W_{1,2} = -m\cdot R_S \cdot (T_2 - T_1)$$
$$W_{1,2} = -0{,}02\,\text{kg}\cdot 4{,}1\,\text{kJ}/(\text{kg}\cdot\text{K})\cdot 200\,\text{K} = -16{,}4\,\text{kJ}.$$

Isotherme Expansion von 2 nach 3:
$$Q_{2,3} = -W_{2,3} = m\cdot R_S \cdot T_2 \ln(p_2 / p_1) \quad \Rightarrow$$
$$Q_{2,3} = 0{,}02\,\text{kg}\cdot 4{,}1\,\frac{\text{kJ}}{\text{kg}\cdot\text{K}} 500\,\text{K}\cdot \ln\frac{10^4\,\text{Pa}}{10^3\,\text{Pa}} = 94{,}4\,\text{kJ}\;;$$
$$W_{2,3} = -94{,}4\,\text{kJ}.$$

Isobare Kompression von 3 nach 4:
$$Q_{3,4} = m\cdot c_p (T_4 - T_3) = -57{,}4\,\text{kJ}\,, \quad W_{3,4} = -m\cdot R_S (T_4 - T_3) \Rightarrow W_{3,4} = 16{,}4\,\text{kJ}.$$

Isotherme Kompression von 4 nach 1: $Q_{4,1} = -W_{4,1} = m\cdot R_S \cdot T_1 \ln(p_4 / p_1) = -56{,}6\,\text{kJ}$,

Nutzarbeit: $W_N = W_{1,2} + W_{2,3} + W_{3,4} + W_{4,1} = (-16{,}4 - 94{,}4 + 16{,}4 + 56{,}6)\,\text{kJ} = -37{,}8\,\text{kJ}$.

Allgemein gilt: **negatives** Vorzeichen $\Rightarrow$ Wärme/Arbeit wird dem System entzogen und **positives** Vorzeichen $\Rightarrow$ Wärme/Arbeit wird dem System zugeführt.

d) Für den thermischen Wirkungsgrad gilt: $\eta_{TH} = \dfrac{|\sum W|}{Q_{ZU}} = \dfrac{|W_N|}{Q_{1,2} + Q_{2,3}} = \dfrac{37{,}8\,\text{kJ}}{152\,\text{kJ}} = 0{,}249$ und

für den Wirkungsgrad nach Carnot gilt: $\eta_{TH,C} = \dfrac{T_2 - T_1}{T_2} = \dfrac{(500 - 300)\,\text{K}}{500\,\text{K}} = 0{,}40\,; \Rightarrow$

$\eta_{TH,C} > \eta_{TH}$, d.h. der Wirkungsgrad für den Carnot-Prozeß ist stets größer als für beliebig andere Kreisprozesse.

Arbeitskraftmaschinen

Aufgabe 45:

Einer nach dem Carnot-Prozeß arbeitende Maschine wird bei tiefer Temperatur T_1 eine Wärmemenge Q_{ZU} zugeführt und bei der hohen Temperatur T_2 wird die Wärme Q_{AB} abgeführt.

a) Zu welchen Zweck kann die Maschine eingesetzt werden?

b) Der Prozeß ist in einem p-V-Diagramm darzustellen mit Eintragung der Zustandsgrößen p, V, T und Eintragung des Umlaufsinns des Prozesses.

c) Es ist die Arbeit für einen Zyklus zu berechnen, und wie wird sie im p-V-Diagramm veranschaulicht?

d) Durch welche Beziehungen werden die Nutzeffekte der Maschine beschrieben? Sie sind zu berechnen.

e) Wie groß die Temperatur T_1 des Gases?

Gegeben:

$$T_1 = 283,2\,\text{K} \Rightarrow \vartheta_1 = 10,0\,^\circ\text{C}, \quad |Q_{ZU}| = 837\,\text{kJ}, \quad |Q_{AB}| = 921\,\text{kJ}, \quad V_1 = 0,25\,\text{m}^3, \quad V_4 = 0,15\,\text{m}^3.$$

Lösung:

a) Die Maschine kann eingesetzt werden als:

– Kältemaschine und

– Wärmepumpe.

c) Für die Arbeit eines Carnot-Prozesses gilt:

$W = |Q_{AB}| - |Q_{ZU}| = 921\,\text{J} - 837\,\text{J} = 84\,\text{J}$; diese Arbeit ist

positiv, d.h. sie wird dem System zugeführt: $W_{ZU} = 84\,\text{J}$.

d) Sie werden durch die Leistungsziffern oder Leistungsgrade ε beschrieben. Es gilt für die Kältemaschine:

$$\varepsilon_K = \frac{Q_{ZU}}{W} = \frac{837\,\text{J}}{84\,\text{J}} = 10,0 \,. \text{ Für die Wärmepumpe gilt:}$$

$$\varepsilon_W = \frac{Q_{AB}}{W} = \frac{921\,\text{J}}{84\,\text{J}} = 11,0 \,.$$

e) Die Leistungsgrade können beim Carnot-Prozeß durch die

Temperaturen ausgedrückt werden: $\varepsilon_W = \dfrac{T_2}{T_2 - T_1}$; nach T_2

auflösen:

$$T_2 = \frac{\varepsilon_W \cdot T_1}{\varepsilon_W - 1}\,;$$

$$\Rightarrow \quad T_2 = \frac{11 \cdot 283,2\,\text{K}}{11 - 1} = 311,5\,\text{K} \Rightarrow \vartheta_2 = 38,3\,^\circ\text{C}\,.$$

b)

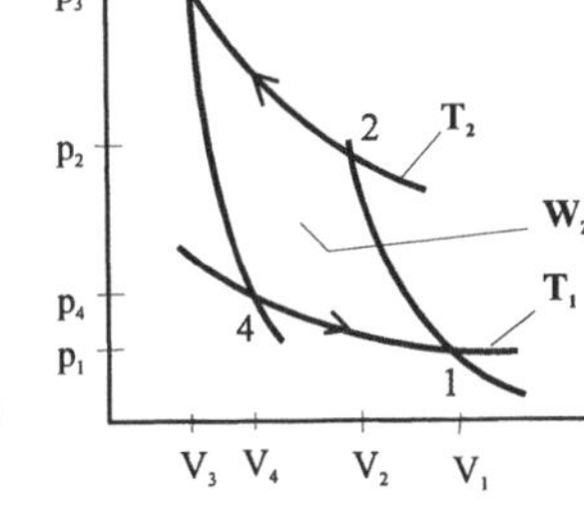

Aufgabe 46:

In einer mit Wasserstoff betriebenen Gaskältemaschine läuft ein Stirlingprozeß mit den folgenden einzelnen Zustandsänderungen ab:

– Isochore Erwärmung vom Anfangszustand 1 ($p_1 = 9$ bar, $V_1 = 0,28$ dm^3, $T_1 = 77$ K) zum Zustand 2 ($T_2 = 300$ K);

– isotherme Kompression vom Zustand 2 ($V_2 = V_1$, T_2) zum Zustand 3 (V_3, p_3);

– isochore Abkühlung vom Zustand 3 zum Zustand 4 ($V_4 = V_3$, p_4, $T_4 = T_1$);

– isotherme Expansion vom Zustand 4 zurück zum Ausgangszustand 1.

a) Prinzipielle Darstellung des Kreisprozesses in einem p-V-Diagramm mit Eintragung der Zustandsgrößen p, V, T für die Zustände 1 bis 4, Umlaufsinn des Prozesses, Zu- und abgeführte Wärmemengen und Arbeiten.

b) Wie groß ist die Leistungsziffer ε_K unter der Voraussetzung, daß die interne Wärmeübertragung $-Q_{3,4} = Q_{1,2}$ ideal gelingt?

c) Welche Kälteleistung $\dot{Q}_{ZU}$ liefert die Maschine, wenn $n' = 1400$ min^{-1} Zyklen durchlaufen werden?

d) Wie groß ist die erforderliche Leistung P_M des Antriebsmotors?

Lösung:

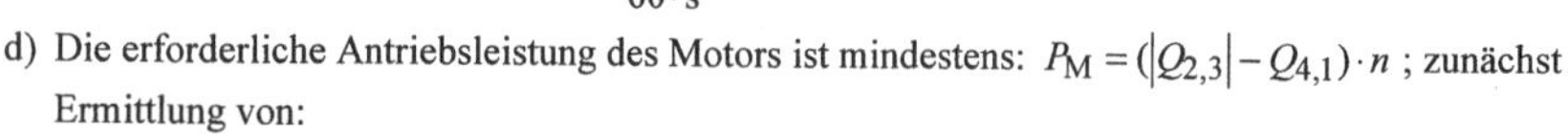

Gegeben: $p_1 = 9$ bar, $V_1 = 2{,}8$ dm^3, $T_1 = 77$ K, $T_2 = 300$ K, $V_3 = V_4 = 0{,}14$ dm^3; $n' = 1400$ min^{-1}.

b) Für den idealen Stirling-Prozeß erhält man für die Leistungsziffer einer Kältemaschine:

$$\varepsilon_K = \varepsilon_{K,Carnot} = \frac{T_1}{T_2 - T_1} = \frac{77\,\text{K}}{(300 - 77)\,\text{K}} = 0{,}345 \, .$$

c) Die dem System zugeführte Wärme (Kühlwärme) bei T_1 ist: $\quad Q_{4,1} = -W_{4,1} = -n \cdot R_m \cdot T_1 \ln(V_4/V_1)$ mit

$$n \cdot R_m = \frac{p_1 \cdot V_1}{T_1} \text{ folgt } Q_{4,1} = -p_1 \cdot V_1 \cdot \ln(V_4 / V_1) \, ;$$

$$Q_{4,1} = -9 \cdot 10^5 \, \frac{\text{N}}{\text{m}^2} \, 0{,}28 \cdot 10^{-3} \text{m}^3 \ln\frac{0{,}14}{0{,}28} = 175 \, \text{J} \, .$$

$$\dot{Q}_{4,1} = P_{\text{Kühl}} = Q_{4,1} \cdot n' = 175 \, \text{J} \cdot \frac{1400}{60 \cdot \text{s}} = 4{,}07 \cdot 10^3 \text{J} / \text{s} \approx 4{,}1 \, \text{kW} \, .$$

d) Die erforderliche Antriebsleistung des Motors ist mindestens: $P_M = (|Q_{2,3}| - Q_{4,1}) \cdot n$; zunächst Ermittlung von:

$$Q_{2,3} = n \cdot R_m \cdot T_2 \ln\frac{V_1}{V_3} = \frac{p_1 V_1}{T_1} T_2 \ln\frac{V_1}{V_3} = \frac{9 \cdot 10^5 \text{N} \cdot 0{,}28 \cdot 10^{-3} \text{m}^3 \, 300 \, \text{K}}{\text{m}^2 \cdot 77 \, \text{K}} \ln\frac{0{,}28}{0{,}14} \, ,$$

$$Q_{2,3} = 681 \, \text{J} \quad \Rightarrow \quad P_M = (681 - 175) \, \text{J} \cdot \frac{1400}{60 \, \text{s}} = 11{,}8 \, \text{kW} \, .$$

Aufgabe 47:

Ein Verdichter (Kompressor) für eine Lindemaschine nach dem Gegenstromverfahren zur Verflüssigung von Luft besitzt den folgenden Kreisprozeß:
– adiabate Kompression vom Zustand 1 (T_1, p_1, V_1) zum Zustand 2 (T_2, p_2, V_2),
– isobare Verdichtung vom Zustand 2 zum Zustand 3 ($T_3 = T_1$, V_3),
– isotherme Expansion vom Zustand 3 zum Ausgangszustand 1.

Gegeben sind: $\vartheta_1 = 20\,°C$, $\vartheta_2 = 150\,°C$, $p_1 = 1{,}0$ bar, $V_1 = 3{,}5$ dm^3.
Arbeitsgas ist Luft (ideales Gas).

a) Es ist dieser Kreisprozeß prinzipiell im p-V-Diagramm darzustellen (mit Umlaufsinn) und Eintragung der folgenden Größen: T, p, V, W, Q und Gesamtarbeit W_G.

b) Berechnung aller nichtgegebenen Zustandsgrößen p, V und der Stoffmenge n.

c) Berechnung aller Einzelarbeiten und -wärmemengen und der Gesamtarbeit W_G.

d) Welche Antriebsleistung muß der Antriebsmotor haben, wenn er eine Drehzahl von $n' = 750$ min^{-1} und einen mechanischen Wirkungsgrad von $\eta_{ME} = 80\,\%$ besitzt?

Lösung:

Gegeben: $T_1 = 293{,}2$ K, $T_2 = 423{,}2$ K, $p_1 = 1{,}0$ bar, $V_1 = 3{,}5$ dm^3, $\kappa = 1{,}40$, die Luft ist als zweiatomiges ideales Gas anzusehen.

b) $n = \dfrac{p_1 \cdot V_1}{R_m \cdot T_1} = \dfrac{10^5 \text{N} \cdot 3{,}5 \cdot 10^{-3}\,\text{m}^3 \cdot \text{mol} \cdot \text{K}}{\text{m}^2 \cdot 8{,}31\;\text{N m} \cdot 293{,}2\;\text{K}}$

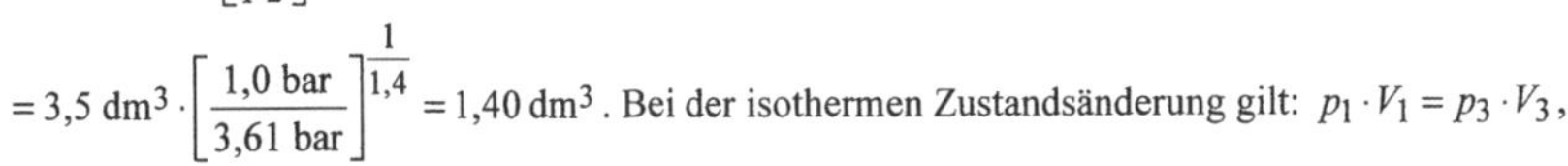

a)

$n = 0{,}144\;\text{mol}$.

Für die adiabatische Zustandsänderung gilt:

$$p_2 = p_1 \cdot \left[\dfrac{T_1}{T_2}\right]^{\frac{\kappa}{1-\kappa}} = 1{,}0\;\text{bar} \cdot \left[\dfrac{293{,}2\;\text{K}}{423{,}2\;\text{K}}\right]^{\frac{1{,}40}{1-1{,}40}}$$

$p_2 = 3{,}61\;\text{bar} = p_3$; mit $p_1 \cdot V_1^{\kappa} = p_2 \cdot V_2^{\kappa}$ folgt:

$$V_2 = V_1 \cdot \left[\dfrac{p_1}{p_2}\right]^{\frac{1}{\kappa}}$$

$= 3{,}5\;\text{dm}^3 \cdot \left[\dfrac{1{,}0\;\text{bar}}{3{,}61\;\text{bar}}\right]^{\frac{1}{1{,}4}} = 1{,}40\;\text{dm}^3$. Bei der isothermen Zustandsänderung gilt: $p_1 \cdot V_1 = p_3 \cdot V_3$,

nach V_3 auflösen ergibt:

$$V_3 = V_1 \cdot \dfrac{p_1}{p_3} = 3{,}5\;\text{dm}^3 \cdot \dfrac{1{,}0\;\text{bar}}{3{,}61\;\text{bar}} = 0{,}970\;\text{dm}^3 \ .$$

c) <u>Für die Arbeiten gilt:</u>

adiabat: $W_{1,2} = n \cdot C_{mV} \cdot (T_2 - T_1) = 0{,}144\;\text{mol} \cdot 20{,}8\,\dfrac{\text{J}}{\text{mol} \cdot \text{K}} \cdot (423{,}2\;\text{K} - 293{,}2\;\text{K}) = 388\;\text{J}$;

isobar: $W_{2,3} = p_2 \cdot (V_2 - V_3) = 3{,}61 \cdot 10^5\,\dfrac{\text{N}}{\text{m}^2} \cdot (1{,}40 - 0{,}970) \cdot 10^{-3}\,\text{m}^3 = 155\;\text{J}$;

isotherm: $W_{3,1} = n \cdot R_m \cdot T_1 \cdot \ln\dfrac{V_3}{V_1} = 0{,}144\;\text{mol} \cdot 8{,}31\,\dfrac{\text{J}}{\text{mol} \cdot \text{K}} \cdot 293.2\;\text{K} \cdot \ln\dfrac{0{,}97\;\text{dm}^3}{3{,}5\;\text{dm}^3} = -449\;\text{J}$;

Die Gesamtarbeit erhält man zu: $W_G = W_{1,2} + W_{2,3} + W_{3,1} = (388 + 155 - 449)\;\text{J} = 94\;\text{J}$.

<u>Für die Wärmemengen gilt:</u>

adiabat: $Q_{1,2} = 0$;

isobar: $Q_{2,3} = n \cdot C_{m,p} \cdot (T_3 - T_2) = 0{,}144\;\text{mol} \cdot 29{,}1\;\text{J} / (\text{mol} \cdot \text{K}) \cdot (293{,}2 - 423{,}2)\;\text{K} = -543\;\text{J}$;

isotherm: $Q_{3,1} = -W_{3,1} = 449\;\text{J}$.

d) Die Nennleistung des Antriebsmotors erhält man zu: $P = \dfrac{W_G \cdot n'}{\eta_{ME}} = \dfrac{94\;\text{J} \cdot 750}{0{,}8 \cdot 60\;\text{s}} = 1{,}47\;\text{kW}$.

5.5 Wärmetransport

Wärmeleitung

Aufgabe 48:

Welche Wärmemenge geht bei reiner Wärmeleitung in 1 Stunde durch eine 30 cm dicke Ziegelsteinwand, wenn eine Temperaturdifferenz von 24 °C herrscht und die Wandfläche 12 m² groß ist? (Wärmeleitfähigkeit für Ziegelstein: $\lambda = 0{,}8$ J/(m·s·K))

Lösung:

Gegeben: $l = 30$ cm, $A = 12$ m², $\Delta\vartheta = 24$ °C.

Es gilt für die reine Wärmeleitung: $Q = \dfrac{\lambda \cdot A \cdot t \cdot \Delta\vartheta}{l} = \dfrac{0{,}8 \cdot \text{J} \cdot 12\;\text{m}^2 \cdot 3600\;\text{s} \cdot 24\;\text{K}}{\text{m} \cdot \text{s} \cdot \text{K} \cdot 0{,}3\;\text{m}} = 2{,}76 \cdot 10^3\;\text{kJ}$.

Aufgabe 49:

Wie dick müßte eine Styropor-(Hartschaumstoff-)Wand sein, um nicht mehr Wärmeenergie durchzulassen als die Ziegelwand der vorhergehenden Aufgabe? (Wärmeleitfähigkeit von Styropor: $\lambda = 0,035$ J/(m·s·K))

Lösung:

Gegeben: $Q = 2,76 \cdot 10^3$ kJ; $A = 12$ m^2; $\Delta\vartheta = 24$ °C;

$$l = \frac{\lambda \cdot A \cdot t \cdot \Delta\vartheta}{Q} = \frac{0,035\,\text{J} \cdot 12\,\text{m}^2 \cdot 3600\,\text{s} \cdot 24\,\text{K}}{\text{m} \cdot \text{s} \cdot \text{K} \cdot 2,76 \cdot 10^6\,\text{J}} = 0,013\,\text{m} = 1,3\,\text{cm, d.h. die Wand könnte}$$

etwa um den Faktor 1/20 geringer dick sein.

Aufgabe 50:

Wie groß ist die durchtretende Wärmemenge, wenn bezüglich der Aufgabe 48 eine zusätzliche Wandisolierung aus 2 cm dickem Styropor angebracht wird? (λ-Werte siehe Aufgaben 48, 49)

Lösung:

Gegeben: $A = 12$ m^2; $l_Z = 30$ cm; $l_{ST} = 1,3$ cm; $\Delta\vartheta = 24$ °C.

Der Wärmestrom $\dot{Q} = Q/t$ ist in jeder Schicht konstant, so daß geschrieben werden kann:

$$\dot{Q}\frac{l_Z}{\lambda_Z} = A \cdot \Delta\vartheta_Z \text{ und } \dot{Q}\frac{l_{ST}}{\lambda_{ST}} = A \cdot \Delta\vartheta_{ST} \text{ ; Addition beider Gleichungen ergibt:}$$

$$\dot{Q} \cdot \left(\frac{l_Z}{\lambda_Z} + \frac{l_{ST}}{\lambda_{ST}} \right) = A \cdot (\Delta\vartheta_Z + \Delta\vartheta_{ST}); \text{ die rechte Seite ist gleich: } A \cdot \Delta\vartheta, \text{ so daß nach}$$

Umstellung geschrieben werden kann:

$$Q = \frac{A \cdot t \cdot \Delta\vartheta}{(l_Z/\lambda_Z + l_{ST}/\lambda_{ST})} = \frac{12\,\text{m}^2 \cdot 3600\,\text{s} \cdot 24\,\text{K} \cdot \text{J}}{(0,3/0,8 + 0,02/0,035)\,\text{m}^2 \cdot \text{s} \cdot \text{K}} = 1,1 \cdot 10^3\,\text{kJ} .$$

Durch diese Isoliermaßnahme kann der Wärmestrom halbiert werden (s. Aufgabe 48).

Wärmeübergang

Aufgabe 51:

Ein Warmwasserspeicher hat die Oberfläche $A = 1,2$ m^2. Seine Wand besteht aus Eisenblech der Dicke $l_1 = 3,0$ mm, Glaswolle der Dicke $l_2 = 50$ mm und wieder Eisenblech der Dicke $l_3 = 1,0$ mm. Der Speicher enthält Wasser der Temperatur $\vartheta_I = 95$ °C. Die Außentemperatur beträgt $\vartheta_A = 15$ °C.

a) Es ist der prinzipielle Temperaturverlauf in der Speicherwand von innen nach außen zu skizzieren.

b) Wie groß ist der Wärmedurchgangskoeffizient bzw. die -zahl K?

c) Welche Wärmemenge Q_1 muß der Heizkörper im Speicher in der Stunde an das Wasser abgeben, damit die Temperatur konstant bleibt? Wie groß ist die Heizleistung P_1?

d) Welche Temperatur ϑ_W mißt man an der Außenwand des Speichers?

Gegeben sind: Wärmeleitfähigkeit des Eisens und der Glaswolle: $\lambda_1 = 58$ W/(m·K), $\lambda_2 = 0,048$ W/(m·K), Wärmeübergangskoeffizienten der Systeme: Wasser-Eisen $\alpha_I = 6$ kW/(m^2·K), Glaswolle-Eisen $\alpha_M = 150$ W/(m^2·K), Eisen-Luft $\alpha_A = 30$ W/(m^2·K).

Lösung:

b) Es gilt für den Kehrwert der Wärmedurchgangszahl (gleich Wärmedämmwert):   a)

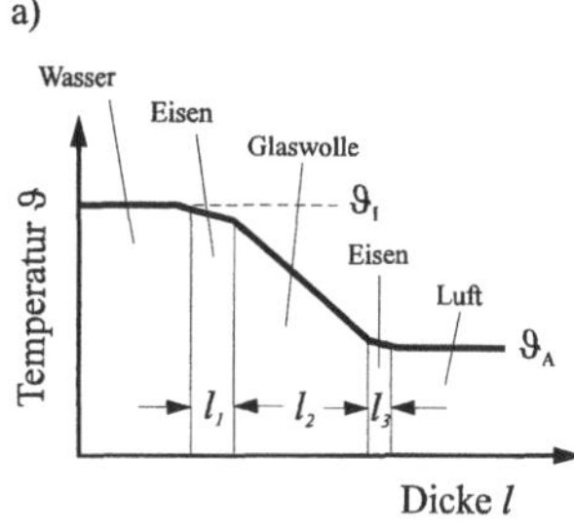

$$\frac{1}{K} = \frac{1}{\alpha_I} + \frac{l_1}{\lambda_1} + \frac{1}{\alpha_M} + \frac{l_2}{\lambda_2} + \frac{1}{\alpha_M} + \frac{l_3}{\lambda_3} + \frac{1}{\alpha_A} \; ; \Rightarrow$$

$$\frac{1}{K} = \left(\frac{10^{-3}}{6} + \frac{3 \cdot 10^{-3}}{58} + \frac{1}{150} + \frac{10^{-3} \cdot 50}{0{,}048} + \frac{1}{150} + \right.$$

$$\left. + \frac{10^{-3}}{58} + \frac{1}{30} \right) \frac{m^2 \cdot K}{W} = 1{,}089 \, \frac{m^2 K}{W}$$

$$\Rightarrow K = 1{,}12 \, \frac{W}{m^2 K}.$$

c) Für die Wärmemenge Q gilt (t: Zeit):

$$Q = k \cdot A \cdot t \cdot \Delta \vartheta = 1{,}12 \frac{J}{s \cdot m^2 \cdot K} 1{,}2 \, m^2 \cdot 3{,}6 \cdot 10^3 \, s \cdot 80 \, K = 3{,}88 \cdot 10^5 J = 388 \, kJ.$$

Die Heizleistung P beträgt:

$$P = Q/t = 388 \, kJ / 3600 \, s = 108 \, W.$$

d) Der Wärmestrom $Q/t = \dot{Q}$ ist in jeder Schicht konstant, deshalb gilt für die Grenzschicht der Außenwand:

$$\dot{Q} = \alpha_A \cdot A \cdot \Delta \vartheta_{W,A} \quad \text{mit } \Delta \vartheta_{W,A} \text{ gleich Temperaturdifferenz zwischen Wand und Außenluft}$$

(Außentemperatur ϑ_A); umstellen nach $\Delta \vartheta_{W,A}$ und Werte einsetzen ergibt:

$$\Delta \vartheta_{W,A} = \frac{388 \cdot 10^3 J \cdot K \cdot s \cdot m^2}{3{,}6 \cdot 10^3 s \cdot 30 \, J \cdot 1{,}2 \, m^2} = 2{,}99 \, K \approx 3{,}0 \, K;$$

für die Außenwandtemperatur ϑ_W erhält man schließlich:

$$\vartheta_W = \vartheta_A + \Delta \vartheta_{W,A} = 15 \, °C + 3 \, °C = 18 \, °C.$$

Wärmestrahlung

Aufgabe 52:

Welchen Strahlungsfluß (-leistung) P strahlt die Wolframwendel (strahlende Oberfläche $A = 300 \, mm^2$) einer Glühlampe bei $T_1 = 2500 \, K$ und einer Raumtemperatur von $\vartheta_2 = 20 \, °C$ ab? (effektiver Emissionsgrad $\varepsilon' = 0{,}30$; Strahlungskonstante $\sigma = 5{,}67 \cdot 10^{-8} \, W/(m^2 \cdot K^4)$)

Lösung:

Es gilt das Stefan-Boltzmannsche Strahlungsgesetz (mit $T_2 = (273+20) \, K = 293 \, K$):

$$P = \sigma \cdot \varepsilon' \cdot A \, (T_1^4 - T_2^4) = 5{,}67 \cdot 10^{-8} \frac{W}{m^2 \cdot K^4} 0{,}30 \cdot 3{,}0 \cdot 10^{-4} m^2 \, (2500^4 - 293^4) \, K^4 \quad \Rightarrow$$

$$P = 199 \, W.$$

Aufgabe 53:

Welche Temperatur T_1 erreicht der nicht gewendelte Heizdraht mit den Abmessungen Länge $l = 15 \, m$ und Durchmesser $d = 2{,}5 \, mm$ eines elektrischen Heizgerätes von $P = 300 \, W$ Leistung bei einer Außentemperatur $\vartheta_2 = 20 \, °C$? (effektiver Emissionsgrad $\varepsilon' = 0{,}50$; Strahlungskonstante $\sigma = 5{,}67 \cdot 10^{-8} \, W/(m^2 \cdot K^4)$)

Lösung:

Es gilt das Stefan-Boltzmannsche Strahlungsgesetz: $P = \sigma \cdot \varepsilon^{\iota} \cdot A \cdot \left(T_1^4 - T_2^4 \right)$, nach T_1 auflösen
ergibt:

$$T_1 = \left[\frac{P}{\sigma \cdot \varepsilon' \cdot A} + T_2^4 \right]^{1/4} \; ; \; \text{mit } A = d \cdot \pi \cdot l = 2{,}5 \cdot 10^{-3} \text{ m} \cdot \pi \cdot 15 \text{ m} = 0{,}118 \text{ m}^2 \text{ folgt:}$$

$$T_1 = \left[\frac{300 \text{ W} \cdot \text{m}^2 \cdot \text{K}^4}{5{,}67 \cdot 10^{-8} \text{ W} \cdot 0{,}50 \cdot 0{,}118 \text{ m}^2} + 293^4 \text{ K}^4 \right]^{1/4} = 558 \text{ K} \,.\; \text{Die Heizdrahttemperatur beträgt}$$

$\vartheta_1 = 285 \text{ °C}$.

Aufgabe 54:

Es ist die Wellenlänge des Maximums der spektralen Strahldichte der Sonnenstrahlung mit
Hilfe des Wienschen Verschiebungsgesetzes zu errechnen. Die Temperatur der Sonnen-
oberfläche beträgt $T = 5800$ K. (Planck-Konstante: $h = 6{,}63 \cdot 10^{-34}$ J$\cdot$s, Lichtgeschwindigkeit: $c_0 = 3{,}00 \cdot 10^8$ m/s, Boltzmann-Konstante: $k = 1{,}38 \cdot 10^{-23}$ J/K)

Lösung:

Das Wiensche Verschiebungsgesetz lautet: $\lambda_{max} \cdot T = b$; mit b als Wien-Konstante:
$b = h \cdot c_0/(4{,}97 \cdot k)$; nach der maximalen Wellenlänge auflösen, folgt:

$$\lambda_{max} = \frac{h \cdot c_0}{4{,}97 \cdot k \cdot T} = \frac{6{,}63 \cdot 10^{-34} \text{J} \cdot \text{s} \cdot 3{,}0 \cdot 10^8 \text{ m} \cdot \text{K}}{4{,}97 \cdot 1{,}38 \cdot 10^{-23} \text{J} \cdot \text{s} \cdot 5800 \text{ K}} = 5{,}0 \cdot 10^{-7} \text{ m} = 500 \text{ nm}\,.\; \text{Bemerkenswert}$$

ist, daß das Maximum der Hellempfindlichkeit des menschlichen Auges ebenfalls in diesem
Wellenlängenbereich liegt, nämlich $\lambda_{max,Mensch} = 555$ nm.

6 Schwingungen und Wellen

6.0 Formelsammlung

Zu 6.1 Schwingungen

Freie ungedämpfte Schwingungen

Frequenz f:

$$f = 1/T \qquad \text{f: Frequenz, T: Schwingungsdauer}$$

Weg-Zeit-Gesetz einer harmonischen Schwingung:

$$u = \hat{u}\sin(2\pi ft + \varphi_0) \quad \text{oder} \quad u = \hat{u}\cos(2\pi ft + \varphi_0)$$

u: Auslenkung, $\hat{u}$: Amplitude, f: Frequenz, t: Zeit, φ_0: Anfangsphase (oft $\varphi_0 = 0$)

Phase φ:

$$\varphi = 2\pi ft + \varphi_0$$

φ: Phase, f: Frequenz, t: Zeit, φ_0: Anfangsphase (oft $\varphi_0 = 0$)

Geschwindigkeit-Zeit-Gesetz einer harmonischen Schwingung:

$$v = du/dt \qquad \text{v: Geschwindigkeit, u: Auslenkung, t: Zeit}$$

$$v = 2\pi f\hat{u}\cos(2\pi ft) \qquad \text{$\hat{u}$: Amplitude, f: Frequenz}$$

Beschleunigungs-Zeit-Gesetz einer harmonischen Schwingung:

$$a = dv/dt \qquad \text{a: Beschleunigung, v: Geschwindigkeit, t: Zeit}$$

$$a = -4\pi^2 f^2 \hat{u}\sin(2\pi ft) \qquad \text{$\hat{u}$: Amplitude, f: Frequenz}$$

Federschwingung:

$$F = mg = -cy \qquad \text{F: Kraft, m: Masse, $g = 9{,}81\ \text{m}/\text{s}^2$, c: Federkonstante}$$

$$f = \frac{1}{2\pi}\sqrt{c/m} \qquad T = 2\pi\sqrt{m/c} \quad \text{f: Frequenz, T: Schwingungsdauer}$$

Schwingung eines idealen (mathematischen) Pendels:

$$T = 2\pi\sqrt{l/g} \qquad \text{T: Schwingungsdauer, l: Pendellänge, $g = 9{,}81\ \text{m}/\text{s}^2$}$$

$$f = \frac{1}{2\pi}\sqrt{g/l} \qquad \text{f: Frequenz}$$

Pendelschwingung eines physikalischen Pendels:

$$T = 2\pi\sqrt{J/mgl}$$
$$f = \frac{1}{2\pi}\sqrt{mgl/J}$$

T: Schwingungsdauer, m: Masse, l: Abstand Schwerpunkt-Drehachse, $g = 9{,}81\ \text{m}/\text{s}^2$, J: Massenträgheitsmoment, f: Frequenz

Drehschwingung:

$$T = 2\pi\sqrt{J/D}$$
$$f = \frac{1}{2\pi}\sqrt{D/J}$$

T: Schwingungsdauer, J: Massenträgheitsmoment, D: Richtmoment, f: Frequenz

Massenträgheitsmoment J:

$$J = mr^2 \qquad \text{\textit{Massenpunkt}: m: Masse, r: Abstand von der Drehachse}$$

$$J = ml^2/12 \qquad \text{\textit{dünner Stab, Drehachse d. Schwerpkt.}: m: Masse, l: Stablänge}$$

$$J = mr^2/2 \qquad \text{\textit{Vollzylinder, Drehachse = Symmetrieachse}: m: Masse, r: Radius}$$

$$J = J_s + mr_s \qquad \text{\textit{S. v. Steiner}: J_s: Trägheitsm. f. Schwerp., r_s: Drehach.-Schwerpkt.}$$

Freie gedämpfte Schwingungen

Abklingskonstante δ und logarithmisches Dekrement Λ:

$$y_{n+1} / y_n = e^{-\delta T} \qquad \delta = \beta / (2m)$$

$$\Lambda = \delta T$$

y_n, y_{n+1}: n-te und n+1-te Auslenkung, T: Periodendauer, β: Reibungskoeffizient, m: Masse

Frequenz f der freien gedämpften Schwingung:

$$f = \sqrt{f_0^2 - \delta^2 / 4\pi^2}$$

f_0: Frequenz der ungedämpften Schwingung

Weg-Zeit-Gesetz der freien gedämpften Schwingung:

$$y = \hat{y}e^{-\delta t} \sin(\omega t + \varphi_0) \qquad \omega = 2\pi f$$

y: Auslenkung, $\hat{y}$: Amplitude, φ_0: Anfangsphase
t: Zeit, ω: Kreisfrequenz, f: Frequenz

Erzwungene Schwingungen

Resonanzfrequenz:

$$\omega_{\mathrm{res}} = \sqrt{\omega_0^2 - 2\delta^2}$$

ω_{res}: Resonanzkreisfrequenz, δ: Abklingkonstante, ω_0: Kreisfrequenz der freien Schwingung

Verhältnis der Amplituden:

$$\hat{y} / \hat{x} = \omega_0^2 / \sqrt{(\omega_0^2 - \omega^2)^2 - (2\delta^2)^2}$$

$\hat{x}$, $\hat{y}$: Amplitude der Anregung und Schwingung

Überlagerung von Schwingungen

Gleiche Frequenz:

$$y_1 = \hat{y}_1(\sin \omega t + \varphi_1) \quad \text{und} \quad y_2 = \hat{y}_2(\sin \omega t + \varphi_2). \quad \text{Die Überlagerung ergibt } \hat{y} = y_1 + y_2:$$

$$\hat{y} = \sqrt{\hat{y}_1^2 + 2\hat{y}_1\hat{y}_2 \cos(\varphi_1 - \varphi_2) + \hat{y}_2^2}$$

Schwebungsfrequenz:

$$f_{\mathrm{s}} = (f_2 - f_1) / 2$$

Zu 6.2 Wellen

Wellengleichung

Ausbreitungsgeschwindigkeit c:

$$c = \lambda f = \lambda / T \qquad f = 1 / T$$

λ: Wellenlänge, T: Periodendauer, f: Frequenz

Gleichung einer Welle:

$$u = \hat{u}\sin(2\pi f t - 2\pi x / \lambda)$$

u: Auslenkung, $\hat{u}$: Amplitude, x: Ortskoordinate in Richtung der Ausbreitung

Phasendifferenz $\Delta\varphi$:

$$\Delta\varphi = 2\pi \Delta x / \lambda$$

Δx: Wegdifferenz (in Ausbreitungsrichtung)

Dopplereffekt:
Bewegter Empfänger

$$f_{\mathrm{E}} = f(1 \pm v / c)$$

Bewegte Quelle

$$f_{\mathrm{E}}' = f / (1 \mp v / c)$$

f_{E}, f: Frequenz am Empfänger und Quelle, v: Geschwindigk. des Empf., c: Wellengeschw.

f_{E}', f: Frequenz am Empfänger und Quelle, v: Geschwindigk. der Quelle, c: Wellengeschw.

Machscher Kegel:

$$\sin \alpha = c / v$$

α: (halber) Öffnungswinkel, v: Geschwindigkeit

6.1 Schwingungen

Freie ungedämpfte Schwingungen

Aufgabe 1:
a) Wie groß ist die Auslenkung einer Sinusschwingung mit einer Amplitude von 10 cm und einer Frequenz von 8 Hz zu folgenden Zeiten nach dem Nulldurchgang: 0,01 s; 0,02 s; 0,03 s;.... 0,10 s? Skizzieren Sie den Verlauf der Schwingung.

b) Wie groß ist die Geschwindigkeit nach 0,1 s, 0,2 s und 0,3 s?

Lösung:
a) Die Schwingung wird durch folgende Gleichung beschrieben:

$$u = \hat{u}\sin(2\pi f t) \quad \text{mit} \quad \hat{u} = 10\,\text{cm}, \quad f = 8\,\text{s}^{-1} \quad \text{und} \quad t = 0,01\,\text{s}, \; ...0,10\,\text{s}.$$

Man erhält folgende Werte für u in cm:

4,81; 8,44; 9,98; 9,05; 5,88; 1,25; –3,68; –7,71; –9,82; –9,51   (im Bogenmaß rechnen!).

b) Die Geschwindigkeit erhält man durch Ableitung:

$$v = \frac{du}{dt} = 2\pi f \hat{u}\cos(2\pi f t)$$

mit folgenden Werten in cm/s: 155,3; –406,7 und –406,7.

Aufgabe 2:
Eine Masse bewegt sich in Form einer Sinusschwingung durch einen Punkt mit der Elongation von 5 cm. Nach 0,9 s durchläuft die Masse den gleichen Punkt auf dem Rückweg und nach weiteren 3,6 s wieder in Richtung wie beim ersten Durchgang.

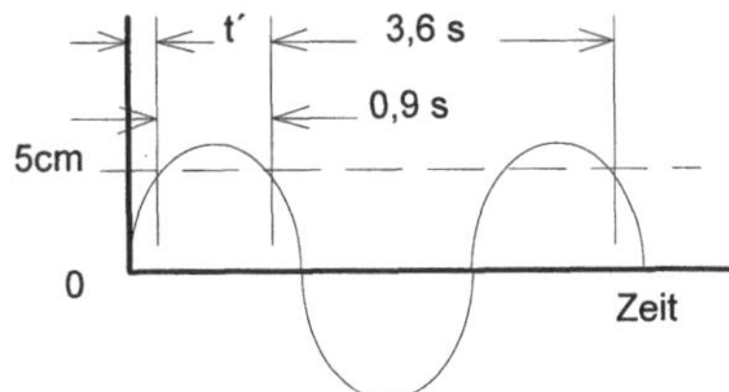

a) Wie groß ist die Frequenz und
b) die Amplitude der Schwingung?

Lösung:
a) Die Schwingungsdauer beträgt $T = (0,9 + 3,6)\text{s}$ und die Frequenz $f = 1/T = 0,222\,\text{Hz}$.

b) Die Gleichung der Sinusschwingung lautet:

$$u = \hat{u}\sin(2\pi f t).$$

Aus dem Bild findet man $t' = T/4 - (0,9/2)s = 0,675\,\text{s}$, und man erhält man für die Phase

$$\varphi = 2\pi f t' = 0,94\,(\text{rad}).$$

Mit $u = 5$ cm berechnet man für die Amplitude:

$$\hat{u} = \frac{u}{\sin 0,94} = 6,2\,\text{cm}.$$

Aufgabe 3:
Eine schwingende Masse geht durch die Nullage und hat nach 0,25 s eine Auslenkung von 5 cm erreicht. Die Amplitude beträgt 8 cm. Berechnen Sie die Periodendauer und Frequenz der Sinusschwingung.

Lösung:
Die Auslenkung u der Sinusschwingung wird durch folgende Gleichung beschrieben:

$$u = \hat{u}\sin(2\pi f t), \text{ wobei } \hat{u} = 8\,\text{cm}; \; u = 5 \text{ cm und } t = 0,25 \text{ s eingesetzt wird.}$$

Man erhält (im Bogenmaß rechnen!):

$$2\pi f t = \arcsin(u/\hat{u}) = 0,675. \text{ Es folgt: } f = 0,675/(2\pi t) = 0,43\,\text{s}^{-1} \text{ und } T = 1/f = 2,33\,\text{s}.$$

Aufgabe 4:

An eine Schraubenfeder wird eine Masse von $m = 500$ g gehängt. Sie dehnt sich um 5 cm.

a) Berechnen Sie die Federkonstante c.

b) Wie groß sind Frequenz und Periodendauer der Schwingung?

Lösung:

a) Für die Ausdehnung einer Feder gilt:

$$F = mg = -cy \text{ oder } c = -mg / y,$$

wobei $m = 0,5$ kg, $y = -0,05$ m und $g = 9,81$ m/s^2 betragen.

Man erhält:

$$c = 98,1 \text{ kg/s}^2 = 98,1 \text{ N/m}.$$

b) Die Frequenz errechnet man zu:

$$f = \frac{1}{2\pi} \sqrt{c/m} = 2,23 \text{ s}^{-1} = 2,23 \text{ Hz}.$$

Die Schwingungsdauer beträgt $T = 1/f = 0,449$ s.

Aufgabe 5:

Eine Feder mit einer daran befestigten Masse von 1 kg schwingt mit 3 Hz. Wie stark dehnt sich die Feder bei einer Belastung mit 3 kg und wie groß ist dann die Frequenz?

Lösung:

Die Frequenz einer (massenlosen) Schraubenfeder ist gegeben durch:

$$f = \frac{1}{2\pi} \sqrt{c/m} \ .$$

Mit $m = 1$ kg und $f = 3$ s^{-1} berechnet man die Federkonstante:

$$c = (2\pi)^2 f^2 m = 355 \text{ N/m}.$$

Bei einer Last von $m' = 3$ kg dehnt sich die Feder um

$$|y| = m'g / c = 0,083 \text{ m} \quad \text{und schwingt mit} \quad f' = \frac{1}{2\pi} \sqrt{c/m'} = 1,73 \text{ Hz}.$$

Aufgabe 6:

Eine Masse m an einer Schraubenfeder schwingt mit der Frequenz f_1. Wie groß ist die Frequenz f_2 bei Verdopplung der Masse?

Lösung:

Die Frequenz ist gegeben durch: $f = \dfrac{1}{2\pi} \sqrt{c/m}$. Daraus folgt mit $m_1 = m_2/2$: $\ f_2 = f_1/\sqrt{2}$.

Aufgabe 7:

Eine Masse von 200 g wird an eine Schraubenfeder gehängt, die sich um 7 cm verlängert.

a) Berechnen Sie die Federkonstante und die Schwingungsdauer bei Vernachlässigung der Masse der Feder.

b) Es wird eine Schwingungsdauer von $T_e = 0,547$ s gemessen. Wie groß ist der Anteil der Federmasse von $m_f = 25$ g, die bei der Schwingung zu berücksichtigen ist?

c) Berechnen Sie die maximale Geschwindigkeit der schwingenden Masse, bei einer Amplitude von 2 cm und $T_e = 0,547$ s.

Lösung:

a) Für die Feder gilt:

$$F = mg = -cy \text{ mit } m = 0,2 \text{ kg und } y = -0,07 \text{ m}. \text{ Daraus folgt } c = -mg/y = 28,0 \text{ N/m}.$$

Die Schwingungsdauer berechnet sich zu:

$$T = 2\pi \sqrt{m/c} = 0,531 \text{ s}.$$

b) Aus der experimentellen Schwingungsdauer T_e wird die schwingende Masse berechnet:

$$m_g = \frac{T_e^2 c}{(2\pi)^2} = 212,2 \text{ g}.$$

Von dieser Masse zieht man 200 g ab und erhält den Anteil der Federmasse:

$$m_f' = 12,2 \text{ g} = 0,49 \, m_f.$$

c) Die Auslenkung der Schwingung ist gegeben durch:

$$u = \hat{u}\sin(2\pi ft)\,.$$

Durch Differenzieren dieser Gleichung erhält man die Geschwindigkeit

$$v = \frac{du}{dt} = 2\pi f\hat{u}\cos(2\pi ft) \quad (\hat{u} = 0{,}02 \text{ m},\ f = 1/T_e) \quad \text{mit dem Maximalwert von}$$

$$2\pi f\hat{u} = 2\pi \hat{u}/T_e = 0{,}23 \text{ m/s}\,.$$

Aufgabe 8:

Ein Kfz ($m = 600$ kg) senkt sich beim Zusteigen von 2 Personen ($m' = 180$ kg) in den Radfedern um 4 cm.

a) Mit welcher Periodendauer schwingen die Räder (ohne Stoßdämpfer) beim Fahren über eine Kante auf der Straße?

b) Wie groß ist die Periodendauer, wenn 4 Personen ($2m'$) im Wagen sitzen?

c) Wie groß ist die Federkonstante (in N/m) für ein Rad?

Lösung:

a) Bei der Auslenkung von $y = -4$ cm und der Kraft $F'' = m'g$ errechnet man die Federkonstante:

$$c = -m'g/y = 180 \cdot 9{,}81/0{,}04 \text{ N/m} = 4{,}41 \cdot 10^4 \text{ N/m} \quad \text{(System aus 4 Rädern)}.$$

Die Schwingungsfrequenz beträgt:

$$f = \frac{1}{2\pi}\sqrt{c/m_g} \quad \text{mit } m_g = m + m' = 780 \text{ kg}\,. \text{ Man erhält:}$$

$$f = 1{,}2 \text{ Hz und } T = 1/f = 0{,}83 \text{ s}\,.$$

b) Die Frequenz bei 4 Personen beträgt:

$$f' = \frac{1}{2\pi}\sqrt{c/m_g'} \quad \text{mit } m_g' = m + 2m' = 960 \text{ kg}\,. \text{ Das Ergebnis lautet:}$$

$$f' = 1{,}08 \text{ Hz und } T' = 1/f' = 0{,}93 \text{ s}\,.$$

c) Auf jedes Rad wirkt nur ein Viertel der Kraft: $c_1 = -F'/(4y) = c/4 = 1{,}10 \cdot 10^4 \text{ N/m}$.

Aufgabe 9:

Der Sitz eines Traktors senkt sich um 10 cm, wenn sich ein Fahrer mit der Masse $m = 75$ kg darauf setzt. Das System schwingt dann mit $f = 1{,}5$ Hz.

a) Berechnen Sie die Masse m' des Sitzes.

b) Wie groß ist die Schwingungsdauer, wenn eine Person mit $m'' = 120$ kg Platz nimmt?

Lösung:

a) Für die Federkonstante gilt:

$$c = -F/y\,. \text{ Mit } F = mg = 735{,}8 \text{ N und } y = -0{,}1 \text{ m folgt: } c = 7358 \text{ N/m}.$$

Die Masse m' des Sitzes berechnet sich aus der Frequenz:

$$f = \frac{1}{2\pi}\sqrt{\frac{c}{m+m'}} \quad \text{und} \quad m' = \frac{c}{f^2 4\pi^2} - m = (83 - 75)\,\text{kg} = 8 \text{ kg}\,.$$

b) Für die Frequenz bei Belastung mit $m'' = 120$ kg gilt

$$f' = \frac{1}{2\pi}\sqrt{\frac{c}{m''+m'}} = 1{,}2 \text{ Hz und für die Schwingungsdauer } T' = 1/f' = 0{,}83 \text{ s}\,.$$

Aufgabe 10:

Eine Schraubenfeder mit einer befestigten Masse von 1 kg schwingt mit einer Frequenz von 2 Hz.

a) Wie groß ist die Federkonstante?

b) Um welchen Betrag wird die Feder durch eine Masse von 2 kg ausgelenkt?

Lösung:

a) Die Frequenz f ist durch die Federkonstante c gegeben ($m = 1$ kg, $f = 2$ s^{-1}):

$$f = \frac{1}{2\pi}\sqrt{c/m} \quad \text{oder} \quad c = mf^2 4\pi^2 = 158 \text{ kg/s}^2 = 158 \text{ N/m}\,.$$

b) Die Auslenkung y bei einer Belastung mit 2 kg berechnet sich aus:

$$F = -cy = 2 \cdot 9{,}81 \text{ N} = 19{,}6 \text{ N} \text{ mit } c = 158 \text{ N / m}.$$ Daraus ergibt sich eine Auslenkung von

$$|y| = F / c = 0{,}12 \text{ m}.$$

Aufgabe 11:

Ein Zylinder (Masse 400 g, Durchmesser 6 cm) wird in seiner Achse an einen Draht gehängt und zu Drehschwingen angeregt. Er führt 10 Schwingungen in 9,3 s aus.

a) Wie groß ist das Richtmoment D?

b) Der Zylinder wird durch einen Probekörper ausgetauscht, wobei die Frequenz $f_p = 0{,}8$ Hz beträgt. Berechnen Sie das Massenträgheitsmoment J_p.

Lösung:

a) Das Massenträgheitsmoment des Drahtes wird vernachlässigt. Die Frequenz der Drehschwingung ist gegeben durch:

$$f = \frac{1}{2\pi}\sqrt{D / J} \text{ mit } f = 10 / 9{,}3 \text{ s}^{-1} = 1{,}07 \text{ Hz}.$$

Das Massenträgheitsmoment des Zylinders berechnet sich zu:

$$J = mr^2/2 = 1{,}8 \cdot 10^{-4} \text{ kg m}^2. \text{ Es folgt das Richtmoment:}$$

$$D = f^2 4\pi^2 \cdot J = 8{,}14 \cdot 10^{-3} \text{ kg m}^2/\text{s}^2.$$

b) Das Massenträgheitsmoment des Probekörpers J_p berechnet sich aus:

$$f_p = \frac{1}{2\pi}\sqrt{D / J_p} \text{ oder } J_p = \frac{D}{f_p^2 \, 4\pi^2} = 3{,}22 \cdot 10^{-4} \text{ kg m}^2.$$

Aufgabe 12:

Ein Drehspiegel ist an zwei (massenlosen) Fäden befestigt und schwingt in 10 s 13mal (Masse = 2 g, Durchmesser = 8 mm).

a) Wie groß ist das Richtmoment?

b) Berechnen Sie das Drehmoment und die Energie bei einem Drehwinkel von 10°.

Lösung:

a) Für die Frequenz der Drehschwingung gilt:

$$f = \frac{1}{2\pi}\sqrt{D / J} \text{ oder nach } D \text{ aufgelöst } D = 4\pi^2 f^2 J.$$

Das Massenträgheitsmoment berechnet sich zu:

$$J = mr^2 / 4 + ml^2 / 12 \approx mr^2 / 4 = 0{,}8 \cdot 10^{-8} \text{ kg m}^2 \quad \text{(Näherung: Radius } r \gg \text{Dicke } l\text{)}.$$

Mit $f = 1{,}3 \text{ s}^{-1}$ folgt:

$$D = 4\pi^2 f^2 J = 5{,}3 \cdot 10^{-7} \text{Nm}.$$

b) Das Drehmoment M wird aus folgender Gleichung berechnet:

$$M = -D\varphi = -9{,}22 \cdot 10^{-8} \text{Nm} \quad (\varphi = 10° = 0{,}174 \text{ rad}).$$

Die Arbeit oder Energie beträgt:

$$W = \int |M| \mathrm{d}\varphi = M\varphi / 2 = 8{,}0 \cdot 10^{-9} \text{ Nm} = 8{,}0 \cdot 10^{-9} \text{ J}.$$

Aufgabe 13:

Ein Drehtisch besteht aus einer Spiralfeder und einer zylinderförmigen Scheibe aus Alumium (Dichte 2700 kg/m³, Durchmesser 15 cm, Dicke 8 mm). Der Tisch führt 28 Drehschwingungen in 100 s aus.

a) Wie groß ist das Richtmoment der Spiralfeder?

b) Welche tangentiale Kraft am Rand des Drehtisches ist erforderlich, um eine Drehung um 30° zu erzielen? Wie groß ist in diesem Fall das Drehmoment?

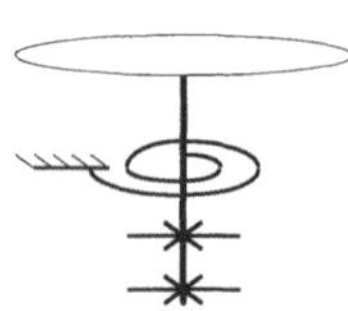

Lösung:

a) Zur Berechnung des Trägheitsmomentes der Tischplatte benötigt man die Masse $m = r^2\pi \cdot h \cdot \rho$
= 0,38 kg mit $r = 7,5 \cdot 10^{-2}$ m, $h = 8 \cdot 10^{-3}$ m und $\rho = 2700$ kg / m³. Das Trägheitsmoment für die Tischplatte (Zylinder) beträgt:

$$J = mr^2 / 2 = 1,07 \cdot 10^{-3} \text{ kg m}^2 .$$

Die Frequenz berechnet man zu: $f = 28 / 100$ s⁻¹ = 0,28 s⁻¹. Für die Drehschwingung gilt:

$$f = \frac{1}{2\pi}\sqrt{D / J} . \text{ Daraus berechnet man das Richtmoment:}$$

$$D = 4\pi^2 f^2 J = 3,32 \cdot 10^{-3} \text{ kg m}^2 / \text{s}^2 .$$

b) Für das Drehmoment M gilt mit $\alpha = 30 \cdot \pi / 180 = 0,523$:

$$M = D\alpha = 1,73 \cdot 10^{-3} \text{ kg m}^2 / s^2 = 1,73 \cdot 10^{-3} \text{ Nm} .$$

Die tangentiale Kraft berechnet man aus $M = Fr$:

$$F = M / r = 2,31 \cdot 10^{-2} \text{ N} .$$

Aufgabe 14:

Am Haken eines Baukranes befindet sich ein schweres Objekt. Das System schwingt, und es werden 10 Schwingungen in 82 s gemessen.

a) Wie lang ist das Kranseil?

b) Wie groß ist die Schwingungsdauer bei halber Seillänge?

Lösung:

a) Die Länge l berechnet man aus der Schwingungsdauer T:

$$T = 2\pi\sqrt{\frac{l}{g}} \text{ und } l = \frac{T^2 g}{4\pi^2}. \text{ Mit } T = 8,2 \text{ s folgt } l = 16,7 \text{ m} .$$

b) Es gilt $T' = 2\pi\sqrt{l'/g}$ mit $l' = L / 2 = 8,35$ m. Das Ergebnis lautet $T' = T / \sqrt{2} = 5,8$ s.

Aufgabe 15:

Eine Last an einem Kranseil pendelt mit einer Frequenz von 0,08 Hz.

a) Wie lange dauern 30 Schwingungen?

b) Wie lang ist das Seil?

c) Welche Geschwindigkeit und Beschleunigung erreicht die Last maximal bei einer Amplitude der Schwingung von 3 m?

Lösung:

a) Die Schwingungsdauer beträgt (mit $f = 0,08$ s⁻¹) $T = 1 / f = 12,5$ s.

  Damit dauern 30 Schwingungen 375 s.

b) Die Seillänge l berechnet man aus:

$$T = 2\pi\sqrt{l / g} \text{ und } l = \frac{T^2 g}{(2\pi)^2} = 38,8 \text{ m} .$$

c) Die Gleichung der Schwingung lautet:

$$u = \hat{u}\sin(2\pi f t) .$$

Die Geschwindigkeit v erhält man als erste, die Beschleunigung a als zweite Ableitung:

$$v = \frac{du}{dt} = \hat{u}2\pi f \cos(2\pi f t) \text{ und } a = \frac{dv}{dt} = -\hat{u}(2\pi f)^2 \sin(2\pi f t) .$$

Daraus entnimmt man die maximale Geschwindigkeit und Beschleunigung (Amplituden):

$$\hat{v} = \hat{u}2\pi f = 1,5 \text{ m / s und } \hat{a} = \hat{u}(2\pi f)^2 = 0,76 \text{ m / s}^2 .$$

Aufgabe 16:

Ein Stab von der Länge $L = 1$ m soll mit einer Periodendauer von 2 s pendeln. Wie groß ist der Abstand zwischen Schwer- und Drehpunkt?

Lösung:

Die Frequenz f eines physikalischen Pendels hängt vom Abstand l zwischen Schwer- und Drehpunkt ab:

$$f = \frac{1}{2\pi}\sqrt{mgl \, / \, J} \, .$$

Das Massenträgheitsmoment J eines dünnen Stabes, der senkrecht zur Achse um seinen Schwerpunkt rotiert, beträgt: $J = mL^2 \, / \, 12$. Ist die Drehachse um l vom Schwerpunkt verschoben, gilt $J = mL^2 \, / \, 12 + ml^2$ (Satz von Steiner). Damit wird die Schwingungsfrequenz:

$$f = \frac{1}{2\pi}\sqrt{\frac{mgl}{mL^2 \, / \, 12 + ml^2}} \, .$$

Daraus folgt ($f = 0{,}5 \, \text{s}^{-1}$, $L = 1 \, \text{m}$, $g = 9{,}81 \, \text{m} \, / \, \text{s}$):

$$4\pi^2 f^2 l^2 - gl + 4\pi^2 f^2 L^2 \, / \, 12 = 0 \, .$$ Die quadratische Gleichung besitzt zwei Lösungen für l:

$$l_{1/2} = \frac{g}{8\pi^2 f^2} \pm \sqrt{\frac{g^2}{64\pi^4 f^4} - \frac{L^2}{12}} \quad \text{mit } l_1 = 9{,}2 \, \text{cm} \text{ und } l_2 = 90{,}1 \, \text{cm} \, .$$

Aufgabe 17:

Ein Rad mit einer Masse von 15 kg wird so aufgehängt, daß die Drehachse parallel um 40 cm zur Schwerpunktsachse verschoben ist. Bei Pendeln des Rades mißt man eine Schwingungsdauer von 2,1 Sekunden. Wie groß ist das Trägheitsmoment um die Schwerpunktsachse?

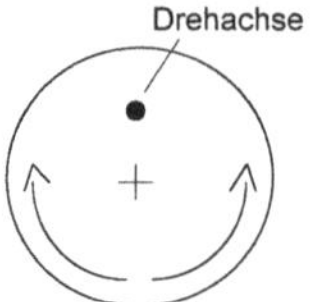

Lösung:

Für die Schwingungsdauer der Drehschwingung gilt:

$$T = 2\pi\sqrt{J \, / \, (mgl)} \quad \text{mit } T = 2{,}1 \, \text{s}, \ m = 15 \, \text{kg}, \text{ und } l = 0{,}4 \, \text{m} \, .$$

Daraus erhält man das Massenträgheitsmoment $J = T^2 mgl \, / \, (4\pi^2) = 6{,}58 \, \text{kg} \, \text{m}^2$, das sich auf die verschobene Drehachse bezieht.

Nach dem Satz von Steiner gilt für das Massenträgheitsmoment um die Schwerpunktsachse:

$$J_S = J - ml^2 = (6{,}58 - 2{,}40) \, \text{kg} \, \text{m}^2 \ = 4{,}18 \, \text{kg} \, \text{m}^2 \, .$$

Aufgabe 18:

Eine Kreisscheibe ist an ihrem Umfang so befestigt, daß sie Pendelbewegungen mit der Schwingungsdauer $T = 0{,}65 \, \text{s}$ ausführen kann.

a) Berechnen Sie den Durchmesser.

b) Warum ist die Schwingungsdauer unabhängig von der Masse?

Lösung:

a) Die Schwingungsdauer einer Drehschwingung beträgt:

$$T = 2\pi\sqrt{J \, / \, (mgl)} \, ,$$

wobei m die Masse des Körpers und l der Abstand des Schwerpunktes der Kreisscheibe von der Drehachse (= Radius) ist. Zur Berechnung des Massenträgheitsmomentes benötigt man den Satz von Steiner $J = J_S + ml^2$, wobei das Trägheitsmoment um die Körperachse $J_S = ml^2 \, / \, 2$ aus einer Formelsammlung zu entnehmen ist. Mit $J = 3ml^2 \, / \, 2$ erhält man:

$$T = 2\pi\sqrt{3ml^2 \, / \, (2mgl)} \ = \ 2\pi\sqrt{3l \, / \, (2g)} \quad \text{oder } l = T^2 g \, / \, (6\pi^2) = 0{,}07 \, \text{m} \, .$$

Der Radius der Kreisscheibe beträgt $l = 7 \, \text{cm}$.

b) Die rücktreibende Kraft ist proportional zur Masse des Körpers. Die resultierende Beschleunigung wird damit unabhängig von der Masse.

Aufgabe 19:

Berechnen Sie die Frequenz eines Stabes der Länge L, der an einem Ende aufgehängt ist.

Lösung:

Die Frequenz f eines physikalischen Pendels hängt vom Abstand l des Drehpunktes vom Schwerpunkt ab:

$$f = \frac{1}{2\pi}\sqrt{mgl \, / \, J} \, .$$ Das Trägheitsmoment eines Stabes (Drehachse um das Stabende) beträgt:

$$J = (4 \, / \, 12) \, mL^2 \, .$$

Für den Abstand Schwerpunkt-Drehachse gilt $l = L/2$, und man erhält:

$$f = \frac{1}{2\pi}\sqrt{3g/(2L)} \ .$$

Freie gedämpfte Schwingungen

Aufgabe 20:

Der 0. bzw. 15. Ausschlag eines Pendels der Länge $l = 1$ m besitzt die Amplitude 15 cm bzw. 11,5 cm.

a) Geben Sie die Dämpfungskonstante δ an.

b) Nach wieviel Schwingungen beträgt die Amplitude 8 cm?

Lösung:

a) Die Schwingungsdauer des Pendels beträgt:

$$T = 2\pi\sqrt{l/g} = 2,0 \text{ s (Näherung, da ohne Dämpfung).}$$

Die Amplitude der gedämpften Schwingung ist proportional zu $e^{-\delta t}$. Beim 0. Ausschlag wird die Zeit zu $t = 0$ gesetzt, und es folgt mit $t = 15 \cdot T$:

$A_{15}/A_1 = 11,5/15 = e^{-\delta t} = e^{-15 \cdot \delta T}$. Man löst nach δ auf und erhält:

$\delta = (-1/15T)\ln(11,5/15) = 8,9 \cdot 10^{-3} \text{ s}^{-1}$.

b) Es gilt:

$A_t/A_1 = 8/15 = e^{-\delta t}$ oder $t = -(1/\delta)\ln(8/15) = 71 \text{ s}$.

Die Zahl der Schwingungen beträgt: $N \approx 71/2,0 \approx 36$.

Aufgabe 21:

a) Ein Pendel schwingt 18 mal in 23 s. Wie lang ist es, und welche Masse hängt daran?

b) Die Amplitude nimmt bei jeder Schwingung um 1,5 % ab. Wie groß ist die Dämpfungskonstante?

Lösung:

a) Die Schwingungsdauer beträgt $T = 23/18 \text{ s} = 1,28 \text{ s}$. Das Pendel hat eine Länge von:

$$l = T^2 g/(2\pi)^2 = 0,41 \text{ m}.$$

Die Schwingungsdauer ist unabhängig von der Masse.

b) Die Amplitude der Schwingung nimmt mit der Funktion $\exp(-\delta t)$ ab. Für zwei aufeinanderfolgende Auslenkungen (A_0 und A_T) im Abstand T gilt:

$0,985 = \exp(\delta T)$. Daraus folgt $\delta = -(\ln 0,985)/T = 0,012 \text{ s}^{-1}$.

Aufgabe 22:

Ein System schwingt ungedämpft mit einer Periodendauer von 0,80 s. Durch den Einfluß der Dämpfung erhöht sich der Wert auf 0,81 s.

a.) Berechnen Sie die Dämpfungskonstante δ und das logarithmische Dekrement Λ.

b) Wie lange dauert es, bis die Amplitude der Schwingung bis auf 1 % des Ausgangswertes gesunken ist?

Lösung:

a) Für die Frequenzen der ungedämpften (f_0) und gedämpften (f) Schwingung gilt:

$$f = \sqrt{f_0^2 - \delta^2/4\pi^2} \quad \text{oder} \quad \delta = 2\pi\sqrt{f_0^2 - f^2} \ .$$

Mit $f_0 = 1/0,80$ s und $f = 1/0,81$ s erhält man $\delta = 1,23 \text{ s}^{-1}$ und $\Lambda = \delta T = 1,23 \cdot 0,81 = 1,0$.

b) Die Amplitude der gedämpften Schwingung nimmt mit der Funktion $e^{-\delta}$ ab:

$0,1 = e^{-\delta t}$ oder $\delta t = -\ln 0,01$. Daraus folgt $t = 3,7 \text{ s}$.

Die Zeit entspricht etwa 5 Schwingungsdauern, wobei natürlich zu runden ist.

Aufgabe 23:

Ein stark beladener LKW schwingt mit einer Periodendauer von 1,30 s (gedämpfte Schwingung). Innerhalb einer Schwingung nimmt die Amplitude um 30 % ab. Wie groß ist die Periodendauer bei völlig defekten Stoßdämpfern (ungedämpfte Schwingung)?

Lösung:

Die Dämpfungskonstante δ wird aus folgender Gleichung berechnet:

$$\delta T = \ln\big(y(t) / y(t+T)\big) = \ln(1 / 0,7) = 0,36 .$$

Mit $T = 1,3$ s folgt $\delta = 0,274$ s^{-1}.

Die Frequenz der ungedämpften Schwingung f_0 ergibt sich aus $f = \sqrt{f_0^2 - \delta^2 / 4\pi^2}$:

$$f_0 = \sqrt{f^2 + \delta^2 / 4\pi^2} = 0,7705 \text{ s}^{-1} \text{ (mit } f = 1 / T = 0,7692 \text{ s}^{-1}).$$

Man erhält $T_0 = 1 / f_0 = 1,298$ s. Die Schwingungsdauer ändert sich durch die Dämpfung kaum.

Aufgabe 24:

Die Amplitude einer Schwingung mit der Frequenz 0,7 Hz klingt nach 10 Periodendauern von 5,1 cm auf 2,0 cm ab.

a) Wie lautet die Gleichung für diese Schwingung?

b) Wie groß ist die Auslenkung nach 5 und 10 s?

Lösung:

a) Die allgemeine Gleichung einer gedämpften Schwingung, die zur Zeit $t = 0$ maximale Auslenkung besitzt, hat die Form:

$$y = \hat{y}\cos(2\pi f t)\exp(-\delta t) \text{ mit } f = 0,7 \text{ s}^{-1}.$$

Zur Zeit t $= 0$ gilt $y(n = 0) = \hat{y} = 5,1$ cm, nach 10 Periodendauern $y(n = 10) = 2,0$ cm. Die cos-Funktion ist in beiden Fällen gleich 1. Nach 10 Periodendauern oder $t = 10 / 0,7$ s $= 14,29$ s lautet die Schwingungsgleichung:

$$2,0 \text{ cm} = 5,1 \text{ cm} \cdot \exp(-\delta \cdot 14,29 \text{ s}) \quad \text{oder } \delta = -\ln(2 / 5,1) / 14,29 \text{ s}^{-1} = 6,6 \cdot 10^{-2} \text{ s}^{-1}.$$

Die Gleichung der Schwingung hat also die Form:

$$y = 5,1 \text{ cm} \cdot \cos(4,4 \text{ s}^{-1} \cdot t)\exp(-0,066 \text{ s}^{-1} \cdot t)$$

b) Aus der letzten Gleichung erhält man nach 5 s: $y = -3,67$ cm und nach 10 s: $2,64$ cm.

Aufgabe 25:

Ein schwingfähiges System (Pendel) soll gedämpft werden, so daß die Amplitude innerhalb von 3 Schwingungen auf 1 % reduziert wird. Ungedämpft schwingt das System mit $T_0 = 2,510$ s. Gesucht sind das logarithmische Dekrement, die Abklingkonstante und die Schwingungszeit im gedämpften Zustand.

Lösung:

Die Gleichung der gedämpften Schwingung lautet:

$$y / \hat{y} = \cos(2\pi f t)\exp(-\delta t) \text{ mit } y / \hat{y} = 0,01 \text{ bei } t = 3T .$$

Daraus erhält man $\delta 3T = -\ln 0.01$. Das logarithmische Dekrement beträgt:

$$\Lambda = \delta T = -(1 / 3)\ln 0,01 = 1,54 .$$

Die Schwingungsdauer der gedämpften Schwingung berechnet man aus:

$$f = \sqrt{f_0^2 - \delta^2 / 4\pi^2} \text{ und } \delta T = \delta / f = \Lambda = 1,54 . \text{ Mit } \delta = 1,54 f \text{ erhält man:}$$

$$f = f_0 / \sqrt{1 + 1,54^2 / 4\pi^2} = f_0 / 1,03 = 0,387 \; s^{-1} \text{ und } T = 2,585 \text{ s.}$$

Die Abklingkonstante beträgt $\delta = 1,54 / T = 0,596 \; s^{-1}$.

Bemerkung: Man kann auch näherungsweise mit $f \approx f_0$ rechnen.

Erzwungene Schwingungen

Aufgabe 26:

Ein frei schwingendes System mit einer Eigenfrequenz von 2 Hz verringert seine Amplitude in 10 s um 80 %.

a) Wie groß ist die Amplitude, wenn das System mit einer Erregeramplitude von 0,5 cm zu Schwingungen angeregt wird? Die Erregerfrequenz soll gleich der Eigenfrequenz sein.

b) Wie groß ist die Resonanzfrequenz?

Lösung:

a) Die freie gedämpfte Schwingung klingt mit der Exponentialfunktion ab:

$$(1 - 0,8)/1 = 0,2 = \exp(-\delta t) \text{ mit } t = 10 \text{ s. Man erhält für die Dämpfungskonstante:}$$

$$\delta = -\ln 0,2 / t = 0,161 \text{ s}^{-1}.$$

Für die Amplitude der erzwungenen Schwingung $\hat{y}$ gilt

$$\hat{y} = \hat{x}\omega_0^2 / \sqrt{(\omega_0^2 - \omega^2)^2 + (2\delta\omega)^2}, \text{ wobei } \hat{x} \text{ die Amplitude der Anregung ist}$$

($\omega = 2\pi f$, f = Erregerfrrequenz, $\omega_0 = 2\pi f_0$, f_0 = Eigenfrequenz des Systems bei freier Schwingung). Mit $f = f_0 = 2$ Hz erhält man:

$$\hat{y} = \hat{x}\omega_0 / (2\delta) = 5 \cdot 10^{-3} \cdot 2\pi \cdot 2 / (2 \cdot 0,161) \text{ m} = 19,8 \text{ cm}.$$

b) Für die Resonanzfrequenz gilt:

$$\omega_{\text{res}} = 2\pi f_{\text{res}} = \sqrt{\omega_0^2 - 2\delta^2} \approx \omega_0 \quad, \text{ oder } f_{\text{res}} = 1,9997 \text{ Hz} \approx 2 \text{ Hz.}$$

Aufgabe 27:

Empfindliche Geräte (z. B. in der Holographie) werden zur Schwingungsisolierung auf federnde Tische aufgestellt. Die Eigenfrequenz eines Systems beträgt 0,9 Hz.

a) Durch die Erschütterungen des Gebäudes schwingt der Fußboden des Raumes bei etwa 25 Hz mit einer Amplitude von 0,5 mm. Mit welcher Amplitude schwingt das Gerät auf der Tischplatte? Vernachlässigen Sie den Einfluß der Dämpfung.

b) Wie groß ist die Amplitude, wenn der Fußboden mit 50 Hz (Amplitude 0,5 mm) schwingt.

Lösung:

a) Die Schwingungsamplitdude $\hat{y}$ ist durch die Erregeramplitude $\hat{x}$ gegeben:

$$\hat{y} = \hat{x}\omega_0^2 / \sqrt{(\omega_0^2 - \omega^2)^2 + (2\delta\omega)^2}.$$

Es gilt : $\omega_0 = 2\pi f_0 \approx 2\pi \cdot 0,9 \text{ s}^{-1} = 5,65 \text{ s}^{-1}$, $\omega = 2\pi f = 2\pi \cdot 25 \text{ s}^{-1} = 157 \text{ s}^{-1}$, $\delta \approx 0$ und $\hat{x} = 0,5$ mm. Damit erhält man:

$$\hat{y} = \hat{x}\omega_0^2 / |\omega_0^2 - \omega^2|. \text{ Für } \omega^2 >> \omega_0^2 \text{ gilt näherungsweise:}$$

$$\hat{y} \approx \hat{x}\omega_0^2 / \omega^2 = \hat{x} \cdot 1,3 \cdot 10^{-3} = 6,5 \cdot 10^{-4} \text{ mm}.$$

Es erfolgt also eine Verringerung der Amplitude um den Faktor $1,3 \cdot 10^{-3}$.

b) Bei 50 Hz erhält man eine 4fach kleinere Amplitude: $\hat{y} \approx \hat{x}\omega_0^2 / \omega^2 = \hat{x} \cdot 0,3 \cdot 10^{-3} = 1,6 \cdot 10^{-4} \text{ mm}$.

Überlagerung von Schwingungen

Aufgabe 28:

Zwei Schwingungen gleicher Frequenz überlagern sich mit einem Phasenunterschied von $\varphi_1 - \varphi_2 = 60°$. Die Amplituden betragen $\hat{y}_1 = 5$ cm und $\hat{y}_2 = 10$ cm. Geben Sie die Amplitude der resultierenden Schwingung an.

Lösung:

Die Gleichungen für die Schwingungen lauten:

$$y_1 = \hat{y}_1(\sin\omega t + \varphi_1) \text{ und } y_2 = \hat{y}_2(\sin\omega t + \varphi_2). \text{ Die Überlagerung ergibt } y = y_1 + y_2.$$

Mit Hilfe eines Additionstheorems für trigonometrische Funktionen erhält man:

$$\hat{y} = \sqrt{\hat{y}_1^2 + 2\hat{y}_1\hat{y}_2\cos(\varphi_1 - \varphi_2) + \hat{y}_2^2} = 13{,}2 \text{ cm}.$$

Durch Überlagerung entsteht eine Sinusschwingung mit unveränderter Frequenz und der Amplitude $\hat{y} = 13{,}2$ cm.

Aufgabe 29:

Einem Ton mit der Frequenz $f_1 = 50$ Hz wird ein weiterer überlagert. Es entstehen Schwebungen, wobei die Lautstärke im Abstand von $T_s = 2$ s periodisch abschwillt. Welche Frequenz hat der zweite Ton?

Lösung:

Es gilt:

$$1/T_s = f_s = (f_1 - f_2)/2 \text{ und } f_2 = f_1 - 2f_s = 49 \text{ Hz}.$$

Da die Mittenfrequenz der Schwebung nicht angegeben ist, gibt es eine zweite Lösung:

$$1/T_s = f_s = (f_2 - f_1)/2 \quad \text{und} \quad f_2 = 51 \text{ Hz}.$$

6.2 Wellen

Wellengleichung

Aufgabe 30:

Berechnen Sie die Wellenlänge eines UKW-Senders mit 100 MHz.

Lösung:

Radiowellen breiten sich mit der Lichtgeschwindigkeit $c_0 = 3 \cdot 10^8$ m / s aus. Es gilt:

$$\lambda = c_0 / f = 3 \cdot 10^8 / 10^8 = 3 \text{ m}.$$

Aufgabe 31:

Berechnen Sie die Phasendifferenz zwischen zwei Punkten einer ebenen Welle mit einer Wellenlänge von 1,2 m, die in Richtung der Ausbreitungsrichtung um 10 m auseinander liegen.

Lösung:

Eine Verschiebung der Welle um die Wellenlänge λ entspricht einer Phasendifferenz von 2π:

$$\varphi = 2\pi \Delta x / \lambda.$$

Mit $\lambda = 1{,}2$ m und $\Delta x = 10$ m erhält man $\varphi = 52{,}36$ rad $= 3000°$.

Aufgabe 32:

Wie groß ist die Phasendifferenz zwischen zwei Punkten einer Radiowelle (100 MHz, UKW), die in Richtung der Ausbreitung um $\Delta x = 80$ cm auseinander liegen?

Lösung:

Die Wellenlänge errechnet man aus der Lichtgeschwindigkeit $c_0 = 3 \cdot 10^8$ m / s und der Frequenz $f = 10^8$ Hz: $\lambda = c_0 / f = 3 \cdot 10^8 / 10^8$ m$= 3$ m. Eine Verschiebung der Welle um λ entspricht einer Phasendifferenz φ von 2π oder $360°$. Es gilt also:

$$\varphi = 2\pi \Delta x / \lambda = 1{,}67 \text{ rad} = 96°.$$

Aufgabe 33:

Der Abstand zweier Wellenberge auf einem See beträgt 11,3 m. In 2 Minuten bewegt sich ein Holzstück 85 mal auf und ab. Berechnen Sie die Geschwindigkeit c der Wellen.

Lösung:

Die Frequenz f gibt die Zahl der Schwingungen pro Sekunde an:

$$f = 85/120 \text{ s}^{-1} = 0,71 \text{ s}^{-1}.$$

Für die Geschwindigkeit folgt mit $\lambda = 11,3$ m:

$$c = \lambda f = 8,0 \text{ m/s}.$$

Aufgabe 34:

Ein ebenes Wellenfeld ($\lambda = 2$ m, $c = 341$ m/s) wird durch $u = \hat{u}\sin(2\pi f t - 2\pi x / \lambda)$ beschrieben. Wieviel Prozent der Amplitude beträgt die Auslenkung in $x = 10$ m Entfernung (in Ausbreitungsrichtung) zur Zeit $t = 1,5$ s?

Lösung:

Die Frequenz einer Welle ergibt sich aus:

$$f = c / \lambda = 170,5 \text{ s}^{-1}.$$

Mit $u = \hat{u}\sin(2\pi f t - 2\pi x / \lambda)$ berechnet man:

$u = \hat{u}\sin(2\pi 170,5 \cdot 1,5 - 2\pi 10 / 2) = -1,0 \hat{u}$. Die Auslenkung beträgt -100 % der Amplitude $\hat{u}$.

Aufgabe 35:

Eine ebene Wasserwelle besitzt eine Frequenz von 3 Hz, eine Wellenlänge von 0,4 m und eine Amplitude von 4 cm. Es handelt sich um eine Sinuswelle, die zur Zeit $t = 0$ an der Stelle $x = 0$ beginnt.

a) Wie groß ist die Ausbreitungsgeschwindigkeit?

b) Nach welcher Zeit hat die Welle die Stelle $x = 10$ m erreicht?

c) Schreiben Sie die Gleichung der Welle hin.

d) Wie groß ist die Auslenkung der Welle in $x = 5$ m nach 18 s?

Lösung:

a) Die Wellengeschwindigkeit ermittelt man mit $\lambda = 0,4$ m, $f = 3$ Hz zu:

$$c = \lambda f = 1,2 \text{ m/s} .$$

b) Für $x = 10$ m wird die Zeit

$$t = x / c = 8,33 \text{ s benötigt.}$$

c) Die Gleichung der Welle lautet:

$$u = \hat{u}\sin(\omega t - kx) \text{ mit } \hat{u} = 0,04 \text{ m}, \ \omega = 2\pi f = 18,8 \text{ s}^{-1} \text{ und } k = 2\pi / \lambda = 15,7 \text{ m}^{-1}.$$

d) Man setzt in die Gleichungen von c) die Werte $x = 5$ m und $t = 18$ s ein und erhält:

$$u = 0,04 \cdot \sin(18,8 \cdot 18 - 15,7 \cdot 5) \text{ m} = 0,04 \cdot 0,75 \text{ m} = 3,0 \text{ cm} \quad \text{(Winkel in Bogenmaß!).}$$

Aufgabe 36:

Die eindimensionale Wellengleichung lautet $\partial^2 u / \partial t^2 = c^2 \partial^2 u / \partial x^2$. Man prüfe (durch Differenzieren und Einsetzen), daß die bekannte Gleichung einer Welle $u = \hat{u}\sin(\omega t - kx)$ mit $\omega = 2\pi f$ und $k = 2\pi / \lambda$ eine Lösung ist.

Lösung:

Man differenziert $u = \hat{u}\sin(\omega t - kx)$ zweimal nach der Zeit t und erhält:

$$\partial^2 u / \partial t^2 = -\omega^2 \hat{u}\sin(\omega t - kx) .$$

Zweifaches Differenzieren nach x liefert:

$$\partial^2 u / \partial x^2 = -k^2 \hat{u}\sin(\omega t - kx) .$$

Man setzt diese Ausdrücke in die Wellengleichung ein und erhält:

$$\omega^2 = c^2 k^2 \text{ oder } 2\pi f = 2\pi c / \lambda \text{ oder } f = c / \lambda .$$

Diese Gleichungen sind bekanntermaßen richtig, womit der Beweis erbracht ist.

Ausbreitungsgeschwindigkeit

Aufgabe 37:

Ein Blitz wird sichtbar, und man hört den Donner 9 s später. Wie weit war der Blitz entfernt?

Lösung:

Das Licht des Blitzes breitet sich mit der Lichtgeschwindigkeit von $c_0 = 300\,000$ km/s aus, der Schall mit $c_S = 340$ m / s. Daher wird nur die Zeit für die Ausbreitung des Schalles berücksichtigt:

$$x = c_S t = 3060 \text{ m}.$$

Überlagerung von Wellen

Aufgabe 38:

Geben Sie die Wellenlängen an, mit welchen eine eingespannte Saite von 90 cm Länge schwingen kann.

Lösung:

Es bilden sich stehende Wellen aus mit der Bedingung:

$L = n\lambda / 2$ mit $n = 1, 2, 3$ usw. Man erhält somit:

$\lambda = 2L / n = 180$ cm, 90 cm, 60 cm, 45 cm, 36 cm, 30 cm usw.

Aufgabe 39:

Ein Lautsprecher wird vor einer reflektierenden Wand aufgestellt und sendet mit 300 Hz. In welcher Entfernung muß er stehen, damit sich eine stehende Welle mit 3 Knoten ausbildet $(c = 340$ m/s)?

Lösung:

Am Lautsprecher befindet sich ein Wellenberg, an der Wand ein Knoten. Daher gilt $x = 3,5\lambda / 2$ (siehe Bild). Die Wellenlänge berechnet sich aus

$\lambda = c / f = 1,13$ m, und man erhält $x = 1,98$ m.

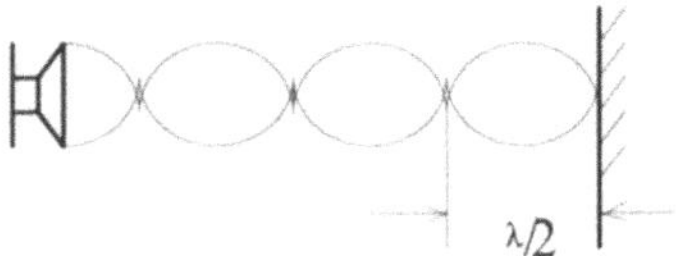

Doppler-Effekt

Aufgabe 40:

Ein Zug fährt mit einer Geschwindigkeit von $v = 100$ km/h auf eine Bergwand mit einem Tunnel zu und pfeift mit einer Frequenz von $f = 1$ KHz (Schallgeschwindigkeit $v_S = 340$ m / s).

a) Welche Frequenz hört man am Tunneleingang?

b) Welche Frequenz hört man im Zug als Echo vom Berg?

Lösung:

a) Für eine bewegte Quelle (auf den Beobachter zu) berechnet sich der Dopplereffekt aus

$$f_E = f / (1 - v / c), \text{ wobei } f = 1000 \text{ s}^{-1}, v = 100 \text{ km/h} = 27,8 \text{ m/s und } c = 340 \text{ m/s betragen.}$$

Ein Beobachter hört also die Frequenz $f_E = 1089$ Hz.

b) Der Berg „sendet" mit $f = 1089$ Hz (siehe Ergebnis a)). Der Dopplereffekt bezieht sich nun auf den Fall eines bewegten Empfängers (auf die Quelle zu). Man erhält für die Frequenz des Echos .

$$f'_E = f (1 + v / c) = 1178 \text{ Hz}.$$

Aufgabe 41:

Der Dopplereffekt wird zur Messung von Strömungsgeschwindigkeiten in Blutgefäßen in der Ultraschalldiagnostik eingesetzt. Wie hoch ist die Frequenzänderung einer 6 MHz-Ultraschallwelle, die an strömendem Blut mit $v = 0{,}2$ m/s zurückgestreut wird. Die einfallende Welle verläuft parallel zur Strömungsrichtung und die Schallgeschwindigkeit im Gewebe beträgt 1200 m/s.

Lösung:

Die Blutpartikel wirken als bewegte Empfänger (von der Quelle weg):

$$f_E = f(1 - v/c) \text{ mit } f = 6 \text{ MHz}, v = 0{,}2 \text{ m/s und } c = 1200 \text{ ms. Man erhält } f_E = 5{,}9990 \text{ MHz}.$$

Die Partikel wirken nun als bewegte Quellen (vom Empfänger weg), die mit f_E' senden:

$$f_E' = f_E / (1 + v/c) = 5{,}9980 \text{ MHz}.$$

Die Frequenzänderung beträgt somit $(6{,}0000 - 5{,}9980)$ MHz $= 0{,}0020$ MHz $= 2{,}0$ kHz.

Aufgabe 42:

Die Sirene eines Feuerwehrautos erzeugt einen Ton mit $f = 700$ Hz. Welche Frequenz hört ein Beobachter bei Annäherung und bei Entfernung des Fahrzeuges mit einer Geschwindigkeit von 72 km/h? Wie groß ist die Frequenzdifferenz?

Lösung:

Bei Annäherung hört man bei einer Schallgeschwindigkeit von $c = 340$ m/s:

$$f_1 = f / (1 - v/c) = 700 / (1 - 20/340) \text{ Hz} = 743{,}8 \text{ Hz}.$$

Bei Entfernung gilt:

$$f_2 = f / (1 + v/c) = 700 / (1 + 20/340) \text{ Hz} = 661{,}1 \text{ Hz}.$$

Die Frequenzdifferenz beträgt also $f_1 - f_2 = 82{,}7$ Hz.

Aufgabe 43:

Ein Auto fährt an einer ruhenden Schallquelle ($f = 720$ Hz) vorbei. Im Auto stellt man eine Frequenzänderung von 40 Hz fest. Wie schnell war das Auto?

Lösung:

Bei Annäherung an die Schallquelle hört man im Auto die Frequenz

$$f_1 = f(1 + v/c), \text{ beim Entfernen } f_2 = f(1 - v/c).$$

Die Frequenzdifferenz beträgt:

$$f_1 - f_2 = 2fv/c. \text{ Daraus berechnet man die Geschwindigkeit (mit } c = 340 \text{ m/s):}$$

$$v = (f_1 - f_2)c/(2f) = 9{,}4 \text{ m/s} = 33{,}8 \text{ km/h}.$$

Aufgabe 44:

Ein Laserstrahl mit der Wellenlänge von $\lambda = 632$ nm wird an einem strömenden Gasstrahl ($v = 1000$ m/s) unter 180° gestreut. Wie groß ist die Frequenzverschiebung, wenn Laser- und Gasstrahl parallel verlaufen.

Lösung:

Die Frequenz der Strahlung berechnet man aus $f = c_0 / \lambda = 4{,}746835 \cdot 10^{14}$ Hz

($c_0 = 3 \cdot 10^8$ m/s). Die Gleichung für den Doppler-Effekt bei ruhendem Sender lautet:

$$f_E = f / (1 + v/c).$$

Mit dieser Frequenz empfangen die strömenden Gasteilchen die Laserwellen. Für eine bewegte Quelle gilt für den Doppler-Effekt:

$$f_E' = f_E(1 - v/c) = f\frac{1 - v/c}{1 + v/c} \approx f(1 - v/c)^2 \approx f(1 - 2v/c) = f - f 2v/c.$$

Daraus folgt:

$$\Delta f \approx -f 2v/c = -3{,}16 \text{ MHz}.$$

Diese Frequenz kann durch Schwebungen im rückgestreuten Licht gemessen werden.

Aufgabe 45:

Ein Schiff bewegt sich mit 20 km/h. Es bildet sich eine Bugwelle mit einem Winkel von 30° gegen die Schiffsachse. Wie groß ist die Geschwindigkeit der Wasserwellen?

Lösung:

Es gilt für den Öffnungswinkel des Machschen Kegels:

$$\sin\alpha = c/v \text{ mit } v = 20 \text{ km/h} = 5{,}56 \text{ m/s und } \alpha = 30°.$$

Man erhält für die Wellengeschwindigkeit:

$$c = v\sin\alpha = 2{,}78 \text{ m/s}.$$

Aufgabe 46:

Ein Beobachter hört einen Überschallknall 14 s, nachdem ihn ein Flugzeug in 10 km Höhe überflogen hat. Wie groß ist die Geschwindigkeit des Flugzeuges?

Lösung:

Der Überschallkegel weist den Öffnungswinkel α auf:

$$\sin\alpha = c/v.$$

Dabei ist $c = 340$ m/s die Schallgeschwindigkeit in Luft.

Der Winkel α kann auch aus der Skizze berechnet werden:

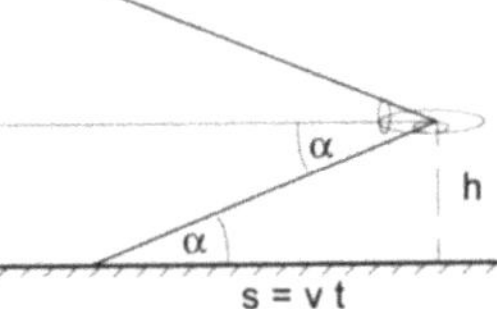

$$\sin\alpha = h/x, \text{ wobei } x = \sqrt{s^2 + h^2} \text{ ist.}$$

Die Strecke s wird durch die Flugzeuggeschwindigkeit v und die Zeit $t = 14$ s gegeben: $s = vt$. Man erhält durch Eliminieren von $\sin\alpha$:

$$c/v = h/x = h/\sqrt{v^2t^2 + h^2} \text{ oder durch Umdrehen der}$$

Gleichung $v/c = \sqrt{v^2t^2 + h^2}/h$. Auflösen ergibt

$$v = \sqrt{h^2/((h^2/c^2) - t^2)} = 387 \text{ m/s}.$$

7 Akustik

7.0 Formelsammlung

Zu 7.1 Physiologische Akustik

Schallwellen

Frequenz und Wellenlänge:

$c = \lambda f$ c: Schallgeschwindigkeit, λ: Wellenlänge, f: Frequenz

Schallgeschwindigkeit in Gasen:

$c = \sqrt{K / \rho} = \sqrt{1 / (\chi\rho)}$ $K = 1 / \chi$, K: Kompressionsmodul, ρ: Gasdichte,

oder χ: Kompressibilität

$c = \sqrt{\kappa R'T}$ $R' = pV / mT = p / \rho T$: spezielle Gaskonstante, p: Druck,

V: Volumen, m: Masse, T: Temperatur in K

Schallgeschwindigkeit in Luft:

$c = (331{,}4 + 0{,}6 \, \vartheta / ^\circ\mathrm{C}) \; \mathrm{m / s}$ c: Schallgeschwindigkeit in Luft, ϑ: Temperatur in $^\circ$C

Schallgeschwindigkeit in Festkörpern:

$c = \sqrt{E / \rho}$ E: Elastizitätsmodul, ρ: Dichte

Schallintensität I:

$I = p_{\mathrm{eff}}^2 / \rho c$ p_{eff} : Effektivwert des Schalldruckes, ρ: Gasdichte,

c: Schallgeschwindigkeit

Schallschnelle $\hat{v}$:

$\hat{v} = \hat{p} / \rho c$ $\hat{v}$: Geschwindigkeitsamplitude, $\hat{p} = \sqrt{2} \cdot p_{\mathrm{eff}}$: Druckampl.

Schallempfindung

Schallpegel L :

$L = 10 \lg(I / I_0) \; \mathrm{dB}$ I: Schallintensität, $I_0 = 10^{-12} \; \mathrm{W / m^2}$: Hörschwelle

oder   dB: Abkürzung für Dezibel

$I = I_0 10^{L/10}$

Zu 7.2 Technische Akustik

Meßtechnik

Schalldämmung D:

$D = L_1 - L_2$ L_1 : Schallpegel vor einer Wand, L_2 : hinter einer Wand

Ultraschall

Reflexion:

$r = (Z_2 - Z_1) / (Z_2 + Z_1)$ r, R : Reflexionskoeffizient für Amplitude und Intensität,

$R = r^2$ Z_1, Z_2 : Impedanz von Medium 1 und 2

$Z = \rho c$ Z : Impedanz, ρ : Dichte, c: Schallgeschwindigkeit

7.1 Physiologische Akustik

Schallwellen

Aufgabe 1:

Die Schallgeschwindigkeit in Luft beträgt $c = (331{,}4 + 0{,}6\ \vartheta/°\text{C})\ \text{m}/\text{s}$.

a) Ein Ton hat eine Frequenz von 440 Hz. Wie groß sind Schallgeschwindigkeit und Wellenlänge bei 20 °C?

b) Wie lange dauert es, bis ein Echo von einer 30 m entfernten Wand zurückkommmt?

c) Wie groß ist die Schallgeschwindigkeit bei einer Frequenz von 1 kHz?

Lösung:

a) Bei $\vartheta = 20$ °C berechnet man $c = 343{,}4$ m/s. Für die Wellenlänge folgt bei $f = 440\ \text{s}^{-1}$:

$$\lambda = c\,/\,f = 343{,}4\,/\,440\ \text{ms}\,/\,\text{s} = 0{,}78\ \text{m}.$$

b) Die Laufzeit t des Schalls für insgesamt $s = 60$ m beträgt:

$$t = s\,/\,c = 60\,/\,343{,}4\ \text{ms}\,/\,\text{m} = 0{,}17\ \text{s}.$$

c) Die Schallgeschwindigkeit hängt nicht von der Frequenz ab.

Aufgabe 2:

Berechnen Sie die Schallgeschwindigkeit und Wellenlänge bei 2 kHz für folgende Medien:

a) Wasser (Kompressibilität $\chi = 5 \cdot 10^{-5}\ \text{bar}^{-1}$),

b) Messing ($\rho = 8500\ \text{kg/m}^3$, $E = 80\ \text{kN/mm}^2$).

Lösung:

a) Für die Schallgeschwindigkeit in Flüssigkeiten (und Gasen) gilt

$$c = \sqrt{K\,/\,\rho} = \sqrt{1\,/\,(\chi\rho)}\,,\ \text{wobei}\ K = 1\,/\,\chi\ \text{der Kompressionsmodul ist.}$$

Die Dichte von Wasser beträgt $\rho = 1000\ \text{kg}\,/\,\text{m}^3$, und man erhält mit

$\chi = 5 \cdot 10^{-5}\ \text{bar}^{-1} = 5 \cdot 10^{-10}\ \text{Pa}^{-1}$:

$$c = \sqrt{1\,/\left(1000 \cdot 5 \cdot 10^{-10}\right)}\ \text{m}/\text{s} = 1414\,\text{m}\,/\,\text{s}\ \text{ und }\ \lambda = c\,/\,f = 0{,}707\,\text{m}.$$

b) Für Messing gilt $c = \sqrt{E\,/\,\rho} = \sqrt{8 \cdot 10^{10}\,/\,8500}\ \text{m}\,/\,\text{s} = 3068\ \text{m}\,/\,\text{s}\ \text{ und }\ \lambda = c\,/\,f = 1{,}53\,\text{m}.$

Aufgabe 3:

Berechnen Sie die Schallgeschwindigkeit und Wellenlänge bei $f = 1$ kHz in Luft bei einer Temperatur von 0 °C und 20 °C (Adiabatenexponent $\kappa = 1{,}4$, Dichte $= 1{,}29\ \text{kg/m}^3$ bei 0 °C und 1010 mbar).

Lösung:

Für die Schallgeschwindigkeit in Gasen gilt:

$$c = \sqrt{\kappa R'T}\,.$$

Die spezielle Gaskonstante R' ermittelt man aus dem Gasgesetz:

$$pV = mR'T\ \text{oder}\ R' = pV\,/\,mT = p\,/\,\rho T\ (\text{Dichte}\ \rho = m\,/\,V\,).$$

Mit den Daten $p = 1{,}01 \cdot 10^5\ \text{Pa} = 1{,}01 \cdot 10^5\ \text{N}\,/\,\text{m}^2$, $\rho = 1{,}29\ \text{kg}\,/\,\text{m}^3$ und $T = 273{,}1$ K erhält man:

$$R' = p\,/\,\rho T = 286{,}8\ \text{Nm}\,/\,(\text{kgK})\,.\ \text{Damit resultiert:}$$

$$c = \sqrt{1{.}4 \cdot 286{,}8 \cdot T\,/\,\text{K}}\ \text{m}\,/\,\text{s}\,.$$

Bei 0 °C ($= 273{,}1$ K) und bei 20 °C ($= 293{,}1$ K) erhält man für die Schallgeschwindigkeit:

$$c_0 = 331{,}1\ \text{m/s}\ \text{ und }\ c_{20} = 343{,}0\ \text{m/s}.$$

Die Wellenlänge berechnet man aus:

$\lambda = c\,/\,f$. Mit $f = 1000\ \text{s}^{-1}$ und den Werten für c_0 und c_{20} ergibt sich:

$$\lambda_0 = 0{,}331\ \text{m}\ \text{ und }\ \lambda_{20} = 0{,}343\ \text{m}.$$

Aufgabe 4:

Ein Lautsprecher mit einer akustischen Leistung von $P = 10$ W strahlt kugelförmig (halb-kugelförmig). Berechnen Sie in $r = 1$ m Entfernung $\left(c = 340\,\text{m}/\text{s}; \ \rho = 1{,}29\,\text{kg}/\text{m}^3\right)$:

a) die Schallintensität I,

b) die Druckamplitude $\hat{p}$ und den Effektivwert des Schalldrucks p_{eff} und

c) die Amplitude der Geschwindigkeit der schwingenden Moleküle $\hat{v}$.

Lösung:

a) Die Intensität ist bei kugelförmiger Abstrahlung gegeben durch:

$$I = P/(4\pi r^2) = 0{,}80\,\text{W}/\text{m}^2 \ \text{(halbkugelförmige Abstrahlung: } I = P/(2\pi r^2) = 1{,}6\,\text{W}/\text{m}^2 \text{)}.$$

b) Der Effektivwert des Schalldrucks wird aus $I = p_{\text{eff}}^2/\rho c$ berechnet:

$$p_{\text{eff}} = \sqrt{I\rho c} = 18{,}7\,\text{Pa} \ \text{(halbkugelförmige Abstrahlung: } p_{\text{eff}} = 26{,}4\,\text{Pa)}.$$

Die Druckamplitude beträgt:

$$\hat{p} = \sqrt{2}\cdot p_{\text{eff}} = 26{,}4\,\text{Pa} \ \text{(halbkugelförmige Abstrahlung: } \hat{p} = 37{,}2\,\text{Pa)}.$$

c) Für die Geschwindigkeitsamplitude gilt:

$$\hat{v} = \hat{p}/\rho c = 0{,}06\,\text{m}/\text{s} \ \text{(halbkugelförmige Abstrahlung: } \hat{v} = 0{,}085\,\text{m}/\text{s)}.$$

Schallempfindung

Aufgabe 5:

Wie groß sind der Effektivwert des Schalldruckes und des Schallpegels in dB
a) an der Hörschwelle bei 10^{-12} W/m^2 und b) an der Schmerzgrenze bei 1 W/m^2?

Lösung:

a) Für die Schallintensität I und den Effektivwert des Schalldruckes p_{eff} gilt:

$$I = p_{\text{eff}}^2/(\rho c).$$

Die Luftdichte und die Schallgeschwindigkeit betragen $\rho = 1{,}29\,\text{kg}/\text{m}^2$ und $c = 340\,\text{m}/\text{s}$.

Damit erhält man für den Effektivwert des Schalldruckes bei $I = 10^{-12}$ W/m^2:

$$p_{\text{eff}} = \sqrt{I\rho c} = 2{,}1\cdot 10^{-5}\,\text{Pa}.$$

Der Schallpegel beträgt an der Hörschwelle bei $I = I_0 = 10^{-12}$ W/m^2:

$$L = 10\,\lg(I/I_0)\,\text{dB} = 0\,\text{dB}.$$

b) An der Schmerzgrenze mit $I_0 = 1$ W/m^2 ergibt sich:

$$p_{\text{eff}} = \sqrt{I\rho c} = 20{,}9\,\text{Pa} \ \text{und} \ L = 10\,\lg(I/I_0)\,\text{dB} = 120\,\text{dB}.$$

Aufgabe 6:

Ein Ton mit 1 kHz ist 80 phon laut. Wie groß ist der Effektivwert des Schalldrucks p_{eff} ($\rho = 1.29\,\text{kg}/\text{m}^3$, $c = 340$ m/s)?

Lösung:

Bei 1 kHz entsprechen 85 phon einem Schallpegel von $L = 85$ dB. Aus

$$L = 10\,\lg(I/I_0) = 85 \ \text{folgt} \ I = I_0\cdot 10^{8{,}5}. \ \text{Mit} \ I_0 = 10^{-12}\,\text{W}/\text{m}^2 \ \text{(Hörschwelle) erhält man:}$$

$$I = 3{,}16\cdot 10^{-4}\,\text{W}/\text{m}^2.$$

Der Effektivwert des Schalldrucks berechnet sich wie folgt:

$$I = p_{\text{eff}}^2/\rho c \ \text{und} \ p_{\text{eff}} = \sqrt{I\rho c} = 0{,}37\,\text{Pa}.$$

Aufgabe 7:

Eine Schallintensität von 20 μW/m^2 wird um a) 3 dB, b) 5 dB und c) 10 dB gesteigert. Wie groß sind die erhöhten Werte?

Lösung:

Der Schallpegel L (in dB) ist gegeben durch:

$$L = 10 \lg I / I_0 \quad \text{mit } I = 20 \ \mu\text{W} / \text{m}^2 \text{ und } I_0 = 10^{-12} \ \text{W} / \text{m}^2 \ .$$

Eine Vergrößerung des Schallpegels L um x (in dB) erhöht die Schallintensität von I auf I':

$$L + x = 10 \lg I' / I_0 \ .$$

Man setzt für L den Wert der ersten Zeile ein und erhält:

$$x = 10 \lg I' / I_0 - 10 \lg I / I_0 = 10 \lg I' / I \quad \text{oder} \quad I' / I = 10^{x/10} \ .$$

a) Für $x = 3$ (in dB) erhält man:

$$I' / I = 2,0 \quad \text{und} \quad I' = 40 \ \mu\text{W} / \text{m}^2 \ .$$

b) Für $x = 5$ folgt: $\quad I' / I = 3,2 \quad \text{und} \quad I' = 64 \ \mu\text{W} / \text{m}^2$.

c) Für $x = 10$ folgt: $\quad I' / I = 10 \quad \text{und} \quad I' = 200 \ \mu\text{W} / \text{m}^2$.

Aufgabe 8:

Eine Maschine erzeugt bei einer Frequenz von $f \approx 1$ kHz einen bewerteten Schallpegel von 75 dB(A). Welchen Pegel erzeugen:

a) 2 Maschinen, b) 10 Maschinen und c) 100 Maschinen?

d) Wie ändern sich die Ergebnisse, wenn die Maschinen bei anderen Mittenfrequenzen Schall abstrahlen?

Lösung:

Bei $f \approx 1$ kHz entsprechen 75 dB(A) einem Schallpegel von $L = 75$ dB. Es gilt für eine Maschine:

$$L_1 = 10 \lg (I / I_0) = 75 \ \text{dB} \ .$$

a) Bei zwei Maschinen verdoppelt sich die Intensität:

$$L_2 = 10 \lg (2I / I_0) = 10 \lg (I / I_0) + 10 \lg 2 = (75 + 3) \ \text{dB} = 78 \ \text{dB} \ .$$

b) Bei 10 Maschinen gilt entsprechend:

$$L_{10} = 10 \lg (10I / I_0) = 10 \lg (I / I_0) + 10 \lg 10 = 85 \ \text{dB} \ .$$

c) Bei 100 Maschinen gilt $L_{100} = 95 \ \text{dB}$.

d) Die Ergebnisse bleiben die gleichen, da die dB(A)-Kurven (anders als die phon-Kurven) parallel verschoben sind.

Aufgabe 9:

Welchen Schallpegel erzeugen 13 Motoren mit je 75 dB?

Lösung:

Für einen Motor gilt $L_1 = 10 \log I / I_0 = 75 \ \text{dB}$

und für 13 Motoren $L_{13} = 10 \log (13I / I_0) = 10 (\log (I / I_0) + \log 13 = (75 + 11) \ \text{dB} = 86 \ \text{dB}$.

Aufgabe 10:

Geben Sie den Schallpegel an, wenn zwei Töne mit a) 50 Hz und 50 phon sowie b) 400 Hz und 70 phon überlagert werden.

Lösung:

Aus der Phon-Skala liest man folgende Werte ab. a) Für 50 Hz und 50 phon erhält man:

$L_1 \approx 70$ dB und b) für 400 Hz und 70 phon: $L_2 \approx 63$ dB. Es ist zu beachten, daß sich bei einer Überlagerung die Schallintensitäten addieren, jedoch nicht die Schallpegel. Aus

$$L = 10 \lg (I / I_0) \quad \text{resultiert} \quad I = I_0 10^{L/10} \quad \text{mit} \quad I_0 = 10^{-12} \ \text{W} / \text{m}^2 \ .$$

Es gilt also:

$$I = I_1 + I_2 = I_0 (10^7 + 10^{6,3}) = I_0 \cdot 1,2 \cdot 10^7 \ . \text{ Daraus folgt:}$$

$$I / I_0 = 1,2 \cdot 10^7 \quad \text{und} \quad L = 10 \log I / I_0 \approx 71 \ \text{dB} \ .$$

Aufgabe 11:

Wie groß sind Schalldruck und Intensität von einem Ton mit 3500 Hz und 90 phon? $\left(\rho = 1{,}29 \ \text{kg}/\text{m}^3, \ c = 340 \ \text{m}/\text{s}\right)$

Lösung:

Aus der Phonkurve entnimmt man bei 3500 Hz und 90 phon einen Schallpegel von etwa

$L = 80 \ \text{dB}$. Aus $L = 10 \log I/I_0$ mit $I_0 = 10^{-12} \ \text{W}/\text{m}^2$ folgt:

$$I = I_0 10^{L/10} = 10^{-4} \ \text{W}/\text{m}^2 \ .$$

Den Schalldruck erhält man aus:

$$p_{\text{eff}} = \sqrt{I \rho c} = 0{,}2 \ \text{Pa} \ .$$

Aufgabe 12:

Ein Ton mit 4 kHz ist 80 phon laut. Berechnen Sie: a) den Schallpegel L, b) die Schallintensität I und c) den Schalldruck p_{eff} ($\left(\rho = 1{,}29 \ \text{kg}/\text{m}^3, c = 340 \ \text{m}/\text{s}\right)$.

Lösung:

a) Die Phon-Kurven zeigen, daß der Schallpegel (bei 80 phon und 4 kHz) $L \approx 70 \ \text{dB}$ beträgt.

b) Aus $L = 10 \log I/I_0$ (mit $I_0 = 10^{-12} \ \text{W}/\text{m}^2$) folgt: $I = I_0 \cdot 10^{L/10} = 10^{-5} \ \text{W}/\text{m}^2$.

c) Den Schalldruck (Effektivwert) erhält man aus: $p_{\text{eff}} = \sqrt{I \rho c} = 0{,}066 \ \text{Pa}$.

Aufgabe 13:

Welchen Schallpegel ergeben zwei Geräusche mit 41 dB und 47 dB?

Lösung:

Bei der Berechnung sind die Schallintensitäten zu addieren (nicht die Schallpegel!):

$$I = I_1 + I_2 = I_0 10^{L_1/10} + I_0 10^{L_2/10} = 6{,}3 \cdot 10^4 I_0 \ . \text{ Daraus folgt der Schallpegel:}$$

$$L = 10 \log(I/I_0) = 10 \lg(6{,}3 \cdot 10^4) = 48 \ \text{dB} \ (I_0 = 10^{-12} \ \text{W}/\text{m}^2) \ .$$

7.2 Technische Akustik

Meßtechnik

Aufgabe 14:

Auf einer Straße mit Autoverkehr werden $L_1 = 83 \ \text{dB(A)}$ gemessen.

a) Wie hoch ist die Schalldämmung D des Fensters, wenn in Raum $L_2 = 50 \ \text{dB(A)}$ herrschen?

b) Wie groß sind die Schallintensitäten (I_1 und I_2) außen und innen ?

Lösung:

a) Für die Schalldämmung D gilt: $D = L_1 - L_2 = 33 \ \text{dB(A)}$.

b) Mit $I_0 = 10^{-12} \ \text{W}/\text{m}^2$ folgt: $I_1 = I_0 10^{L_1/10} = 2 \cdot 10^{-4} \ \text{W}/\text{m}^2$ und $I_2 = I_0 10^{L_2/10} = 10^{-7} \ \text{W}/\text{m}^2$.

Aufgabe 15:

Eine Maschine erzeugt 45 dB. Welchen Schallpegel mißt man hinter einer Ziegelwand mit einer Dämmung von 40 dB, wenn 5 Maschinen in Betrieb sind?

Lösung:

Eine Maschine verursacht

$$L_1 = 10 \lg I/I_0 = 45 \ \text{dB}, \text{ und 5 Maschinen erzeugen}$$

$$L_5 = 10 \lg 5I/I_0 = 10 \lg 5 + 10 \lg I/I_0 = (7 + 45) \ \text{dB} = 52 \ \text{dB}.$$

Der Schallpegel hinter der Wand beträgt

$$L = (52 - 40) \ \text{dB} = 12 \ \text{dB}.$$

Aufgabe 16:

Eine dünne Wand besitzt eine Schalldämmung von 15 dB. Man mißt einen Schallpegel von 52 dB, der im Nebenzimmer erzeugt wird.

a) Welcher Schallpegel und welche Schallintensität herrschen im Nebenzimmer?

b) Das Geräusch wird durch mehrere Maschinen mit je 45 dB verursacht. Um wieviele Maschinen handelt es sich?

c) Warum führt man die Begriffe phon und dB(A) ein, und was bedeuten Sie?

Lösung:

a) Der Schallpegel im Nebenzimmer beträgt $L = 52 + 15 = 67$ dB. Daraus folgt die Intensität:
$$I_0 \cdot 10^{L/10} = 5 \cdot 10^{-6} \ \text{W/m}^2 \ (I_0 = 10^{-12} \ \text{W} / \text{m}^2).$$

b) Der Schall wird durch n Maschinen mit je einer Schallintensität I verursacht:
$$L = 10 \lg(nI / I_0) = 10 \lg n + 10 \lg I / I_0.$$
Mit $L = 67$ dB und $10 \lg I / I_0 = 45$ dB erhält man:
$$\lg n = 6,7 - 4,5 = 2,2 \ \text{und} \ n = 10^{2,2} = 159 \ \text{Maschinen}.$$

c) Der Begriff phon berücksichtigt die Frequenzempfindlichkeit des Ohres. Durch Einführung von genormten Filterkurven (A) im dB(A)-System gelingt es, die Eigenschaften des Ohres vereinfacht elektronisch nachzubilden.

Aufgabe 17:

a) Ein Ton hat eine Frequenz von 3,5 kHz. Wie groß ist die Wellenlänge ($c = 340$ m/s)?

b) Wie groß ist der Schalldruck bei einem Schallpegel von 100 dB?

c) Berechnen Sie die Schalldämmung einer Wand, welche die Schallstärke auf $5 \cdot 10^{-5}$ W/m^2 senkt?

Lösung:

a) Die Wellenlänge beträgt:
$$\lambda = c / f = 9,7 \ \text{cm}.$$

b) Die Schallintensität berechnet man mit $L = 100$ dB zu:
$$I = I_0 10^{L/10} = 10^{-12} \cdot 10^{10} \ \text{W} / \text{m}^2 = 10^{-2} \ \text{W} / \text{m}^2.$$
Daraus folgt der Schalldruck:
$$p_{\text{eff}} = \sqrt{I \rho c} = 2,1 \ \text{Pa} \ (\rho = 1,29 \ \text{kg} / \text{m}^3).$$

c) Man errechnet die Schalldämmung D mit $I' = 5 \cdot 10^{-5} \ \text{W} / \text{m}^2$ und $I_0 = 10^{-12} \ \text{W} / \text{m}^2$:
$$D = L - L' = 100 - 10 \lg I' / I_0 = (100 - 77) \ \text{dB} = 23 \ \text{dB}.$$

Aufgabe18:

Die Nachhallzeit eines Saales (10 x 10 x 10 m^3) beträgt 1,1 s ($c = 340$ m/s).

a) Wie oft wird die Schallwelle in dieser Zeit im Saal etwa reflektiert?

b) Wie stark verringert sich die Schallintensität in der Nachhallzeit von 1,1 s, wenn an den Wänden im Mittel 70 % reflektiert werden?

Lösung:

a) Bei einer Schallgeschwindigkeit von $c = 340$ m/s legt der Schall in 1,1 s eine Strecke von 374 m zurück. Bei einer mittleren Strecke von 10 m wird die Schallwelle etwa 37mal reflektiert.

b) Die Verringerung der Intensität bei einer Reflexion beträgt 0,7, bei 2 Reflexionen $0,7 \cdot 0,7$, bei n Reflexionen $0,7^n$. Für 37 Reflexionen erhält man eine Verringerung um $0,7^{37} = 1,8 \cdot 10^{-6}$.

Tatsächlich ist die Nachhallzeit als die Zeit definiert, nach der die Schallintensität um 10^{-6} abgefallen ist.

Ultraschall

Aufgabe 19:

Berechnen Sie den Reflexionskoeffizienten r für Ultraschall an einer Grenzfläche von Luft ($\rho_L = 1{,}29$ kg / m^3, $c_L = 340$ m / s) und Gewebe ($\rho_G = 1200$ kg / m^3, $c_G = 1500$ m / s).

Lösung:

Mit $Z_G = \rho_G\, c_G = 1{,}8 \cdot 10^6$ kg / (m^{2}s) und $Z_L = \rho_L\, c_L = 439$ kg / (m^{2}s) gilt für den Reflexionskoeffizienten r:

$$r = (Z_G - Z_L)/(Z_G + Z_L) = 0{,}99953 .$$

Der Reflexionskoeffizient r gibt das Verhältnis des Schalldruckes ($\hat{p}$) der reflektierten und einfallenden Welle an. Bezieht man sich auf die Intensität ($\sim \hat{p}^2$) gilt:

$$R = r^2 = 0{,}9907 .$$

Die Ultraschallwelle kann also fast gar nicht in das Gewebe eindringen. Daher setzt man in der medizinischen Technik den Schallkopf mit einem Gel ohne Luftschicht auf das Gewebe auf.

Aufgabe 20:

Das Auflösungsvermögen in der bildgebenden Ultraschalltechnik ist durch die Wellenlänge λ gegeben. Wie groß sind die kleinsten erkennbaren Strukturen bei einer Frequenz von $f = 6$ MHz ($c = 1570$ m/s im Muskelgewebe)?

Lösung:

Man berechnet die Wellenlänge aus:

$$\lambda = c\,/\,f = 1500\,/\,6 \cdot 10^6 \text{ m} = 0{,}25 \text{ mm} .$$

Die kleinsten erkennbaren Strukturen sind von dieser Größe.

Aufgabe 21:

Ein Ultraschallsender mit 6 MHz wird auf die Körperoberfläche gesetzt. Die ausgesandte Ultraschallwelle wir an einem Organ in 3 cm Tiefe reflektiert. Nach welcher Zeit trifft die reflektierte Welle wieder auf den Sender? Die Wellenlänge beträgt 0,25 mm.

Lösung:

Die Wellengeschwindigkeit beträgt:

$$c = \lambda\, f = 0{,}25 \cdot 10^{-3} \cdot 6 \cdot 10^6 \text{ m / s} = 1500 \text{ m / s} .$$

Die Laufzeit kann aus dem zurückgelegten Weg von $2s = 6$ cm berechnet werden:

$$t = 2s\,/\,c = 4 \cdot 10^{-5} \text{ s} .$$

Aufgabe 22:

Bei einem Echolot auf einem Schiff kommt das Ultraschallsignal nach 0,4 s wieder an den Sender zurück. Wie tief ist das Wasser (Schallgeschwindigkeit 1480 m/s)?

Lösung:

Der zurückgelegte Weg beträgt:

$$s = ct = 1480 \cdot 0{,}4 \text{ m} = 592 \text{ m} .$$

Die Wassertiefe ist halb so groß:

$$s\,/\,2 = 296 \text{ m} .$$

8 Elektromagnetismus

8.0 Formelsammlung

Zu 8.1 Elektrisches Feld

Elektrische Feldstärke

Coulombsches Gesetz (Betragsgleichung)

$$F = \frac{1}{4\pi \cdot \varepsilon_0} \frac{Q_1 \cdot Q_2}{r^2}$$

F: Kraft zwischen den Ladungen, ε_0: elektrische Feldkonstante, Q_1, Q_2: elektrische Ladungen, r: Abstand zwischen den Ladungen

Elektrische Feldstärke einer Punktladung (Betragsgleichung)

$$E = \frac{Q}{4\pi \cdot \varepsilon_0 \cdot a^2}$$

E: elektrische Feldstärke, Q: Punktladung, a: Abstand zwischen Punktladung und Ort der Elektrischen Feldstärke

Potential, Spannung

Potentialdifferenz (Spannung) im elektrischen Feld

$$\Delta\varphi = \varphi_2 - \varphi_1 = \int_1^2 E \cdot da$$

$$\Delta\varphi = U$$

φ_1, φ_2: Potentiale an den Orten „1" bzw. „2",

$\Delta\varphi$: Potentialdifferenz,

U: elektrische Spannung

Kinetische Energie von Elektronen im elektrischen Feld

$$W_{kin} = e_0 \cdot U$$

W_{kin}: kinetische Energie, e_0: Elementarladung

Elektrische Feldenergie eines Kondensators

$$W_{El} = C \cdot U^2 / 2 = Q \cdot U / 2$$

W_{El}: Elektrische Feldenergie; C: Kondensator-Kapazität, Q: Kondensator-Ladung, U: Spannung am Kondensator

Kapazität

Kapazität eines Kondensators

$$C = Q / U$$

Kapazität eines Plattenkondensators mit einem Dielektrikum

$$C = \varepsilon_0 \cdot \varepsilon_r \cdot A / d$$

ε_r: relative Dielektrizitätskonstante (Stoffkonstante), A: Plattenfläche des Kondensators, d: Plattenabstand

Gesamtkapazität bei Reihenschaltung

$$\frac{1}{C_{GES}} = \sum_i \frac{1}{C_i}$$

C_{GES}: Gesamtkapazität, C_i: Einzelkapazitäten, $i = 1, 2, 3, \cdots$

Gesamtkapazität bei Parallelschaltung

$$C_{GES} = \sum_i C_i$$

Zu 8.2 Magnetisches Feld

Magnetische Feldstärke

Magnetische Feldstärke im Innern einer geraden Spule

$$H = \frac{I \cdot N}{l}$$

H: magnetische Feldstärke, I: Stromstärke, N: Windungszahl, l: Länge der Spule

Magnetische Flußdichte

$$B = \mu_0 \cdot \mu_r \cdot H$$

B: magnetische Flußdichte, μ_0: magnetische Feldkonstante, μ_r: relative Permeabilität

Magnetischer Fluß (homogenes Feld)

$$\Phi = B \cdot A$$

Φ: magnetischer Fluß, A: Fläche senkrecht zu B

Magnetische Feldenergie

$$W_M = L \cdot I^2 / 2$$

W_M: magnetische Feldenergie einer Leiteranordnung mit Induktivität L

Kräfte im Magnetfeld

Lorentzkraft (Betragsgleichung)

$$F = Q \cdot v \cdot B \cdot \sin(\vec{v}, \vec{B})$$

F: Kraft auf eine bewegte Ladung (Lorentzkraft), Q: Ladung, v: Geschwindigkeit der Ladung

Kraft auf Leiter im Magnetfeld

$$F = I \cdot l \cdot B \cdot \sin(\vec{l}, \vec{B})$$

F: Kraft auf Leiter, I: Strom durch Leiter, l: Leiterlänge, B: magnetische Flußdichte, die den Leiter durchsetzt

Hall-Spannung

Hall-Spannung (Betragsgleichung, homogenes Feld)

$$U_H = v_D \cdot B \cdot b$$

U_H: Hall-Spannung, v_D: Driftgeschwindigkeit der Elektronen, B: magnetische Flußdichte senkrecht zu v_D, b: Breite des Leiters

Ladungsträgerdichte

$$n = \frac{I \cdot B}{e_0 \cdot D \cdot U_H}$$

n: Ladungsträgerdichte (Elektronen), I: Stromstärke, e_0: Elementarladung, D: Dicke des Leiters

Zu 8.3 Elektromagnetische Wechselfelder

Variable Magnetfelder, Induktion

Induktionsgesetz

$$u_i = -N \frac{d\Phi}{dt}$$

u_i: Induktionsspannung, N: Windungszahl, $d\Phi/dt$: zeitliche Änderung des magnetischen Flusses, der die N-Windungen durchsetzt

Induzierte Spannung einer rotierenden Spule im homogenen Magnetfeld

$$u_i = N \cdot B \cdot A \cdot \omega \cdot \sin(\omega \cdot t)$$
$$\omega = 2\pi \cdot n$$

A: Querschnittsfläche der Spule, ω: Drehfrequenz der Spule, n: Drehzahl, B: magnetische Flußdichte

Selbstinduktion, Induktivität

Induktivität einer Spule

$$L = \mu_0 \cdot \mu_r \cdot A \frac{N^2}{l}$$

L: Induktivität, N: Windungszahl, A: Querschnittsfläche der Spule, l: Länge der Spule; μ_0: magnetische Feldkonstante, μ_r: relative Permeabilität

Zu 8.4 Elektrischer Strom

Ohmscher Widerstand

Ohmsches Gesetz

$$R = U / I$$

R: elektrischer Widerstand, U: elektrische Spannung, I: elek trische Stromstärke

Widerstand von elektrischen Leitern

$$R = \rho \frac{l}{A}$$

ρ: spezifischer elektrischer Widerstand, l: Länge; A: Querschnittsfläche

Temperaturabhängige Widerstandsänderung

$$R_\vartheta = R_{20} \cdot (1 + \alpha \cdot (\vartheta - 20\,^\circ C))$$

R_ϑ, R_{20}: Widerstand bei der Temperatur ϑ in $^\circ C$ bzw. bei 20 $^\circ C$

Gleichstromkreise

1. Kirchhoffsches Gesetz (Knotenpunktgesetz)

$$\sum I_{ZU} = \sum I_{WEG}$$

I_{ZU}: Ströme, die auf den Knotenpunkt zufließen, I_{WEG}: Ströme, die vom Knotenpunkt wegfließen

2. Kirchhoffsches Gesetz (Maschengesetz)

$$\sum_i U_i = \sum_k U_k = \sum_k (I_k \cdot R_k)$$

U_i, U_k: Quellspannungen bzw. Spannungsabfälle innerhalb einer Masche, I_k: Ströme, die durch die Widerstände R_k innerhalb einer Masche fließen

Reihenschaltung von Widerständen

$$R_{GES} = \sum_i R_i$$

R_{GES}: Gesamtwiderstand, R_i: Einzelwiderstände; $i = 1, 2, \cdots$

Parallelschaltung von Widerständen

$$\frac{1}{R_{GES}} = \sum_i \frac{1}{R_i}$$

Elektrische Energie, Leistung

Elektrische Leistung

$$P = U \cdot I = R \cdot I^2 = U^2 / R$$

P: elektrische Leistung;

Elektrische Energie, elektrische Arbeit

$$W = U \cdot I \cdot t$$

W: elektrische Energie, Arbeit, t: Zeit

Wechselstromkreise

Kapazitiver Widerstand

$$X_C = \frac{1}{\omega \cdot C} = \frac{1}{2\pi \cdot f \cdot C}$$

X_C: kapazitiver Widerstand, ω: Kreisfrequenz, f: Frequenz, C: Kapazität

Induktiver Widerstand

$$X_L = \omega \cdot L$$

X_L: induktiver Widerstand, L: Induktivität

Reihenschaltung von Wirk- und Blindwiderständen

$$Z = \sqrt{R^2 + (X_L - X_C)^2}$$

Z: Scheinwiderstand, R: Wirkwiderstand

Parallelschaltung von Wirk- und Blindwiderstand

$$Y = \sqrt{\frac{1}{R^2} + \left(\frac{1}{X_C} - \frac{1}{X_L}\right)^2}$$

$$Z = \frac{1}{Y}$$

Y: Scheinleitwert

8.1 Elektrisches Feld

Elektrische Feldstärke

Aufgabe 1:

Zwei Metallkugeln, die in einem Abstand r von 10 cm an isolierenden Fäden aufgehängt sind, besitzen je die negative Ladung $Q = 10^{-8}$ C.

a) Wie groß ist die Abstoßungskraft F zwischen den Kugeln?

b) Wieviele freie Elektronen befinden sich auf jeder Kugel?

c) Wie groß ist die Feldstärke E in einem Abstand $a = 10$ m von den beiden Kugeln?

d) Es ist eine Skizze des Feldlinienverlaufs der elektrischen Feldstärke im Nahbereich der beiden Kugeln anzufertigen.

(elektrische Feldkonstante $\varepsilon_0 = 8{,}85 \cdot 10^{-12} \mathrm{C}^2 / (\mathrm{N} \cdot \mathrm{m}^2)$; $e_0 = 1{,}6010^{-19}$ C)

Lösung:

a) Es gilt das Coulombsche Gesetz:

$$F = \frac{1}{4\pi \cdot \varepsilon_0} \frac{Q \cdot Q}{r^2} = \frac{(10^{-8})^2 \cdot \mathrm{C}^2 \cdot \mathrm{N} \cdot \mathrm{m}^2}{4\pi \cdot 8{,}85 \cdot 10^{-12} \mathrm{C}^2 \cdot 0{,}01 \cdot \mathrm{m}^2} = 8{,}99 \cdot 10^{-5} \mathrm{N} \ .$$

b) Es gilt: $Q = e_0 \cdot N$ (mit N: Elektronenzahl) $\Rightarrow N = Q/e_0 = 10^{-8}$ C$/(1{,}60 \cdot 10^{-19} \cdot \mathrm{C}) = 6{,}25 \cdot 10^{10}$ freie Elektronen pro Kugel.

c) Da $a \gg r$ ist, wirken die beiden Ladungen $2 \cdot Q$ wie eine Punktladung. Die elektrische Feldstärke für eine Punktladung wird berechnet zu:

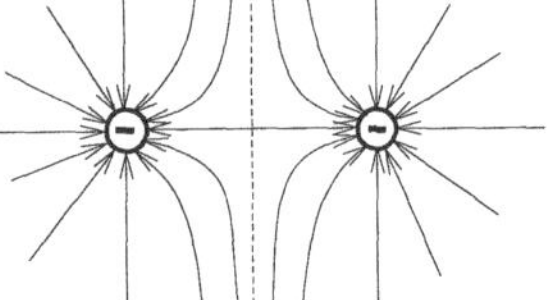

d)

$$E = \frac{1}{4\pi \cdot \varepsilon_0} \frac{2 \cdot Q}{a^2} = \frac{2 \cdot 10^{-8} \cdot \mathrm{C} \cdot \mathrm{N} \cdot \mathrm{m}^2}{4 \cdot \pi \cdot 8{,}85 \cdot 10^{-12} \cdot \mathrm{C}^2 \cdot 100 \, \mathrm{m}^2} ;$$

$$E = 1{,}80 \, \frac{\mathrm{N} \cdot \mathrm{m}}{\mathrm{C} \cdot \mathrm{m}} = 1{,}80 \, \frac{\mathrm{V}}{\mathrm{m}} \ .$$

Aufgabe 2:

a) Wie groß ist die elektrische Feldstärke, die eine konzentrierte Protonenwolke der Masse $m = 2{,}0$ kg in einem Abstand von $a = 100$ km hervorruft?

b) Wie groß ist die Potentialdifferenz, wenn sich der Abstand der Wolke auf 500 km erhöht?

Lösung:

a) Da a sehr groß, kann die Berechnung der Feldstärke E für eine Punktladung herangezogen werden:

$$E = Q / (4\pi \cdot \varepsilon_0 \cdot a^2) \ .$$

Die Ladung Q ist: $Q = e_0 \cdot N = e_0 \cdot m \cdot N_A / M$; mit $N_A = 6{,}02 \cdot 10^{23}$ mol^{-1} $M = 10^{-3}$ kg/mol (Molmasse von Protonen); eingesetzt ergibt:

$Q = 1{,}60 \cdot 10^{-19}$ A s $\cdot 2$ kg $\cdot 6{,}02 \cdot 10^{23}$ mol^{-1} $/ (10^{-3}$ kg $\cdot$ mol$^{-1}) = 1{,}93 \cdot 10^8$ A s ; eingesetzt in E:

$$E = \frac{1{,}93 \cdot 10^8 \mathrm{A} \cdot \mathrm{s} \cdot \mathrm{m} \cdot \mathrm{V}}{4 \, \pi \cdot 8{,}85 \cdot 10^{-12} \mathrm{A} \cdot \mathrm{s} \cdot (10^5 \, \mathrm{m})^2} = 1{,}73 \cdot 10^8 \, \frac{\mathrm{V}}{\mathrm{m}} \ .$$

b) Für den Betrag der Potentialdifferenz $|\Delta\varphi|$ gilt: $|\Delta\varphi| = \int\limits_1^2 E \cdot da = K \cdot \int\limits_1^2 \frac{1}{a} \cdot da = K \cdot \left(\frac{1}{a_1} - \frac{1}{a_2} \right)$; mit

$$K = Q / (4\pi \, \varepsilon_0) ; \Rightarrow |\Delta\varphi| = 1{,}73 \cdot 10^{18} \mathrm{m} \cdot \mathrm{V} \cdot \left(\frac{1}{10^5 \mathrm{m}} - \frac{1}{5 \cdot 10^5 \mathrm{m}} \right) = 1{,}38 \cdot 10^{13} \, \mathrm{V} \ .$$

Potential, Spannung

Aufgabe 3:

Ein Elektron wird aus der Ruhe in einem elektrischen Feld mit der Potentialdifferenz $U = 1\ \text{V}$ beschleunigt.

a) Wie groß sind die kinetische Energie W_{kin} und die Geschwindigkeit v des Elektrons nach dem Beschleunigungsvorgang?

b) Wie groß sind W_{kin} und v bei einer Potentialdifferenz von 25 kV?

$(e_0 = 1,60 \cdot 10^{-19}\ \text{C};$ Ruhemasse des Elektrons $m_{\text{E}} = 9,12 \cdot 10^{-31}\ \text{kg})$

Lösung:

a) Es gilt: $W_{\text{Kin}} = e_0 \cdot U = 1,60 \cdot 10^{-19}\,\text{C} \cdot 1\,\text{V} = 1,60 \cdot 10^{-19}\,\text{A} \cdot \text{s} \cdot \text{V} = 1,60 \cdot 10^{-19}\,\text{J} \equiv 1\,\text{eV}$ (lt. Definition).

Weiterhin gilt:

$$W_{\text{Kin}} = \frac{1}{2} m_{\text{E}} \cdot v^2 \Rightarrow v = \sqrt{\frac{2 \cdot W_{\text{Kin}}}{m_{\text{E}}}} = \sqrt{\frac{2 \cdot 1,60 \cdot 10^{-19}\,\text{N} \cdot \text{m}}{9,12 \cdot 10^{-31}\,\text{kg}}} = 5,92 \cdot 10^5 \sqrt{\frac{\text{kg} \cdot \text{m}^2}{\text{s}^2 \cdot \text{kg}}} = 5,92 \cdot 10^5\,\text{m}/\text{s}.$$

b) Mit $U = 25$ kV folgt: $W_{\text{kin}} = 25\ \text{kV} \ 1,60 \cdot 10^{-19}\,\text{A} \cdot \text{s} = 4,00 \cdot 10^{-15}\,\text{J} = 25\ \text{keV}.$

$$v = 5,92 \cdot 10^5\,\text{m}/\text{s} \cdot \sqrt{25 \cdot 10^3} = 9,36 \cdot 10^7\,\text{m}/\text{s} \approx 0,31 \cdot c_0;\quad \text{mit } c_0 : \text{Lichtgeschwindigkeit.}$$

Aufgabe 4:

Welche Energie liefert ein Kondensator mit $C = 600\ \mu\text{F}$ in einem Photo-Elektronenblitz, der auf 550 V aufgeladen ist?

Lösung:

Es gilt für den elektrischen Energieinhalt eines Kondensators: $W_{\text{El}} = C \cdot U^2/2$; einsetzen der Werte:

$$W_{\text{El}} = 6,00 \cdot 10^{-4}\,\text{F} \cdot 5,50^2 \cdot 10^4\,\text{V}^2 / 2 = 90,8\ \text{A} \cdot \text{s} \cdot \text{V}^2 / \text{V} = 90,8\ \text{J}$$

Kapazität

Aufgabe 5:

Gegeben ist ein Plattenkondensator, der an einer Gleichspannungsquelle von $U = 200$ V liegt. Der Plattenabstand beträgt $d = 1,0$ mm. Die Kondensatorplatten befinden sich in einem Ölbad ($\varepsilon_r = 2,5$) und haben eine Kapazität von $C = 10$ nF.

a) Wie groß ist die Kraft F zwischen den Platten des Kondensators?

b) Wie groß ist die Fläche A zwischen den Platten?

Lösung:

a) Die Ladung Q des Kondensators berechnet sich zu:

$Q = C \cdot U = 200\ \text{V} \ 10 \cdot 10^{-9}\ \text{F} = 2,0 \cdot 10^{-6}\ \text{C};$

die elektrische Energie W_{el} des Plattenkondensators ist gleich der Arbeit der Ladungstrennung $F \cdot d$

$\Rightarrow Q \cdot U / 2 = F \cdot d$, nach F aufgelöst:

$$F = \frac{Q \cdot U}{2 \cdot d} = \frac{2 \cdot 10^{-6}\text{C} \cdot 200\ \text{V}}{2 \cdot 10^{-3}\,\text{m}} = 0,2\,\frac{\text{A} \cdot \text{s} \cdot \text{V}}{\text{m}} = 0,2\,\frac{\text{N} \cdot \text{m}}{\text{m}} = 0,2\ \text{N}.$$

b) Die Kapazität eines Plattenkondensators mit einem Dielektrikum ist: $C = \varepsilon_0 \cdot \varepsilon_r \cdot A / d \Rightarrow$

$$A = \frac{C \cdot d}{\varepsilon_0 \cdot \varepsilon_r} = \frac{10^{-8}\,\text{F} \cdot 10^{-3}\,\text{m} \cdot \text{N} \cdot \text{m}^2}{8,85 \cdot 10^{-12}\,\text{C}^2 \cdot 2,5} = 0,452\,\frac{\text{C} \cdot \text{N} \cdot \text{m}^3}{\text{V} \cdot \text{C}^2} = 0,452\,\frac{\text{N} \cdot \text{m}^3}{\text{V} \cdot \text{A} \cdot \text{s}} = 0,452\,\frac{\text{N}\,\text{m} \cdot \text{m}^2}{\text{N}\,\text{m}} \approx 0,45\,\text{m}^2.$$

Aufgabe 6:

Welche Gesamtkapazitäten kann man durch Kombination von drei gleichen Kondensatoren mit je 10 nF herstellen?

Lösung:

a) $\dfrac{1}{C_{\text{Ges}}} = \dfrac{1}{C_1} + \dfrac{1}{C_2} + \dfrac{1}{C_3} = 3\dfrac{1}{10\,\text{nF}} \Rightarrow C_{\text{Ges}} = 3{,}33\,\text{nF};$

b) $C_{\text{Ges}} = C_1 + C_2 + C_3 = 3 \cdot 10\,\text{nF} = 30\,\text{nF};$

c) $\dfrac{1}{C_{\text{Ges}}} = \dfrac{1}{C_1} + \dfrac{1}{C_1 + C_2} = \dfrac{1}{10\,\text{nF}} + \dfrac{1}{20\,\text{nF}} \Rightarrow C_{\text{Ges}} = 6{,}67\,\text{nF};$

d) $C_{\text{Ges}} = C_1 + \dfrac{C_2 \cdot C_3}{C_3 + C_2} = 10\,\text{nF} + \dfrac{(10\,\text{nF})^2}{20\,\text{nF}} = 15\,\text{nF}.$

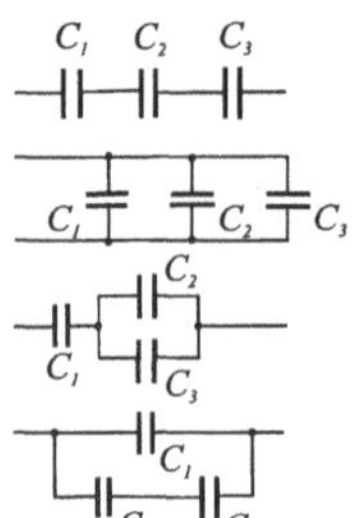

8.2 Magnetisches Feld

Magnetische Feldstärke

Aufgabe 7:

Eine eisenfreie Zylinderspule mit $N = 850$ Windungen und einer Länge von $l = 15$ cm liegt an einer Spannung von $U = 20$ V. Die Spule ist aus $d = 0{,}3$ mm dickem Kupferdraht hergestellt. Die mittlere Windungslänge beträgt $L_W = 6$ cm. Welche magnetische Flußdichte B herrscht im Inneren der Spule? (spez. elektrischer Widerstand $\rho_{\text{Cu}} = 0{,}0175\ \Omega \cdot \text{mm}^2/\text{m}$)

Lösung:

Für den ohmschen Widerstand R gilt:

$$R = \rho\,\frac{L \cdot 4}{d^2 \pi} = 0{,}0175\,\frac{\Omega \cdot \text{mm}^2}{\text{m}}\,\frac{0{,}06\,\text{m} \cdot 850 \cdot 4}{0{,}3^2\,\text{mm}^2 \cdot \pi} = 12{,}6\,\Omega.$$

Der Strom I durch die Spule beträgt: $I = U/R = 20$ V$/12{,}6\ \Omega = 1{,}58$ A. Die magnetische Feldstärke H in der Spule berechnet sich zu: $H = I \cdot N/l = 1{,}58$ A $850/(0{,}15\,\text{m}) = 8{,}95 \cdot 10^3$ A/m. Die magnetische Flußdichte im Inneren der Spule ist:

$B = \mu_0 \cdot \mu_{\text{r}} \cdot H = 1{,}257 \cdot 10^{-6} \cdot \text{V} \cdot \text{s} \cdot \text{A}^{-1} \cdot \text{m}^{-1} \cdot 1 \cdot 8{,}59 \cdot 10^3 \cdot \text{A} \cdot \text{m}^{-1}$, $B = 1{,}13 \cdot 10^{-2}$ T.

Aufgabe 8:

Ein Elektromagnet wird durch eine Spule mit $N_1 = 2800$ Windungen erregt, durch die der Strom $I_1 = 3{,}2$ A fließ. Welcher Strom I_2 wird benötigt, um bei nur $N_2 = 650$ Windungen den gleichen magnetischen Fluß Φ zu erzeugen?

Lösung:

Mit B: magnetische Flußdichte, A: Fläche senkrecht zu B, H: magnetische Feldstärke, folgt:

$\Phi = B \cdot A = \mu_0 \cdot \mu_{\text{r}} \cdot H \cdot A = A \cdot \mu_0 \cdot \mu_{\text{r}} \cdot I \cdot N/l;$ es gilt: $\Phi_1 = \Phi_2 \Rightarrow$

$A \cdot \mu_0 \cdot \mu_{\text{r}} \cdot I_1 \cdot N_1/l = A \cdot \mu_0 \cdot \mu_{\text{r}} \cdot I_2 \cdot N_2/l \Rightarrow I_2 = I_1 \cdot N_1/N_2 = 3{,}2 \cdot \text{A} \cdot 2800/650 = 13{,}8$ A.

Aufgabe 9:

Es ist die magnetische Feldenergie W_M zu berechnen, die in einer Spule mit 1000 Windungen ($I = 2{,}0$ A) gespeichert ist. Die Spule hat die Abmessungen: Länge $l = 8{,}0$ cm, mittlerer Windungsdurchmesser $D = 3{,}5$ cm.

Lösung:

Mit der Induktivität L der Spule folgt: $W_M = L \cdot I^2/2 = \mu_0 \cdot N^2 \cdot \pi \cdot D^2 \cdot I^2/(8 \cdot l)$; Werte einsetzen ergibt:

$$W_M = \frac{4\pi\,10^{-7}\,\text{V s} \cdot 10^6\,\pi\,0{,}035^2\,\text{m}^2\,4{,}0\,\text{A}^2}{\text{A m} \cdot 8 \cdot 0{,}08\,\text{m}} = 3{,}02 \cdot 10^{-2}\ \text{V} \cdot \text{A} \cdot \text{s} = 30{,}2\ \text{mJ}.$$

Aufgabe 10:

Es soll ein magnetisches Feld der Flußdichte von $B = 0{,}30$ T mit einer leeren und einer mit einem Eisenkern ($\mu_r = 500$) versehenen Luftspule erzeugt werden. Wie groß muß in beiden Fällen der Strom I sein, wenn die Spule die folgenden Abmessungen hat: $N = 800$ Windungen, Länge $l = 12$ cm?

Lösung:

Für die magnetische Flußdichte B gilt: $B = \mu_0 \cdot \mu_r \cdot I \cdot N/l$; nach I umstellen ergibt: $I = B \cdot l/(\mu_0 \cdot \mu_r \cdot N)$.
Für die leere Luftspule gilt:

$$I_1 = \frac{\mathrm{A\,m} \cdot 0{,}3\,\mathrm{T} \cdot 0{,}12\,\mathrm{m}}{4\,\pi \cdot 10^{-7}\,\mathrm{V\,s} \cdot 1 \cdot 800} = 35{,}8 \frac{\mathrm{A \cdot m \cdot V \cdot s \cdot m}}{\mathrm{V \cdot s \cdot m^2}} = 35{,}8\,\mathrm{A}\ .$$

Für die Spule mit Eisenkern erhält man: $I_2 = I_1/\mu_r = 35{,}8$ A$/500 = 71{,}6$ mA.

Kräfte im Magnetfeld

Aufgabe 11:

Es ist die magnetische Feldkonstante μ_0 aus der Meßvorschrift für die SI-Maßeinheit Ampere (Definition) zu berechnen, die aus der nebenstehenden Skizze ersichtlich ist ($F = 2 \cdot 10^{-7}$ N; relative Permeabilität $\mu_r = 1$).

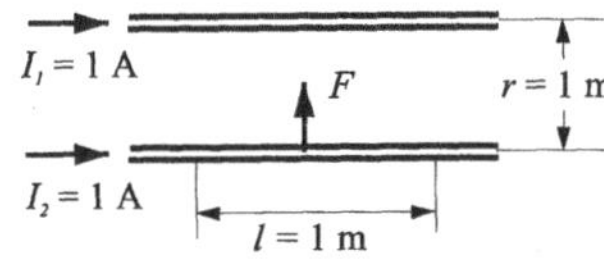

Lösung:

Die Kraft F des Leiters „2" wird durch das Magnetfeld des Leiters „1" hervorgerufen: $F = I_2 \cdot l \cdot B_1$; B_1 ist der magnetische Fluß des Leiters „1" am Ort des Leiters „2": $B_1 = \mu_0 \cdot \mu_r \cdot I_1 / (2\pi \cdot r)$; einsetzen in die erste Gleichung und auflösen nach der magnetischen Feldkonstanten:

$$\mu_0 = \frac{2\pi \cdot r \cdot F}{\mu_r \cdot I_2 \cdot l \cdot I_1} = \frac{2\pi \cdot 1\,\mathrm{m} \cdot 2 \cdot 10^{-7}\,\mathrm{N}}{1\,\mathrm{A} \cdot 1\,\mathrm{m} \cdot 1\,\mathrm{A}} = 4\,\pi \cdot 10^{-7}\mathrm{N} / \mathrm{A}^2 = 1{,}257 \cdot 10^{-6}\,\mathrm{V \cdot s/(A \cdot m)}.$$

Aufgabe 12:

Ein stromdurchflossener Leiter ($I = 10$ A) befindet sich im rechten Winkel zum Flußdichtevektor. Die magnetische Flußdichte beträgt $B = 500$ mT. Wie groß ist die Kraft F auf ein 4 cm langes Leiterstück?

Lösung:

Es gilt:

$$F = I \cdot B \cdot l \cdot \sin\alpha;$$

mit l: Leiterlänge, α: Winkel zwischen Leiter und Flußdichtevektor; einsetzen der Werte ergibt:

$$F = 10\,\mathrm{A} \cdot 0{,}5\,\mathrm{T} \cdot 0{,}04\,\mathrm{m} \cdot \sin 90° = 0{,}2\,\mathrm{A \cdot m \cdot V \cdot s/m^2} = 0{,}2\,\mathrm{N \cdot m/m^2} = 0{,}2\,\mathrm{N}.$$

Aufgabe 13:

Es ist das Drehmoment M auf eine rechteckige Leiterschleife (Abmessungen: $l = 2$ cm, $l_1 = 3$ cm, Windungszahl $N = 15$) zu ermitteln, die sich in dem konstanten Feld eines Permanentmagneten mit $B = 0{,}4$ T befindet. Die Leiterschleife ist drehbar gelagert und bildet mit der Horizontalen einen Winkel von $\varphi = 30°$. Der durch die Leiterschleife fließende Strom beträgt $I = 2{,}5$ A.

Lösung:

Auf die beiden Leiterstücken der Länge l wirken jeweils die Lorentzkräfte F_1 und F_2. Sie berechnen sich wie folgt (siehe Skizze):

$F_1 = F_2 = I \cdot B \cdot l = F$.

Das Kräftepaar an der Leiterschleife erzeugt ein Drehmoment M:

$\quad M = F \cdot l_1 \cdot \cos\varphi = I \cdot B \cdot l \cdot l_1 \cdot \cos\varphi$.

Da bisher nur eine Windung der Leiterschleife betrachtet wurde, vervielfacht sich das Drehmoment um die Windungszahl N. Zusätzlich ist das Produkt $l \cdot l_1$ die eingeschlossene Fläche A der Leiterschleife:

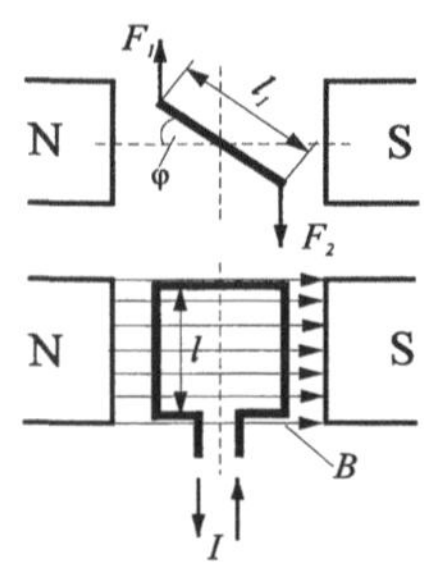

$$M = N \cdot I \cdot B \cdot A \cdot \cos\varphi = 15 \cdot 2{,}5\,\text{A} \cdot 0{,}4\,\text{T} \cdot 2 \cdot 3 \cdot 10^{-4}\,\text{m}^2 \cdot \cos 30°$$

$$M = 7{,}79 \cdot 10^{-3}\,\frac{\text{A} \cdot \text{V} \cdot \text{s} \cdot \text{m}^2}{\text{m}^2} \approx 7{,}8 \cdot 10^{-3}\,\text{N} \cdot \text{m} .$$

Aufgabe 14:

Für analog anzeigende Drehspulinstrumente mit einem radialen Magnetfeld gilt für einen Zeigerausschlagbereich bis ca. 90° ein nahezu konstantes Drehmoment M_M, d.h. unabhängig vom Zeigerausschlag: $M_M = N \cdot I \cdot B \cdot A$ (N: Windungszahl der Drehspule, I: Strom, B: Flußdichte im Luftspalt, A: Fläche der Spule). Eine Spiralfeder mit einem Drehmoment $M_S = 2{,}0 \cdot 10^{-5}$ N·m pro 10° Drehwinkel bildet das Gegendrehmoment zum magnetischen Drehmoment M_M. Wie groß ist der Ausschlag α des Instruments bei einem Strom $I = 0{,}05$ A, wenn die Drehspule $N = 80$ Windungen hat, $A = 2{,}4$ cm^2 und $B = 0{,}1$ T betragen?

Lösung:

$\quad M_M = N \cdot I \cdot B \cdot A = 80 \cdot 0{,}05\,\text{A} \cdot 0{,}1\,\text{V} \cdot \text{s/m}^2 \cdot 2{,}4 \cdot 10^{-4} \cdot \text{m}^2 = 0{,}96 \cdot 10^{-4}\,\text{V} \cdot \text{A} \cdot \text{s} = 0{,}96 \cdot 10^{-4}\,\text{N} \cdot \text{m}$;

für den Zeigerausschlag folgt:

$$\alpha = \frac{M_M}{M_S} = \frac{0{,}96 \cdot 10^{-4}\,\text{N} \cdot \text{m} \cdot 10°}{2 \cdot 10^{-5}\,\text{N} \cdot \text{m}} = 48° .$$

Hall-Spannung

Aufgabe 15:

Ein Leiter der Breite $b = 2{,}0$ cm wird in ein homogenes Magnetfeld mit der Flußdichte $B = 0{,}8$ T gebracht. Wie groß ist die Hall-Spannung U_H, wenn die Driftgeschwindigkeit der Elektronen $v_D = 4 \cdot 10^{-5}$ m/s beträgt.

Lösung:

Für die Hall-Spannung gilt:

$$U_H = v_D \cdot B \cdot b = 4 \cdot 10^{-5}\,\frac{\text{m}}{\text{s}} \cdot 0{,}8\,\text{T} \cdot 2 \cdot 10^{-2}\,\text{m} = 0{,}64 \cdot 10^{-6}\,\frac{\text{m} \cdot \text{V} \cdot \text{s} \cdot \text{m}}{\text{s} \cdot \text{m}^2} = 0{,}64\,\mu\text{V} .$$

Aufgabe 16:

Ein Leiterstück aus Silber mit den Abmessungen Breite $b = 1{,}5$ cm und Dicke $D = 1$ mm wird von einem Strom $I = 2{,}5$ A durchflossen. Die Silberplatte wird senkrecht zu ihrer Längsseite von einem homogenen Magnetfeld von $B = 1{,}25$ T durchsetzt. Die gemessene Hall-Spannung beträgt $U_H = 0{,}334\,\mu\text{V}$.

a) Wie groß ist die Ladungsträgerdichte (Elektronen) n in der Platte? Vergleich von n mit der Teilchenzahldichte n_{Ag} in der Silberplatte (Dichte Silber: $\rho_{Ag} = 10{,}5$ g/cm^3, Molmasse Silber: $M_{Ag} = 108$ g/mol).

b) Es ist die Hall-Konstante von Silber $A_{H,Ag}$ zu berechnen.

Lösung:

a) Es gilt für die Ladungsträgerdichte (Elektronen) beim Hall-Effekt ($e_0 = 1,60 \cdot 10^{-19}$ A·s):

$$n = \frac{I \cdot B}{e_0 \cdot D \cdot U_H} = \frac{2,5\,\text{A} \cdot 1,25\,\text{T} \cdot 10^6}{1,60 \cdot 10^{-19}\,\text{A} \cdot \text{s} \cdot 0,001\,\text{m} \cdot 0,334\,\text{V}} = 5,85 \cdot 10^{28} \frac{\text{V} \cdot \text{s}}{\text{s} \cdot \text{m}^2 \cdot \text{m} \cdot \text{V}} \Rightarrow$$

$$n = 5,85 \cdot 10^{28} \text{ Elektronen/m}^3.$$

Die Teilchenzahldichte in der Silberplatte erhält man (Avogadrozahl $N_A = 6,02 \cdot 10^{23}$ mol^{-1}):

$$n_{Ag} = \frac{N_A \cdot \rho_{Ag}}{M_{Ag}} = \frac{6,02 \cdot 10^{23} \cdot 10,5\,\text{g} \cdot \text{mol}}{\text{mol} \cdot 108\,\text{g} \cdot 10^{-6}\,\text{m}^3} = 5,85 \cdot 10^{28} \text{Atome} / \text{m}^3,$$

d.h. im Silber werden pro Atom ein Elektron an das sogenannte Elektronengas abgegeben, somit kann man von einem sehr guten elektrischen Leiter sprechen.

b) Die Hall-Konstante $A_{H,Ag}$ berechnet sich zu:

$$A_{H,Ag} = (n \cdot e_0)^{-1} = (5,85 \cdot 10^{28} \cdot \text{m}^{-3} \cdot 1,60 \cdot 10^{-19}\,\text{C})^{-1} = 1,07 \cdot 10^{-10}\,\text{m}^3 / \text{C}.$$

Aufgabe 17:

Da im fließenden menschlichen Blut ebenfalls elektrische Ladungsträger (Ionen) vorhanden sind, kann bei großen Blutgefäßen eine Hallspannung U_H gemessen werden. Es ist U_H z.B. an der Bauchschlagader zu berechnen, wenn diese einen Durchmesser von $D = 1$ cm besitzt und die Blutgeschwindigkeit $v = 1$ m/s beträgt und quer zum Gefäß ein Magnetfeld mit $B = 0,2$ T angelgt wird.

Lösung:

Für die Hall-Spannung gilt:

$$U_H = v \cdot B \cdot D = \frac{1\,\text{m} \cdot 0,8\,\text{T} \cdot 0,01\,\text{m}}{\text{s}} = 8,0 \cdot 10^{-3} \frac{\text{m}^2 \cdot \text{V} \cdot \text{s}}{\text{s} \cdot \text{m}^2} = 8,0\,\text{mV}.$$

8.3 Elektromagnetische Wechselfelder

Variable Magnetfelder, Induktion

Aufgabe 18:

Welche Spannung wird in einer Spule ($N = 75$ Windungen) induziert, wenn der die Spule durchsetzende magnetische Fluß Φ innerhalb von $t = 3$ s gleichförmig um $5 \cdot 10^{-5}$ V·s zunimmt?

Lösung:

Es gilt das Induktionsgesetz für die induzierte Spannung:

$$u_i = N \frac{d\phi}{dt} = \frac{\Delta\phi}{\Delta t} = 75 \frac{5 \cdot 10^{-5}\,\text{V} \cdot \text{s}}{3\,\text{s}} \Rightarrow$$

$$u_i = 1,25 \cdot 10^{-3}\,\text{V} = 1,25\,\text{mV}.$$

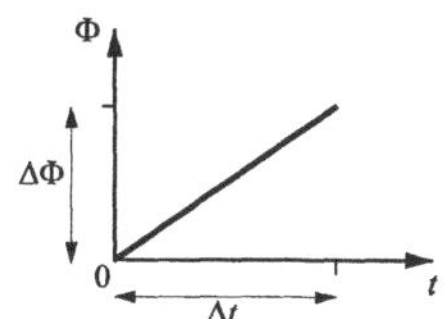

Aufgabe 19:

Es ist die zeitliche Änderung der magnetischen Flußdichte B zu berechnen, die eine Spule senkrecht zur Spulenfläche A durchsetzt und in ihr einen Strom von $I = 4,5$ A erzeugt. Die Spule hat die folgenden Daten: ohmscher Widerstand: $R = 15\ \Omega$, $A = 30$ cm^2, Windungszahl: $N = 100$.

Lösung:

Die induzierte Spannung u_i ist gleich dem Spannungsabfall am Spulenwiderstand:

$$u_i = R \cdot I = 15\ \Omega \cdot 4,5\,\text{A} = 67,5\,\text{V}.$$

Für den magnetischen Fluß Φ gilt (Φ senkrecht zu A):

$\Phi = N \cdot B \cdot A$; eingesetzt in das Induktionsgesetz: $u_i = \dfrac{d\phi}{dt} = N \cdot A \dfrac{dB}{dt}$; auflösen nach dB/dt:

$$\frac{dB}{dt} = \frac{u_i}{N \cdot A} = \frac{67{,}5 \text{ V}}{100 \cdot 30 \cdot 10^{-4} \text{ m}^2} = 225 \frac{\text{V} \cdot \text{s}}{\text{m}^2 \cdot \text{s}} = 225 \frac{\text{T}}{\text{s}} \text{, d.h. die magnetische Flußdichte durch}$$

die Spulenfläche muß sich z.B. innerhalb einer 1/100 Sekunde um 2,25 T ändern.

Aufgabe 20

Ein magnetischer Fluß Φ durchsetzt eine Leiterschleife (Windungszahl $N = 10$) zeitlich gleichförmig wie folgt: er wächst in den ersten 3 s von 0 auf 10 Wb, bleibt die nächsten 2 s konstant und sinkt während der nächsten 5 s auf −5 Wb ab. Es sind die Spannungen während dieser drei Zeitintervalle zu berechnen, die in der Leiterschleife induziert werden.

Lösung:

Für alle drei Zeitintervalle gilt das Induktionsgesetz.:

$$u_i = -N \frac{d\phi}{dt} ;$$

da gleichförmige Änderungen von Φ vorliegen, folgt ($\Delta\Phi$: Differenz von Φ, Δt: Zeitdifferenz):

$$u_i = -N \frac{\Delta\phi}{\Delta t} ;$$

$$u_{i,1} = -10 \cdot 10 \text{ Wb}/(3 \cdot \text{s}) = -33{,}3 \text{ V};$$

$$u_{i,2} = 0 \text{, da } \Delta\Phi = 0;$$

$$u_{i,3} = -10 \cdot (-15 \text{ Wb})/5 \text{ s} \Rightarrow u_{i,3} = +30 \text{ V}.$$

Aufgabe 21:

Ein Stab der Länge $l = 15$ cm bewege sich mit einer konstanten Geschwindigkeit von $v = 8$ m/s senkrecht zu einem homogenen Magnetfeld mit der Flußdichte $B = 0{,}6$ T. Er gleitet auf Kontaktschienen, die an einem Ende mit einem Widerstand von $R = 50\ \Omega$ verbunden sind. Die elektrischen Widerstände vom Stab und den Schienen sind zu vernachlässigen.

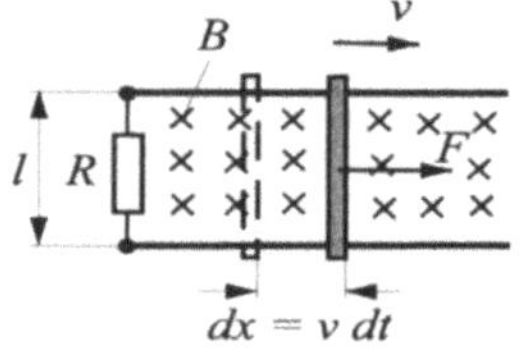

a) Es sind die induzierte Spannung und der Strom durch R zu berechnen.
b) Wie groß ist die Kraft F, die den Stab mit konstanter Geschwindigkeit bewegt?
c) Wie groß ist die Verlustleistung im Widerstand R?

Lösung:

a) Für den Betrag der Induktionsspannung U erhält man mit dem Induktionsgesetz (s. Skizze):

$$|U| = \frac{d\phi}{dt} = \frac{d(B \cdot A)}{dt} = B \cdot l \frac{dx \cdot}{dt} = B \cdot l \cdot v = 0{,}6 \text{ T} \cdot 0{,}15 \text{ m} \cdot 8 \text{ m}/\text{s} = 0{,}72 \frac{\text{V} \cdot \text{s} \cdot \text{m}^2}{\text{m}^2 \cdot \text{s}} = 0{,}72 \text{ V} .$$

Der Gesamtwiderstand der Anordnung beträgt 50 Ω, so daß für den Strom I gilt:

$$I = U/R = 0{,}72 \text{ V}/(50\ \Omega) = 14{,}4 \text{ mA}.$$

b) Die Kraft, die vom Magnetfeld auf den Stab ausgeübt wird, ist gleich der Kraft F, die den Stab mit konstanter Geschwindigkeit durch das Feld bewegt. Sie errechnet sich zu:

$$F = I \cdot B \cdot l = 14{,}4 \cdot 10^{-3} \text{ A} \cdot 0{,}6 \text{ T} \cdot 0{,}15 \text{ m} = 1{,}30 \cdot 10^{-3} \text{ A} \cdot \text{V} \cdot \text{s} \cdot \text{m}^{-2} \cdot \text{m} = 1{,}30 \cdot 10^{-3} \text{ N} \cdot \text{m} \cdot \text{m}^{-1} = 1{,}30 \text{ mN}$$

c) Die umgesetzte elektrische Leistung P in einem ohmschen Widerstand ist:

$$P = I^2 \cdot R = (14{,}4 \cdot 10^{-3} \text{ A})^2 \, 50\ \Omega = 10{,}4 \text{ mW}.$$

Dieses Ergebnis kann über die aufgebrachte Arbeit der den Stab bewegenden Kraft überprüft werden; denn für die Leistung P gilt (F und v konstant):

$$P = F \cdot v = 1{,}30 \cdot 10^{-3} \text{ N} \cdot 8 \text{ m/s} = 10{,}4 \cdot 10^{-3} \text{ N} \cdot \text{m/s} = 10{,}4 \text{ mW}.$$

Aufgabe 22:

In einem Magnetfeld mit einer magnetischen Flußdichte $B = 0{,}25$ T rotiert eine Spule mit $N = 300$ Windungen und einer Fläche von $A = 5$ cm^2 mit einer Drehzahl $n = 3000$ min^{-1}. Wie groß ist die Amplitude der induzierten Spannung U_0?

Lösung:

Es wird eine sinusförmige Wechselspannung u_i induziert:

$$u_i = N \cdot B \cdot A \cdot \omega \cdot \sin(\omega \cdot t) = U_0 \cdot \sin(\omega \cdot t) \, ; \; \Rightarrow U_0 = N \cdot B \cdot A \cdot \omega = N \cdot B \cdot A \cdot 2 \cdot \pi \cdot n \Rightarrow$$

$$U_0 = 300 \cdot 0{,}25 \, \text{T} \cdot 5 \cdot 10^{-4} \, \text{m}^2 \, 2 \cdot \pi \cdot \frac{3000}{60 \cdot \text{s}} = 11{,}8 \, \frac{\text{V} \cdot \text{s} \cdot \text{m}^2}{\text{m}^2 \cdot \text{s}} = 11{,}8 \, \text{V} \, .$$

Selbstinduktion, Induktivität

Aufgabe 23:

Es ist die Selbstinduktivität L einer Spule mit den folgenden Abmessungen zu berechnen: Windungszahl $N = 1000$; Länge $l = 7$ cm; Querschnittsfläche $A = 8$ cm^2. ($\mu_0 = 4\pi \cdot 10^{-7}$ H/m)

Lösung:

Die Berechnungsformel für die Selbstinduktivität (oder kurz Induktivität) einer Spule lautet:

$$L = \mu_0 \cdot \mu_r \cdot A \cdot \frac{N^2}{l} \, ; \; \text{einsetzen der Werte ergibt } (\mu_r = 1, \text{ da Luftspule}):$$

$$L = 4 \, \pi \cdot 10^{-7} \, \frac{\text{H}}{\text{m}} \cdot 8 \cdot 10^{-4} \, \text{m}^2 \, \frac{10^6}{0{,}07 \, \text{m}} = 1{,}44 \cdot 10^{-2} \, \text{H} \, .$$

8.4 Elektrischer Strom

Ohmscher Widerstand

Aufgabe 24:

Ein Draht von $l = 1$ m Länge und Durchmesser von $d = 0{,}35$ mm wird von einem Gleichstrom $I = 1{,}2$ A durchflossen. Die angelegte Gleichspannung beträgt $U = 6$ V. Es sind die folgenden Werte zu berechnen: ohmscher Widerstand R, elektrischer Leitwert G, spezifischer elektrischer Widerstand ρ, elektrische Leitfähigkeit κ. Um welches Widerstandsmaterial handelt es sich?

Lösung:

Es gilt das Ohmsche Gesetz: $R = U/I = 6 \text{ V}/(1{,}2 \text{ A}) = 5{,}0 \, \Omega.; \Rightarrow G = 1/R = 0{,}2 \, \Omega^{-1} = 0{,}2$ S.
Für den spezifischen Widerstand gilt:

$$\rho = \frac{R \cdot d^2 \pi}{l \cdot 4} = \frac{5{,}0 \, \Omega \cdot 0{,}35^2 \cdot 10^{-6} \text{m}^2 \pi}{1 \, \text{m} \cdot 4} = 4{,}81 \cdot 10^{-7} \, \Omega \cdot \text{m} \approx 4{,}8 \cdot 10^{-5} \, \Omega \cdot \text{cm}.$$

Die elektrische Leitfähigkeit beträgt: $\kappa = 1/\rho = 2{,}08 \cdot 10^6 \, \Omega^{-1} \cdot \text{m}^{-1} \approx 2{,}1 \cdot 10^4 \, \Omega^{-1} \cdot \text{cm}^{-1}$.
Der Draht ist aus Konstantan mit $\rho = 0{,}5 \, \Omega \cdot \text{mm}^2/\text{m} = 5 \cdot 10^{-7} \, \Omega \cdot \text{m}$ (Tabellenwert).

Aufgabe 25:

Wie groß ist der Strom durch eine Glühlampe für 220 V beim Einschalten (elektrischer Widerstand $R_{kalt} = 90 \, \Omega$) und während des Betriebs ($R_{warm} = 810 \, \Omega$)?

Lösung:

Die Glühwendel aus Wolframdraht ist ein Kaltleiter, d.h. der elektrische Widerstand steigt mit der Temperatur. Die Ströme beim Einschalten und während des Betriebs werden durch das Ohmsche Gesetz betimmt:

$$I_{kalt} = U/R = 220 \text{ V}/(90 \, \Omega) = 2{,}44 \text{ A}; \; I_{warm} = 220 \text{ V}/(810 \, \Omega) = 0{,}27 \text{ A}.$$

Aufgabe 26:

a) Welche Länge muß ein Eisendraht (spezifischer Widerstand $\rho = 1{,}2 \cdot 10^{-5}\ \Omega\cdot\text{cm}$) von 2,0 mm^2 Querschnitt haben, wenn sein Widerstand 30 Ω (bei 20 °C) betragen soll?

b) Auf welchen Widerstandswert ändert sich der Eisendraht, wenn er von 20 °C auf 80 °C erwärmt wird? (elektrischer Temperaturbeiwert $\alpha = 0{,}0045 \cdot 1/°\text{C}$)?

Lösung:

a) Für die Drahtlänge l eines elektrischen Widerstands gilt:

$$l = \frac{R \cdot A}{\rho} = \frac{30\,\Omega \cdot 2 \cdot 10^{-6}\ \text{m}^2}{1{,}2 \cdot 10^{-7}\ \Omega \cdot \text{m}} = 500\,\text{m}\ .$$

b) Für die temperaturabhängige Widerstandsänderung bei Metallen in einem nicht zu großen Temperaturintervall (lineares Verhalten) gilt:

$$R_\vartheta = R_{20} \cdot (1 + \alpha \cdot (\vartheta - 20°\text{C})) = 30\,\Omega \cdot (1 + 0{,}0045 \cdot °\text{C}^{-1}(80°\text{C} - 20°\text{C})) = 38\,\Omega\ .$$

Gleichstromkreise

Aufgabe 27:

Bei einer Potentiometer- oder Spannungsteilerschaltung (siehe Skizze) ist der Spannungsabfall U_V am Verbraucherwiderstand R_V

a) als Funktion der Eingangsspannung U und den Widerständen R_1, R_2, und R_V herzuleiten und

b) für das folgende Zahlenbeispiel zu errechnen:

$U = 10$ V; $R_1 = 90\ \Omega$; $R_2 = 11\ \Omega$; $R_\text{V} = 100\ \Omega$.

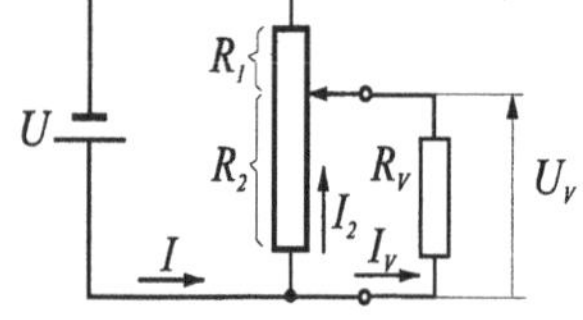

Lösung:

a) Nach dem Maschengesetz von Kirchhoff kann für zwei Maschen (s. Skizze) geschrieben werden:

$$U - (I \cdot R_1 + I \cdot R') = 0 \qquad \text{Gl. (1);} \qquad \text{mit } R' = \frac{R_2 \cdot R_\text{V}}{R_2 + R_\text{V}} \qquad \text{Gl. (3);}$$

$$I_\text{V} \cdot R_\text{V} - I_2 \cdot R_2 = 0 \qquad \text{Gl. (2).}$$

Mit dem ersten Kirchhoffschen Gesetz für die Ströme folgt: $I = I_2 + I_\text{V}$ Gl. (4);

aus Gl. (2) folgt nach Umstellung: $I_\text{V} \cdot R_\text{V} = U_\text{V} = I_2 \cdot R_2$ Gl. (5);

aus Gl. (1) folgt nach Umstellung: $I = U / (R_1 + R')$ Gl. (6);

Gl. (4) in Gl. (5) ergibt: $U_\text{V} = (I - I_\text{V}) \cdot R_2$ Gl. (7);

Gl. (6) in Gl. (7) und mit $I_\text{V} = U_\text{V} / R_\text{V}$ folgt: $U_\text{V} = U \dfrac{R_2}{R_1 + R'} - U_\text{V} \dfrac{R_2}{R_\text{V}}$ Gl. (8);

und schließlich folgt nach Umstellung von Gl. (8) die Endformel:

$$U_\text{V} = \frac{U}{R_1 + R'} \cdot \frac{R_2 \cdot R_\text{V}}{R_\text{V} + R_2} \quad \text{und Vereinfachung mit Gl. (3):}$$

$$U_\text{V} = U \frac{R'}{R_1 + R'}\ .$$

b) Zunächst Ermittlung von R' mit Gl. (3):

$$R' = \frac{11\,\Omega \cdot 100\,\Omega}{(11 + 100)\,\Omega} = 9{,}91\,\Omega\ ;\ \text{einsetzen in die Endgleichung:}$$

$$U_\text{V} = 10\,\text{V} \frac{9{,}91\,\Omega}{(90 + 9{,}91)\,\Omega} = 0{,}99\,\text{V}\ .$$

Aufgabe 28:

In der nebenstehenden Schaltung kann der veränderliche Widerstand R_2 von 0 bis 30 Ω stufenlos eingestellt werden. In welchen Grenzen liegt der Ersatzwiderstand R_E der Schaltung, wenn die beiden anderen Widerstände die Werte $R_1 = 10\ \Omega$ und $R_3 = 20\ \Omega$ haben?

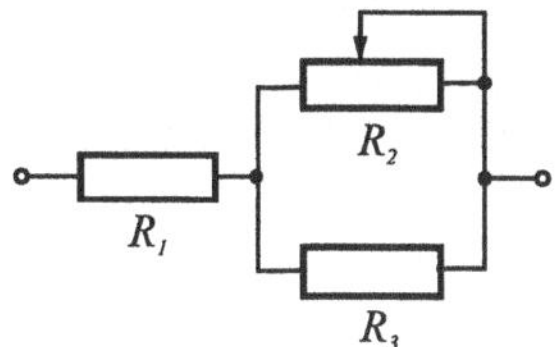

Lösung:

Für den Gesamtwiderstand oder auch Ersatzwiderstand R_E gilt:

$$R_E = R_1 + \frac{1}{1/R_2 + 1/R_3} = R_1 + \frac{R_2 \cdot R_3}{R_2 + R_3}\ ;\ \text{durch Einsetzen der Grenzwerte für } R_2 \text{ folgt:}$$

$$R_{E,\min} = 10\ \Omega + 0 = 10\ \Omega\ \text{ und }\ R_{E,\max} = 10\ \Omega + \frac{30\ \Omega \cdot 20\ \Omega}{(30+20)\ \Omega} = 22\ \Omega\ ;\ \text{der Ersatzwiderstand } R_E$$

(Gesamtwiderstand) ändert sich kontinuierlich zwischen 10 Ω und 22 Ω.

Aufgabe 29:

Welchen Widerstandswert hat R_X in der nebenstehenden schaltung, damit der Ersatzwiderstand (Gesamtwiderstand) $R_E = 9\ \Omega$ beträgt? Die drei einander gleichen Widerstände besitzen jeweils den Wert $R = 10\ \Omega$.

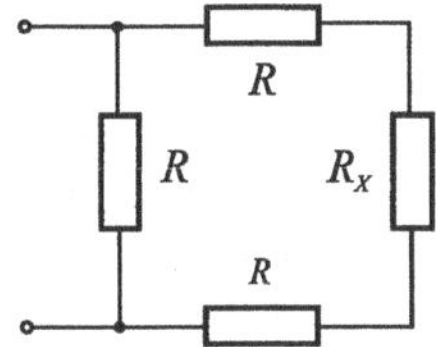

Lösung:

Der Gesamt- oder Ersatzwiderstand R_E der Schaltung berechnet sich zu:

$$\frac{1}{R_E} = \frac{1}{R} + \frac{1}{2 \cdot R + R_X}\ ;\ \text{aufgelöst nach } R_X,\ \text{folgt:}\ R_X = \frac{3 \cdot R \cdot R_E - 2 \cdot R^2}{R - R_E}\ ;\ \text{Werte einsetzen:}$$

$$R_X = \frac{3 \cdot 10\ \Omega \cdot 9\ \Omega - 2 \cdot (10\ \Omega)^2}{10\ \Omega - 9\ \Omega} = 70\ \Omega\ .$$

Elektrische Energie, Leistung

Aufgabe 30:

1 Liter Wasser wird von $\vartheta = 20\ °C$ auf $100\ °C$ elektrisch erwärmt. Der verwendete Kocher hat eine Leistung von $P = 2000\ W$. (spez. Wärmekapazität von Wasser: $c = 4{,}18\ kJ/(kg \cdot K)$)

a) Nach welcher Zeit kocht das Wasser, wenn 30 % der Wärme verloren gehen?

b) Wie hoch sind die Stromkosten, wenn 1 kWh 0,30 DM kostet?

Lösung:

a) Es gilt für die Wärme Q, die dem Wasser bis zum Kochen zugeführt werden muß:

$$Q = c \cdot m \cdot \Delta\vartheta = 4{,}18\ kJ / (kg \cdot K) \cdot 1\ kg \cdot 80\ K = 334\ kJ\ .$$

Die elektrische Wärme W_{el}, die der Kocher dem Wasser zuführt, ist (t: Zeit, η: Wirkungsgrad):

$$W_{el} = P \cdot t \cdot \eta\ ;\ \text{es gilt nun: } W_{el} = Q,\ \text{einsetzen und nach } t \text{ auflösen ergibt:}$$

$$t = \frac{Q}{P \cdot \eta} = \frac{334 \cdot 10^3\ J \cdot s}{2 \cdot 10^3\ J \cdot 0{,}7} = 239\ s \approx 4{,}0\ \min.$$

b) Für die Berechnung der Erwärmungskosten K gilt (mit $k = 0{,}30\ DM/kWh$):

$$K = P \cdot t \cdot k = \frac{2{,}0\ kW \cdot 239\ s \cdot h \cdot 0{,}3\ DM}{3600\ s \cdot kWh} = 0{,}040\ DM \approx 4\ Pf.$$

Aufgabe 31:

Ein Rasenmäher hat bei $U = 220$ V eine Leistung von $P = 800$ W. Das Zuleitungskabel hat eine Länge von $l = 100$ m mit einem Querschnitt je Ader von $A = 1,5$ mm^2. Wie groß ist der Leistungsverlust in der Zuleitung? (spezifischer Widerstand von Kupfer: $\rho = 1,7 \cdot 10^{-8}$ $\Omega \cdot$m)

Lösung:

Ermittlung des Zuleitungswiderstands R_Z und des Mäherwiderstands R_M:

$$R_Z = \frac{\rho \cdot 2 \cdot l}{A} = \frac{1,7 \cdot 10^{-8}\,\Omega \cdot m \cdot 2 \cdot 100\,m}{1,5 \cdot 10^{-6}\,m^2} = 2,27\,\Omega \approx 2,3\,\Omega;$$

$R_M = U^2 / P = (220\,V)^2 / (800\,V \cdot A) = 60,5\,\Omega$. Da R_Z und R_M in Reihe liegen, gilt für den Strom: $I = U/(R_Z + R_M) = 220$ V $/(62,8\,\Omega) = 3,50$ A; für die Verlustleistung P_V im Zuleitungskabel:

$$P_V = R_Z \cdot I^2 = 2,27 \cdot \Omega \cdot 3,5^2 \cdot A^2 = 27,8\,W.$$

Wechselstromkreise

Aufgabe 32:

Wie groß ist der Scheinwiderstand Z bei 50 Hz und 500 Hz, wenn in Reihe zu einer Induktivität $L = 2,4$ mH ein ohmscher Widerstand $R = 10\,\Omega$ zugeschaltet wird?

Lösung:

Der induktive Widerstand beträgt für die beiden Frequenzen $f_1 = 50$ Hz und $f_2 = 500$ Hz:

$$X_{L,50} = 2 \cdot \pi \cdot f_1 \cdot L = 2 \cdot \pi \cdot 50 \cdot s^{-1} \cdot 2,4 \cdot 10^{-3}\,H = 0,75\,s^{-1} \cdot V \cdot s \cdot A^{-1} = 0,75\,\Omega;\ \text{und}\ X_{L,500} = 7,5\,\Omega.$$

Für den Scheinwiderstand in einem Wechselstromkreis gilt:

$$Z_{50} = \sqrt{R^2 + X_{L,50}^2} = \sqrt{(10\,\Omega)^2 + (0,75\,\Omega)^2} = 10,03\,\Omega \approx 10,0\,\Omega;\ \text{und}\ Z_{500} = 12,5\,\Omega.$$

Aufgabe 33:

Es sind ein ohmscher Widerstand von $R = 30\,\Omega$ und eine Kapazität von $C = 0,4\ \mu$F parallel geschaltet. Bei welcher Frequenz f ist der kapazitive Widerstand X_C gleich dem ohmschen? Wie groß ist dann der Scheinwiderstand Z?

Lösung:

Gefordert wird die Gleichheit des ohmschen mit dem kapazitiven Widerstand, und es gilt: $R = 1/(2 \cdot \pi \cdot f \cdot C)$, umstellen nach der Frequenz: $f = 1/(2 \cdot \pi \cdot R \cdot C)$; einsetzen der Werte ergibt:

$$f = \frac{10^6}{2 \cdot \pi \cdot 30\,\Omega \cdot 0,4 \cdot F} = 13,3 \cdot 10^3\,\frac{A \cdot V}{V \cdot A \cdot s} = 13,3\,kHz.\ \text{Den Scheinleitwert}\ Y\ \text{erhält man:}$$

$$Y = \sqrt{\frac{1}{R^2} + (2\,\pi \cdot f \cdot C)^2} = \sqrt{\left(\frac{1}{30^2} + \frac{1}{30^2}\right)\frac{1}{\Omega^2}} = 4,71 \cdot 10^{-2}\,\Omega^{-1},\ \text{mit}\ Z = 1/Y\ \text{folgt}\ Z = 21,2\,\Omega.$$

9 Optik

9.0 Formelsammlung

Zu 9.1 Geometrische Optik

Reflexion und Brechung

Brechungsgesetz:

$n = c_0 / c_m$ n: Brechzahl, $c_0 = 3 \cdot 10^8$ m/s: Lichtgeschwindigkeit, c_m: Lichtgeschwindigkeit im Medium

$n_1 \sin \varepsilon_1 = n_2 \sin \varepsilon_2$ n_1, n_2 : Brechzahl von Medium 1 und 2, $\varepsilon_1, \varepsilon_2$: Einfalls- und Austrittswinkel (gegen die Normale gemessen)

Totalreflexion:

$\sin \varepsilon_{gr} = n_2 / n_1$ ε_{gr} : Grenzwinkel (gegen Normale), n_1: Brechzahl Einfall, n_2 : Brechzahl Austritt

Hohlspiegel

Brennweite f:

$f = r / 2$ *gilt für Hohlspiegel,* r: Krümmungsradius

$f = -r / 2$ *gilt für Wölbspiegel,* r: Krümmungsradius

Abbildungsgleichungen:

$B / G = -b / g$ B: Bildgröße, G: Gegenstandsgröße, b: Bildweite,

$1 / f = 1 / b + 1 / g$ g: Gegenstandsweite, f: Brennweite

Vorzeichenregel: Gegenstands- und Bildgröße *(B, G)* zählen positiv in Richtung der y-Achse. Gegenstands- und Bildweite (g, b) sind positiv auf der Spiegelseite. Lichteinfall von links.

Linsen

Brennweite f:

$1 / f = D = (n - 1)(1 / r_1 - 1 / r_2)$ $D = 1 / f$: Brechkraft, n: Brechzahl, r_1, r_2: Radien der Linse

Vorzeichenregel: $r_1, r_2 > 0$ Radiusvektor zeigt nach rechts

Systeme aus 2 Linsen:

$D = 1 / f = 1 / f_1 + 1 / f_2 - d / (f_1 f_2)$ f_1, f_2: Brennweite von Linse 1 und 2, d: Linsenabstand f = Brennweite des Systems

Abbildungsgleichungen:

$B / G = b / g$ B: Bildgröße, G: Gegenstandsgöße, b: Bildweite,

$1 / f = 1 / b - 1 / g$ g: Gegenstandsweite, f: Brennweite

Vorzeichenregel: Gegenstands- und Bildgröße *(B, G)* zählen positiv in Richtung der y-Achse. Gegenstands- und Bildweite (g, b) sind positiv in Richtung der x-Achse (= Lichtrichtung).

$zz' = -f^2$ z, z' : Gegenstands- und Bildweite ab den Brennpunkten

Auge

Deutliche Sehweite a:

$a = 25$ cm

Lupenvergrößerung Γ:

$\Gamma = \sigma' / \sigma$ Γ: Winkelvergrößerung, σ', σ: Sehwinkel mit und ohne Lupe

$\Gamma = a / f$ $a = 25$ cm: deutliche Sehweite, f: Brennweite

Fotoapparat

$1 / k = d / f$ k: Öffnungszahl (Blende $k = 1{,}4,\ 2,\ 2{,}8,\ 4,....$), $1/k$: Öffnungs-
verhältnis, d: Blendendurchmesser (Eintrittspupille)

Fernrohr

$\Gamma = \sigma' / \sigma$ Γ: Winkelvergrößerung, σ', σ : Sehwinkel mit und ohne Fernrohr

$\Gamma = f_1 / f_2$ f_1, f_2 : Brennweite von Objektiv und Okular

Mikroskop

Vergrößerung Γ:

$\Gamma = \beta \Gamma_{ok}$ Γ: Mikroskopvergrößerung , Γ_{ok} : Vergrößerung des Okulars,

$\beta = t / f_1$ β : Vergrößerung des Objektivs, t: Tubuslänge (160 mm)

              f_1 : Brennweite des Objektivs

$\Gamma_{ok} = a / f_2$ $a = 25$ cm: deutliche Sehweite, f_2 : Brennweite des Okulars

Auflösungsvermögen:

$g = \lambda / (2n \sin u)$ g: auflösbarer Abstand, n: Brechzahl, u: halber Öffnungswinkel

$A = n \sin u$ des Objektivs, A: numerische Apertur, $\lambda = $ Wellenlänge

Zu 9.2 Wellenoptik

Polarisation

Verdrehung zweier Polarisatoren:

$I = I_0 \cos^2 \alpha$ I: einfallende Intensität I_0: durchgelassene Intensität, α: Winkel
zwischen den Polarisatoren

Brewster-Winkel ε_B :

$\tan \varepsilon_B = 1 / n$ ε_B: in der Einfallsebene pol. Licht wird nicht reflektiert, n: Brechzahl

Drehung der Polarisation (opt. Aktivität):

$\alpha = Cd\alpha_s$ α: Drehwinkel, C: Konzentration, α_s : spezifische Drehung, d: Länge

Kohärenz

$l_k = t_k c_0$ l_k : Kohärenzlänge, t_k : Kohärenzzeit, c_0: Lichtgeschwindigkeit

$l_k = c_0 / \Delta f = c_0 \tau$ Δf : Bandbreite (Linienbreite), τ : Lebensdauer

Interferenz

Ent- und Verspiegeln:

$nd = \lambda / 4$ d: Schichtdicke, λ: Wellenlänge, n: Brechzahl
($n < n_{\text{Träger}}$: Entspiegeln, $n > n_{\text{Träger}}$: Verspiegeln)

Newton-Ringe:

$r_m^2 = m\lambda R$ r_m : Radius des m-ten dunklen Ringes, R: Radius der Oberfläche

Beugung

Gitter:

$\sin \alpha = n\lambda / d$ α: Beugungswinkel (Maximum), $n = 1, 2, 3,..$, d: Gitterabstand,
λ: Wellenlänge

Spalt:

$\sin \alpha = (n + 1/2)\lambda / d$ α: Beugungswinkel (Maximum), d: Spaltbreite

Kreisblende:

$\sin \alpha_{min} = 1{,}22 \cdot \lambda / d$ α_{min} : Beugungswinkel (erstes Minimum), d: Durchmesser

Auflösung (Fernrohr, Fotoapparat):
$\sin\delta = 1{,}22 \cdot \lambda / d$ $\qquad$ δ: auflösbarer Winkelabstand, d: Linsendurchmesser

Auflösung (Mikroskop):
$g = \lambda / (2n\sin u)$ $\qquad$ g: auflösbarer Abstand, n: Brechzahl, u: halber Öffnungswinkel des Objektivs
$A = n\sin u$ $\qquad$ A: numerische Apertur

Zu 9.3 Quantenoptik

Lichtquanten, Fotonen:
$E = hf$ $\qquad$ E: Energie eines Quants, $h = 6{,}626 \cdot 10^{-34}$ Js, f: Lichtfrequenz
$c_0 = f\lambda$ $\qquad$ $c_0 = 3 \cdot 10^8$ m / s, λ: Lichtwellenlänge

Laser:
$G = e^{gx}$ $\qquad$ G: Verstärkungsfaktor, g: differentielle Verstärkung, x: Länge

$L = q\lambda / 2$ $\qquad$ L: Resonatorlänge, λ: Wellenl., q: Zahl der Halbwellen im Resonator

$\Delta f = c_0 / (2L)$ $\qquad$ Δf : longitud. Modenabstand, $c_0 = 3 \cdot 10^8$ m / s, L: Resonatorlänge

$\theta = \lambda / (\pi w_0)$ $\qquad$ θ: halber Divergenzwinkel, w_0: Radius der Strahltaille, Strahlradius

$w' = f\lambda / (\pi w_0)$ $\qquad$ w':Strahlradius im Fokus einer Linse, f: Brennweite, w_0:Strahlradius

Zu 9.4 Fotometrie

Lichtstrom Φ (in lm): $\qquad$ Φ_e: Strahlungsfluß in W
$\Phi = 683$ lm entspricht $\Phi_e = 1$ W bei 555 nm

Beleuchtungsstärke E (in lx $= $ lm / m^2):
$E = \Phi / A$ oder genauer $E = d\Phi / dA$ $\qquad$ Φ : Lichtstrom auf die Fläche A

Lichtstärke I (in cd):
$I = \Phi / \Omega$ oder genauer $I = d\Phi / d\Omega$ $\qquad$ Φ :Lichtstrom im Raumwinkel Ω

Raumwinkel Ω:
$\Omega = A / r^2$ $\qquad$ A: bestrahlte Fläche, r: Abstand von Lichtquelle

Diffus strahlende Fläche (Lambert Strahler):
$I = I_0 \cos\alpha$ $\qquad$ I_0: Lichtstärke senkr. zur Fläche, α: Abstrahlwinkel

Beleuchtungsstärke E bei senkrechtem Einfall:
$E = I / r^2$ $\qquad$ r: Abstand von Lichtquelle

Beleuchtungsstärke E bei schrägem Einfall:
$E = I\cos\alpha / r^2$ $\qquad$ α: Einfallswinkel

9.1 Geometrische Optik

Reflexion und Brechung

Aufgabe 1:

Licht eines He-Ne-Lasers ($\lambda = 632$ nm) fällt unter 450 auf die Oberfläche einer Flüssigkeit und wird dabei von der Einfallsrichtung um 150 abgeknickt.
a) Wie groß ist die Brechzahl?
b) Wie groß sind Lichtgeschwindigkeit, Frequenz und Wellenlänge in der Flüssigkeit?

Lösung:

a) Es gilt das Brechungsgesetz: $n_1 \sin\varepsilon_1 = n_2 \sin\varepsilon_2$ mit $n_1 = 1$, $\sin\varepsilon_1 = 45°$ und $\sin\varepsilon_2 = 45°-15°$.
Daraus folgt für die Brechzahl der Flüssigkeit:
$$n_2 = n_1 \sin\varepsilon_1 / \sin\varepsilon_2 = 1{,}414 \, .$$

b) Die Brechzahl n ist das Verhältnis der Lichtgeschwindigkeit im Vakuum ($c_0 = 3 \cdot 10^8$ m/s) und der Lichtgeschwindigkeit im Medium c: $n = c_0 / c$. Daraus erhält man:
$$c = c_0 / n = 2{,}12 \cdot 10^8 \text{ m/s} \, .$$
Die Lichtfrequenz ändert sich im Medium nicht. Die Wellenlänge verkleinert sich um den Faktor n:
$$\lambda = \lambda_0 / n = 447 \text{ nm} \, .$$

Aufgabe 2:

Ein einfarbiger Lichtstrahl trifft unter dem Winkel α auf eine planparallele Platte der Dicke d und der Brechzahl n (Bild). Man berechne den parallelen Versatz b des Strahls nach Austritt aus der Platte. Nach einer allgemeinen Formulierung des Problems wählen Sie als Beispiel $\alpha = 45°, n = 1{,}51, d = 1{,}5$ cm.

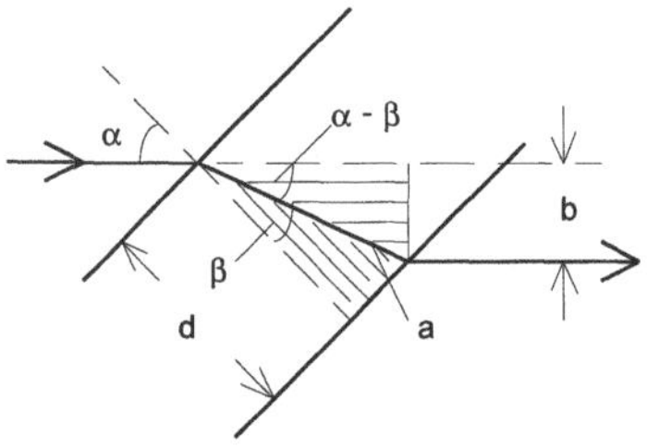

Lösung :

Aus den Dreiecken im Bild entnimmt man:
$$\sin(\alpha - \beta) = b / a \quad \text{und} \quad \cos\beta = d / a \, .$$
Auflösen nach a und Gleichsetzen ergibt für den Strahlversatz:
$$b = d \sin(\alpha - \beta) / \cos\beta \, .$$
Der Winkel β wird durch das Brechungsgesetz gegeben: $\sin\beta = (1/n)\sin\alpha$.
Zahlenbeispiel: $\alpha = 45°$, $n = 1{,}51$, $d = 1{,}5$ cm. Mit der letzten Gleichung erhält man $\beta = 27{,}9°$.
Daraus folgt mit der vorletzten Gleichung $b = 1{,}5 \cdot \sin(45°-27{,}9°) / \cos 27{,}9°$ cm $= 0{,}5$ cm.
Anmerkung: Die beiden Lösungsgleichungen können mit Hilfe von Additionstheoremen zu einer einzigen Gleichung vereinigt werden: $b = d \sin\alpha(1 - \sqrt{(1 - \sin^2\alpha)/(n^2 - \sin^2\alpha)}\,)$.

Aufgabe 3:

Unter welchem maximalen Winkel kann Licht aus einem Lichtleiter austreten (siehe Bild)?

Lösung:

Der maximale Winkel α tritt dann auf, wenn ε_{gr} gleich dem Grenzwinkel der Totalreflexion ist:
$$\sin\varepsilon_{gr} = n_a / n_i = 1{,}50 / 1{,}60 \quad \text{und} \quad \varepsilon_{gr} = 69{,}63° \, .$$

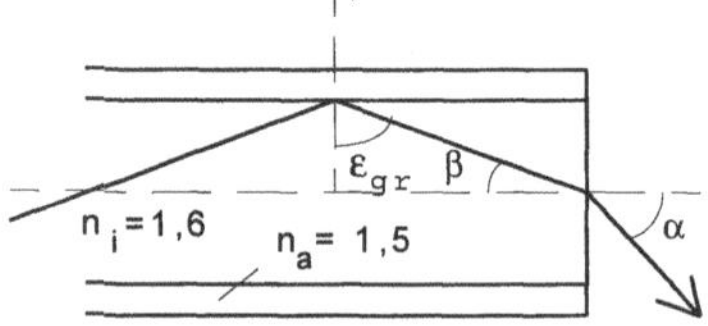

Weiterhin gilt $\beta = 90° - \varepsilon_{gr} = 20{,}37°$. Der gesuchte Winkel α wird aus dem Brechungsgesetz ermittelt:
$$\sin\alpha = n \sin\varepsilon_{gr} = 1{,}6 \cdot \sin 20{,}37° \, .$$
Es folgt: $\alpha = 33{,}84°$.

Aufgabe 4:

Eine Lichtquelle in 0,9 m Wassertiefe strahlt in alle Richtungen (Bild). An der Wasser-oberfläche wird dabei ein kreisförmiger leuchtender Bereich sichtbar. Wie groß ist der Durchmesser des Lichtkreises (Brechzahl von Wasser $n = 1,33$)?

Lösung:

Außerhalb des leuchtenden Bereiches findet Total-reflexion statt, die durch den Winkel ε_{gr} mit

$$\sin \varepsilon_{gr} = 1/n$$

gegeben ist. Man erhält $\varepsilon_{gr} = 48{,}8°$. Aus dem Bild folgt

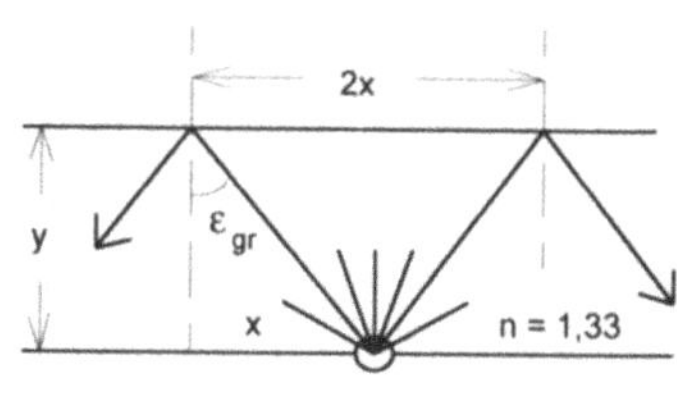

$$\tan \varepsilon_{gr} = x/y \text{ oder}$$

$$x = y \tan \varepsilon_{gr} = 0{,}9 \text{ m} \cdot \tan 48{,}8° = 1{,}03 \text{ m}.$$

Der Durchmesser des Lichtkreises beträgt $2x = 2{,}06$ m.

Aufgabe 5:

Wie groß muß mindestens die Brechzahl eines Lichtleiters sein, wenn an der Strinfläche streifend einfallendes Licht total reflektiert wird (Bild)?

Lösung:

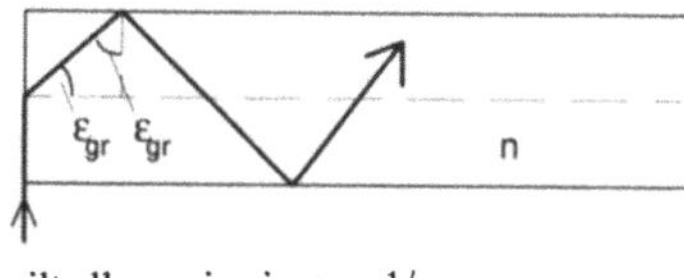

Der Winkel der Totalreflexion ε_{gr} tritt am einfallenden und am reflektierten Strahl auf (s. Bild).

Daraus folgt $\varepsilon_{gr} = 45°$. Für den Winkel der Totalreflexion gilt allgemein $\sin \varepsilon_{gr} = 1/n$.

Mit $\varepsilon_{gr} = 45°$ erhält man $n = 1{,}414$.

Aufgabe 6:

In eine Glasfaser von 1 km Länge wird rote (680 nm) und grüne (500 nm) Strahlung eingekoppelt. Wie groß ist der Laufzeitunterschied ($n_{(680)} = 1{,}514$, $n_{(500)} = 1{,}522$)?

Lösung:

Die Lichtgeschwindigkeit c in optischen Materialien wird durch die Brechzahl n bestimmt:

$$c = c_0 / n \text{ mit } c_0 = 3 \cdot 10^8 \text{ m/s}.$$

Der Laufzeitunterschied für rotes und blaues Licht beträgt:

$$\Delta t = t(500) - t(680) = s / c(500) - s / c(680) = s \cdot n(500) / c_0 - s \cdot n(680) / c_0 = \Delta ns / c_0.$$

Mit $s = 1000$ m und $\Delta n = n(500) - n(680) = 0{,}008$ erhält man: $\Delta t = 2{,}7 \cdot 10^{-8}$ s.

Aufgabe 7:

Auf dem Weg von A nach B passiert ein Lichtstrahl die Grenze zwischen zwei Medien, in welchen die Ausbreitungsgeschwindigkeiten c_1 und c_2 betragen (Bild). Man leite das Brechungsgesetz ab unter der Forderung, daß der Weg von A nach B in minimaler Zeit zurückgelegt wird.

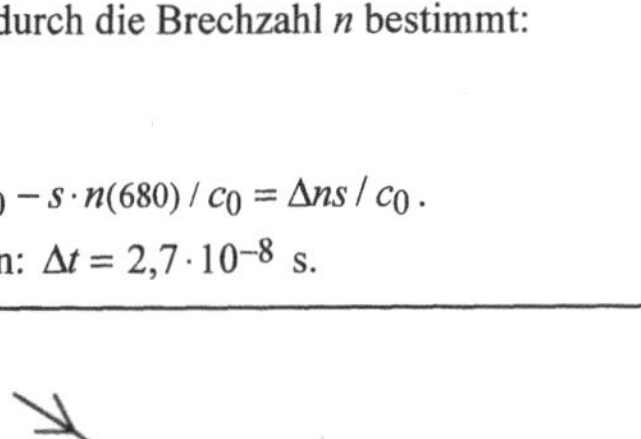

Lösung:

Aus dem Bild berechnet man für die Laufzeit des Lichtes:

$$t = t_1 + t_2 = \sqrt{a^2 + x^2} / c_1 + \sqrt{b^2 + (s-x)^2} / c_2.$$

Die Zeit soll ein Minimum sein, d.h. $dt/dx = 0$:

$$0 = \frac{x}{c_1 \sqrt{a^2 + x^2}} - \frac{s-x}{c_2 \sqrt{b^2 + (s-x)^2}}.$$

Mit $\sin \varepsilon_1 = \dfrac{x}{\sqrt{a^2 + x^2}}$ und $\sin \varepsilon_1 = \dfrac{s-x}{\sqrt{b^2 + (s-x)^2}}$ erhält man $(1/c_1) \sin \varepsilon_1 = (1/c_2) \sin \varepsilon_2$.

Mit $n = c_0 / c$ folgt das Brechungsgesetz: $n_1 \sin \varepsilon_1 = n_2 \sin \varepsilon_2$.

Hohlspiegel

Aufgabe 8:
Zum Nachweis kleiner Drehwinkel wird ein Spiegel an einer Drehachse befestigt und mit einem Laserstrahl beleuchtet (Bild). Nach der Reflexion trifft der Strahl auf eine Skala, die im Abstand von $r = 1$ m von der Drehachse aufgestellt ist. Um wieviel Millimeter bewegt sich der reflektierte Strahl bei einer Drehung um $\alpha = 50''$?

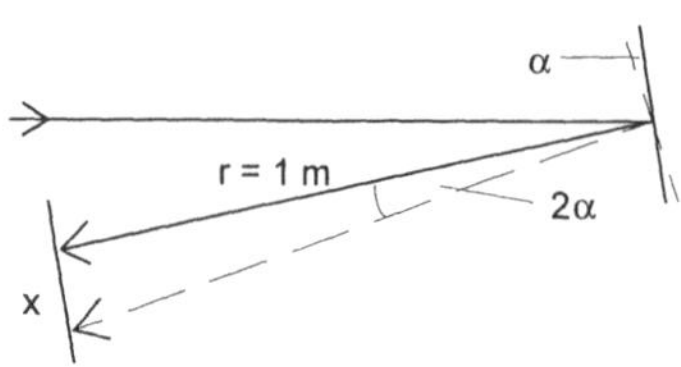

Lösung:
Bei der Drehung des Spiegels um den Winkel α ändert sich der reflektierte Strahl um 2α. Nach dem Bild gilt

$$x = r\tan 2\alpha \approx r2\alpha \,,$$

wobei α im Bogenmaß einzusetzen ist. Daraus folgt:

$$2\alpha = 2 \cdot 2\pi \cdot 50'' / (360 \cdot 3600'') = 4{,}85 \cdot 10^{-4} \text{ rad und } x = 1000 \cdot 4{,}85 \cdot 10^{-4} \text{ mm} = 0{,}485 \text{ mm} .$$

Aufgabe 9:
Wie hoch muß ein Spiegel sein, damit Sie Ihren Kopf der Höhe h von oben bis unten sehen können?

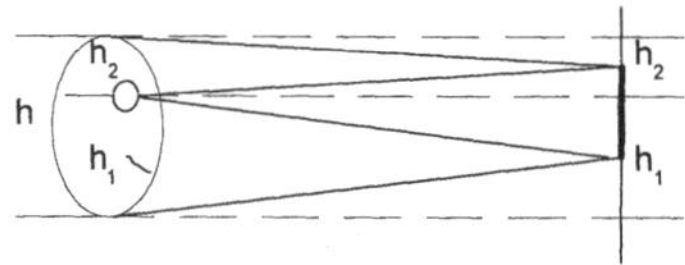

Lösung:
Das Auge muß die Ober- und Unterkante des Kopfes sehen können. Aus dem Bild ergibt sich, daß der Spiegel mindestens halb so hoch wie der Kopf $(h/2)$ sein muß.

Aufgabe 10:
Bei einem speziellen 1 m langem Laser sollen die Brennpunkte der beiden gleichen Laserspiegel zusammenfallen. Wie groß sind die Krümmungsradien der Spiegel?

Lösung:
Die Länge des Lasers $l = 1$ m ist gleich der doppelten Brennweite: $l = 2f$ oder $f = l/2 = 0{,}5\,\text{m}$.
Die Brennweite ist gleich dem halben Krümmmungsradius r: $f = r/2$. Daraus folgt $r = 2f = 1\,\text{m}$.

Aufgabe 11:
a) Berechnen Sie die Bildlage und den Abbildungsmaßstab bei einem Rasierspiegel (konkav) mit einem Krümmungsradius von $r = 40$ cm. Der Gegenstand soll sich 10 cm (und 15 cm) vor dem Spiegel befinden.
b) Skizzieren Sie den Strahlengang (für $g = 10$ cm).

Lösung:
a) Die Brennweite beträgt $f = r/2 = 20$ cm und die
Gegenstandsweite $g = 10$ cm. Es gilt:

$$1/f = 1/g + 1/b \text{ und } 1/b = 1/f - 1/g$$
$$= 1/(20\text{cm}) - 1/(10\text{cm}) = -0{,}05\text{cm}^{-1} .$$

Daraus folgt: $b = -20$ cm. Für den Abbildungsmaßstab erhält man:

$$B/G = -b/g = 2 .$$

(Für $g = 15$ cm folgt: $b = -58{,}8$ cm und $B/G = 3{,}9$.)

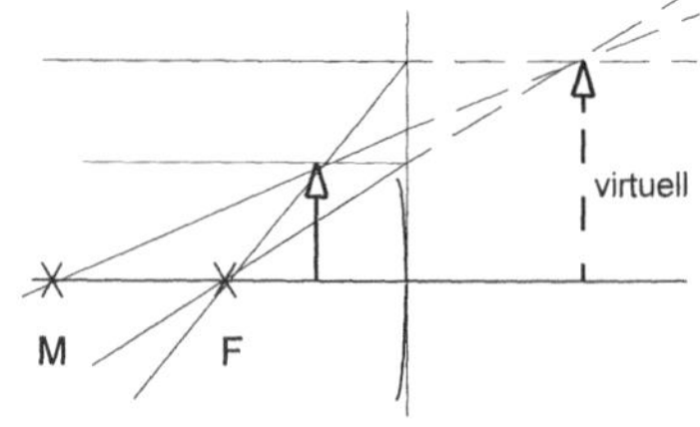

Aufgabe 12:
Der Rückspiegel eines Autos bildet einen 10 m entfernten Gegenstand 200fach verkleinert ab. Wie groß sind die Brennweite und der Krümmungsradius? Ist der Spiegel konkav oder konvex?

Lösung:

Für den Abbildungsmaßstab gilt:

$$B / G = -b / g = 10 \text{ mit } g = 10 \text{ m}.$$

Daraus folgt $b = -0{,}05$ m. Man berechnet aus der Abbildungsgleichung

$$1 / f = 1 / b + 1 / g$$

für die Brennweite $f = -0{,}0503$ m $\approx b$ (konvex). Der Krümmungsradius beträgt $r = 2\,|f| \approx 0{,}1$ m.

Linsen

Aufgabe 13:

a) Ein Gegenstand befindet sich 8 cm vor einer Plankonvexlinse mit 3 cm Brennweite. Wo liegt das Bild? Wie groß ist der Abbildungsmaßstab? Skizzieren Sie den Strahlengang.

b) Berechnen Sie noch einmal Aufgabe a) für eine Linse mit –3 cm Brennweite.

Lösung:

a) Man löst die Linsengleichung

$$1 / b = 1 / g + 1 / f \text{ mit } f = 3 \text{ cm und } g = -8 \text{ cm}.$$

Daraus folgt $1 / b = -1 / (8\text{cm}) + 1 / (3\text{cm})$ und $b = 4{,}8$ cm. Für den Abbildungsmaßstab gilt $B / G = b / g = -0{,}6$.

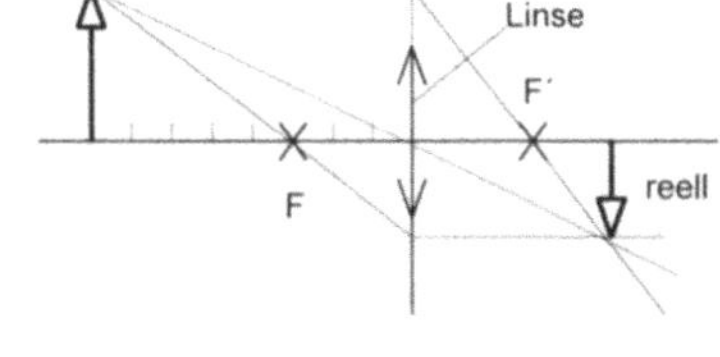

Man beachte folgende Vorzeichenregel: Alle Abstände nach links von der Linse sind negativ, nach rechts positiv. Gegenstands- oder Bildweiten, die nach oben zeigen, sind positiv, nach unten negativ.

b) Die Rechnung wird wie in a) durchgeführt, jedoch mit $f = -3$ cm:

$$1 / b = -1 / (8\text{cm}) - 1 / (3\text{cm}) \ . \text{ Es folgt: } b = -2{,}2 \text{ cm und } B / G = b/g = 0{,}27.$$

Aufgabe 14:

Skizzieren Sie den Strahlengang durch die Linse (Bild). An welches optisches Bauteil erinnert Sie die Anordnung?

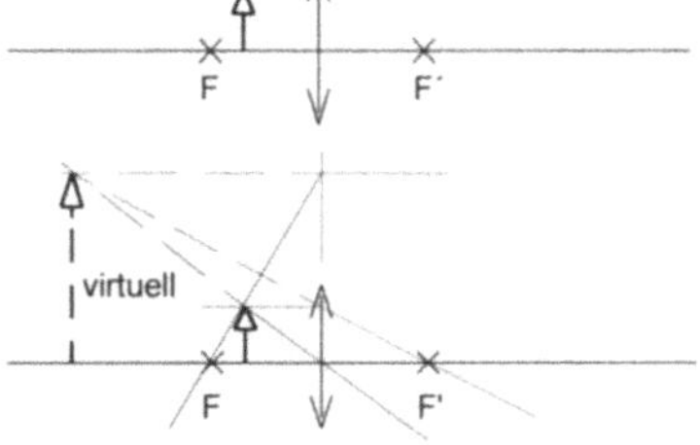

Lösung:

Die Anordnung wird als Lupe oder Okular eingesetzt.

Aufgabe 15:

Skizzieren Sie den Strahlengang durch die beiden Linsen im Bild.

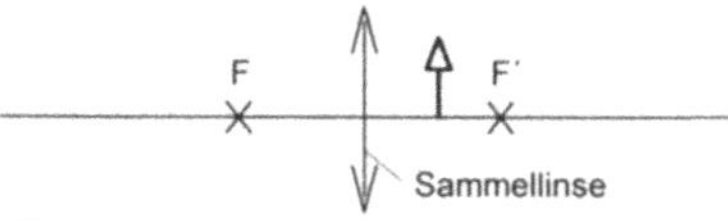

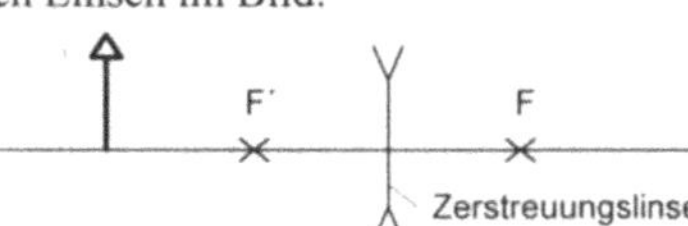

Lösung:

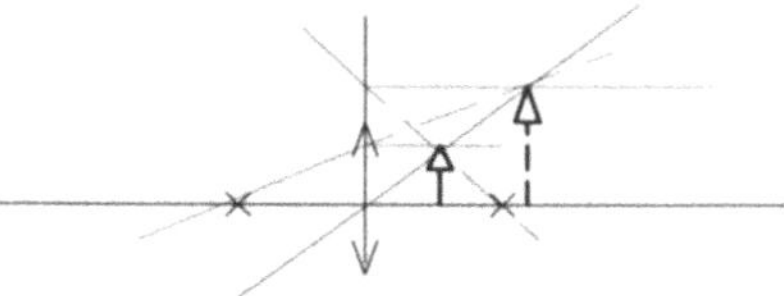

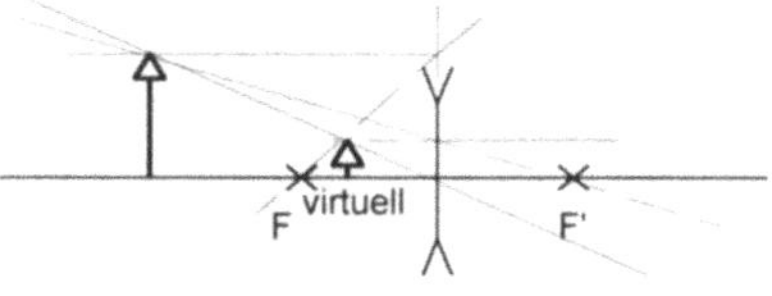

Aufgabe 16:

Skizzieren Sie den Strahlengang durch die Linsenanordnung im Bild. An welches optisches Gerät erinnert Sie die Anordnung?

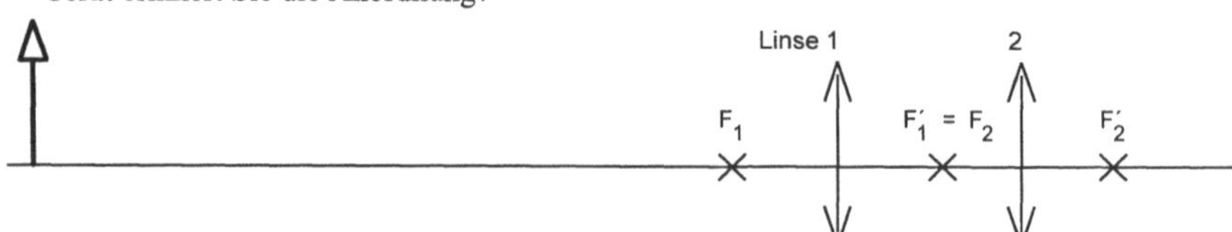

Lösung:

Die Anordnung ähnelt vom Prinzip her einem Fernrohr.

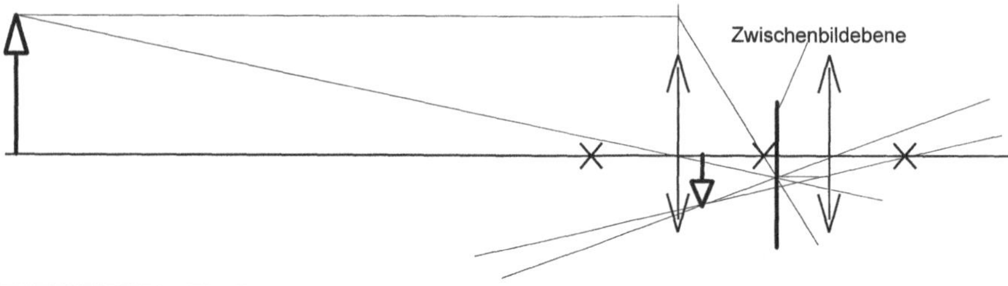

Aufgabe 17:

a) Wo liegt das Bild eines Gegenstandes, der 7,5 cm vor einer Plankonvexlinse mit 30,0 cm Brennweite steht? Wie groß ist der Abbildungsmaßstab? Skizzieren Sie den Strahlengang.

b) Berechnen Sie noch einmal Aufgabe a), wobei die Plankonvexlinse durch eine Plankonkavlinse mit –30 cm Brennweite ersetzt wird.

Lösung:

a) Man löst die Linsengleichung:

$$1/b = 1/g + 1/f \quad \text{mit } f = 30 \text{ cm und } g = -7,5 \text{ cm}.$$

Daraus folgt:

$$1/b = -1/(7,5\text{cm}) + 1/(30\text{cm}) = 1/(0,002\text{cm}) \text{ und}$$
$$b = -10 \text{ cm}.$$

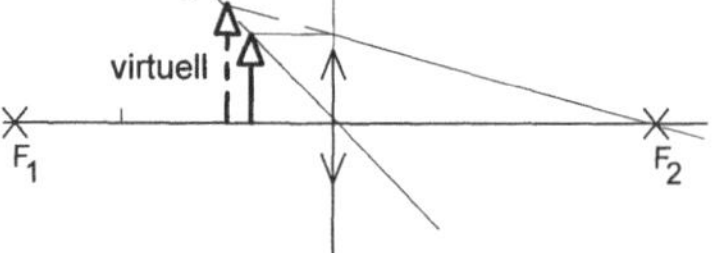

Für den Abbildungsmaßstab gilt:

$$B/G = b/g = 10/7,5 = 1,333.$$

Vorzeichenregel: Alle Abstände nach links von der Linse sind negativ, nach rechts positiv. Gegenstands- oder Bildweiten, die nach oben zeigen, sind positiv, nach unten negativ.

b) Die Rechnung wird wie in a) durchgeführt, jedoch mit $f = -30$ cm:

$$1/b = -1/(7,5\text{cm}) - 1/(30\text{cm}) \ , \quad b = -6,0 \text{ cm} \text{ und } B/G = 6/7,5 = 0,8.$$

Aufgabe 18:

Ein Objekt mit 2 cm Größe steht in 30 cm Entfernung von der Linse 1 mit der Brennweite von 26 cm. Im Abstand von 11 cm von Linse 1 befindet sich Linse 2 mit der Brennweite –11 cm. Geben Sie die Lage und Größe des Bildes nach Durchgang durch beide Linsen an (Rechnung und Konstruktion).

Lösung:

Durchgang durch Linse 1:

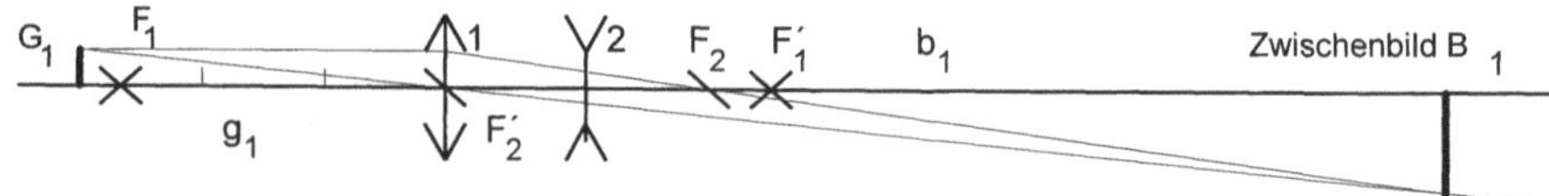

Aus der Linsengleichung $1/b_1 = 1/f_1 + 1/g_1$ folgt mit $f_1 = 26$ cm und $g_1 = -30$ cm für die Bildweite $b_1 = 195$ cm. Die Bildgröße erhält man aus:

$$B_1 = G_1\, b_1 / g_1 = -13\,\text{cm}.$$

Durchgang durch Linse 2:

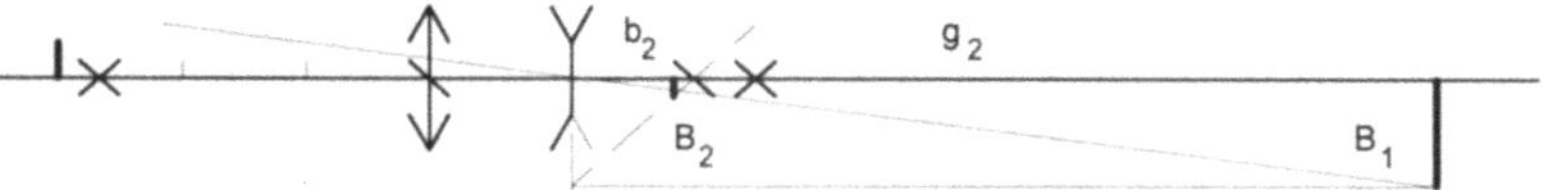

Aus $1/b_2 = 1/f_2 + 1/g_2$ folgt mit $f_2 = 11$ cm und $g_2 = (195 - 11)$ cm für die Bildweite $b_2 = 10,3$ cm. Für die Bildgröße gilt:

$$B_2 = B_1\, b_2 / g_2 = -0,72\,\text{cm}.$$

Achtung Vorzeichenregel: Da beim Durchgang durch Linse 2 die Brennweite nach rechts zeigt, gilt $f_2 = +11$ cm, obwohl es sich um eine Zerstreuungslinse handelt.

Aufgabe 19:

Eine (dünne) bikonvexe Linse ($n = 1,53$) mit zwei gleichen Krümmungen bildet einen 1 m entfernten Gegenstand in 20 cm von der Linsenmitte ab. Bestimmen Sie die Linsenradien.

Lösung:

Aus der Abbildungsgleichung

$$1/b = 1/f + 1/g \text{ folgt mit } g = -1 \text{ m und } b = 0,2 \text{ m die Brennweite:}$$

$f = 0,1667$ m. Für den Krümmungsradius gilt:

$$1/f = (n-1)(1/r_1 - 1/r_2) \text{ mit } r = r_1 = -r_2. \text{ Damit wird}$$

$$1/f = (n-1)(1/r + 1/r) = 2(n-1)/r \text{ und } r = 2(n-1)f = 0,177 \text{ m}.$$

Aufgabe 20:

Ein Gegenstand soll in negativ 20facher Vergrößerung auf einer 5 m entfernten Wand abgebildet werden. Berechnen Sie die Brennweite. Skizzieren Sie den Strahlengang.

Lösung:

Ausgangspunkt sind die Abbildungsgleichungen:

$$B/G = b/g = -20 \text{ und } 1/b = 1/f + 1/g$$

mit $-g + b = 5$ m. (Man beachte die Vorzeichenregel: g ist negativ.) Aus der ersten Gleichung errechnet man:

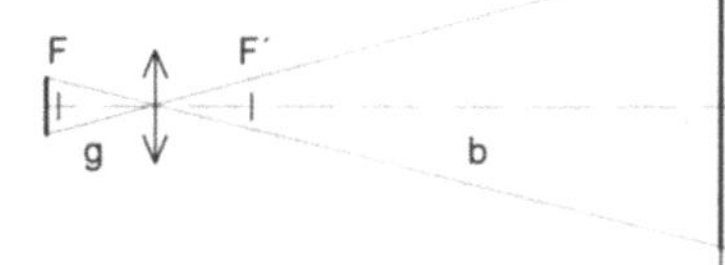

$$b = -20\,g \text{ und aus der letzten } -21\,g = 5 \text{ m}.$$

Es folgt:

$$g = -5/21 \text{ m und } b = 20 \cdot 5/21 \text{ m}.$$

Die Linsengleichung ergibt damit:

$$1/f = 1/b - 1/g = 21/(100\,\text{m}) + 21/(5\,\text{m}) \text{ und } f = 0,227 \text{ m}.$$

Aufgabe 21:

Eine Sammellinse mit 8 cm Brennweite soll mit einer zweiten Linse kombiniert werden, so daß ein System mit 12 cm Brennweite entsteht. Wie groß ist die Brenweite dieser Linse?

Lösung:

Beim Übereinanderlegen zweier Linsen addieren sich die Brechkräfte:

$$1/f = 1/f_1 + 1/f_2. \text{ Daraus folgt } f_2 = -24 \text{ cm}.$$

Aufgabe 22:

Nach dem Verfahren von Bessel wird die Brennweite einer Sammellinse wie folgt gemessen: Die Linse wird zwischen einem Gegenstand und einem Bildschirm im festen Abstand s verschoben. Dabei entsteht jeweils ein vergrößertes und verkleinertes Bild (sofern s groß genug ist). Man beweise, daß für die Brennweite folgt:

$$f = (s^2 - e^2)/4s,$$

wobei e der Abstand zwischen den Linsenpositionen ist, bei denen das vergrößerte bzw. verkleinerte Bild entsteht. Man beachte, daß beide Positionen nach dem Bild symmetrisch liegen.

Lösung:

Aus dem Bild folgt:

$$s = 2|g| + e, \quad s = |b| + |g|, \quad |g| = (s-e)/2 \text{ und}$$

$$|b| = s - |g| = (s+e)/2.$$

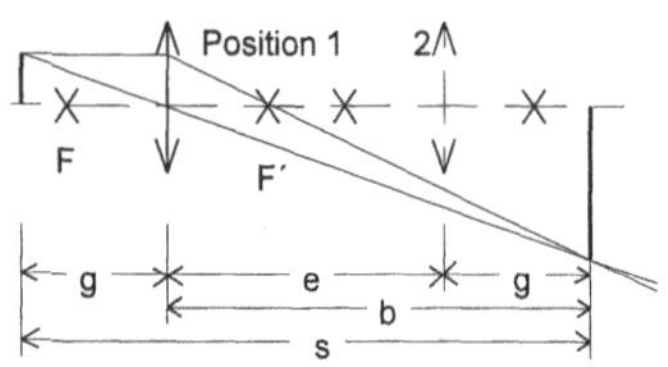

Man berücksichtigt die Vorzeichenregeln der Linsenoptik:

$$g = -(s-e)/2 \text{ und } b = (s+e)/2.$$

Aus der Linsengleichung

$$1/b = 1/f + 1/g \text{ folgt: } 1/f = 2/(s+e) + 2/(s-e) = 4s/(s^2 - e^2).$$

Auge

Aufgabe 23:

Um wieviel mm verändert eine Brille der „Stärke 2" die Brennweite am Auge (f_A=26 mm)?

Lösung:

Legt man zwei Linsen (Auge und Brille) direkt übereinander, so addieren sich die Brechkräfte:

$$1/f_G = D + D_B \text{ mit } D = 1/f_A = 38,46 \text{ m}^{-1} \text{ und } D_B = 2 \text{ m}^{-1}.$$

Daraus folgt für die Brennweite des Systems Auge und Brille:

$$1/f_G = 40,46 \text{ m}^{-1} \text{ und } f_G = 24,7 \text{ mm}. \text{ Die Brennweite wird um } f_G - f_A = 1,3 \text{ mm kürzer.}$$

Aufgabe 24:

Eine kurzsichtige Person kann ohne Brille nur in einer Entfernung zwischen 12 und 35 cm scharf sehen. Die Länge des Augapfels (Bildweite) beträgt 26 mm.

a) Berechnen Sie die Brennweite und Brechkraft einer Brille, die den „Fernpunkt" (ohne Brille 35 cm) nach Unendlich verschiebt. b) Wo liegt mit Brille der „Nahpunkt"?

Lösung:

a) Es gilt die Linsengleichung:

$$1/b = 1/g + 1/f \text{ mit } b = 2,6 \text{ cm}.$$

Im Fernpunkt ($g = -35$ cm) hat das Auge die Brennweite f_F mit

$$1/f_F = 1/(2,6\,\text{cm}) + 1/(35\,\text{cm}). \text{ Daraus folgt: } \quad f_F = 2,42 \text{ cm}.$$

Mit Brille liegt der Fernpunkt im Unendlichen, und es gilt $f_{F,B} \approx b = 2,6$ cm. Die Brechkraft der Brille berechnet sich zu

$$D = 1/f_B = 1/f_{F,B} - 1/f_F = -2,9 \text{ m}^{-1} \text{ und die Brennweite zu } f_B = -35 \text{ cm}.$$

b) Im Nahpunkt ($g = -12$ cm) gilt für die Brennweite des Auges

$$1/f_N = 1/(2,6\,\text{cm}) + 1/(12\,\text{cm}),$$

woraus sich ohne Brille $f_N = 2,13$ cm berechnet. Mit Brille muß deren Brechkraft zu der des Auges addiert werden

$$1/f_{N,B} = 1/f_N + 1/f_B, \text{ und man erhält } f_{N,B} = 2,3 \text{ cm}.$$

Damit berechnet man den Nahpunkt mit Brille aus $1/g_{N,B} = 1/b - 1/f_{N,B}$ zu $g_{N,B} = -20$ cm.

Anmerkung: Die Brechzahl im Auge wurde nicht berücksichtigt.

Aufgabe 25:

Ein Brillenglas mit der Brechkraft 1,5 m^{-1} ist konkav-konvex geschliffen. Der Radius der konkaven Fläche beträgt 24 cm, der konvexen 14 cm. Stellen Sie eine Skizze her und berechnen Sie die Brechzahl.

Lösung:

Es gilt: $\quad 1/f = D = (n-1)(1/r_1 - 1/r_2)$.

Mit $r_1 = -0,24$ m und $r_2 = -0,14$ m folgt:

$$n-1 = D/(1/r_1 - 1/r_2) = 1,5/(-4,167 + 7,143)$$

und $n = 1,504$.

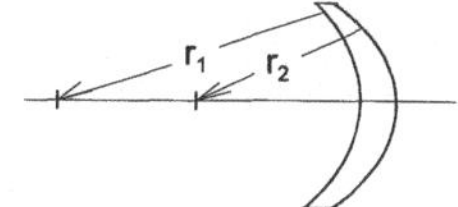

Anmerkung: Der Radiusvektor zeigt für beide Flächen nach links, d.h. die Radien sind beide negativ. Dreht man die Linse um, sind beide Radien positiv. Da die Indizes 1 und 2 vertauscht werden, erhält man natürlich die gleiche Brechzahl.

Aufgabe 26:

a) Berechnen Sie (mit den Gesetzen der Geometrischen Optik) den Durchmesser des Brennflecks auf der Netzhaut, wenn ein 1 mW-Laserstrahl mit dem (halben) Divergenzwinkel $\theta = 1,6 \cdot 10^{-4}$ rad   in das Auge fällt ($f_{\text{Auge}} = 26$ mm).

b) Wie hoch ist die Leistungsdichte auf der Netzhaut bei einem 1 mW-Laser?

Lösung:

a) Ein achsenparalles Lichtbündel erzeugt (nach der Geometrischen Optik) einen Lichtpunkt im Brennpunkt einer Linse (Auge). Wird das parallele Bündel um den Winkel θ verkippt, so verschiebt sich der Lichtpunkt in der Brennebene um

$$r \approx f_{\text{Auge}}\, \theta = 4,2 \ \mu\text{m}.$$

Der Wert $d = 2r = 8,4 \ \mu$m entspricht dem Durchmesser des Brennflecks auf der Netzhaut.

b) Die Leistungsdichte I ist gegeben durch: $I = $ Leistung P/Fläche A. Mit $A = \pi r^2 = 5,5 \cdot 10^{-11}$ m^2 und $P = 1$ mW erhält man $I = 1,8 \cdot 10^7$ W/m^2. Dieser hohe Wert zeigt, wie gefährlich auch schwache mW-Laser für das Auge sein können.

Fotoapparat

Aufgabe 27:

Welche Fläche der Erde wird von einer Luftbildkamera mit $f = 50$ cm auf dem Film mit einem Format von 20·x 20 cm^2 aus einer Höhe von $g = 5$ km abgebildet?

Lösung:

Es gilt die Abbildungsgleichung:

$B/G = b/g$ mit $B = 0,2$ m, $b \approx f = 0,5$ m und $g = -5000$ m.

Daraus folgt:

$G = Bg/b = -2000$ m $= -2$ km.

Das Minuszeichen besagt, daß das Bild „auf dem Kopf steht". Die Fläche beträgt $A = G^2 = 4$ km^2.

Aufgabe 28:

Um welche Strecke s muß das Objektiv einer Kamera mit $f = 50$ mm verschiebbar sein, damit eine Einstellung zwischen 0,7 m und Unendlich möglich ist?

Lösung:

Bei der Einstellung „Unendlich" befindet sich das Objektiv im Abstand $b_\infty = f = 50$ mm vom Film entfernt. Befindet sich der Gegenstand bei $g = -0,7$ m, berechnet man den Abstand Objektiv-Film b aus der Abbildungsgleichung:

$1/b = 1/g + 1/f$ oder $b = 53,8$ mm. Für die Strecke s gilt:

$s = b - b_\infty = 3,8$ mm.

Aufgabe 29:

Welche Gegenstandsgröße bildet ein Fotoapparat ($f = 50$ mm) bei einer Entfernung von 1,2 m auf einem Film (24 mm x 36 mm) im Hochformat ab?

Lösung:
Die Linsengleichung lautet:
$$1/b = 1/g + 1/f.$$
Mit g = −1,2 m berechnet man b = 0,052 m. Der Abbildungsmaßstab
$$B/G = b/g$$
liefert mit B = 0,036 m für die Gegenstandsgröße: $G = Bg/b = -0,83$ m (umgekehrtes Bild).

Aufgabe 30:
Eine Maschine von 1,8 m Höhe soll mit einem Fotoapparat (f = 50 mm) im Querformat auf einem Film (24 mm x 36 mm) abgebildet werden. Wie groß ist die mimale Aufnahmeentfernung?

Lösung:
Die Linsengleichungen lauten:
$$1/b = 1/g + 1/f \quad \text{und} \quad B/G = b/g \quad \text{mit} \quad f = 0,05 \text{ m und}$$
$$B/G = -0,024/1,8 = -0,01\overline{3} \quad \text{(negatives Zeichen wegen Bildumkehr!)}.$$
Man erhält $b = -0,01\overline{3}\,g$. Auflösen der ersten Gleichung liefert:
$$1/g = 1/b - 1/f = -1/(0,01\overline{3}\,g) - 1/f \quad \text{und} \quad 1/g = -(1/f)/(1 + 1/0,01\overline{3}).$$
Daraus folgt g = −3,8 m. (*Vorzeichenregel:* g ist negativ, da es nach links von der Linse weg zeigt)

Aufgabe 31:
a) Erklären Sie die Bedeutung der Blendenzahlen k beim Fotoapparat.

b Die Belichtungszeit bei einem Fotoapparat beträgt 1/10 s bei Blende 4. Wie groß ist die Belichtungszeit bei gleicher Bildhelligkeit bei Blende 16?

Lösung:
a) Die Blendenzahl k ist der Kehrwert des Öffnungsverhältnisses $\ddot{O}$:
$$k = 1/\ddot{O} = f/D \quad (D = \text{Blendendurchmesser (genauer Eintrittspupille) und } f = \text{Brennweite}).$$

Die Blendenzahlen sind mit dem Faktor $\sqrt{2}$ gestuft: k = 1; 1,4; 2; 2,8; 4; 5,6; 8; 12, 16,..... (gerundete Werte). Von einer Blendzahl zur nächsten verringert sich die Blendenfläche und die Belichtungszeit um die Hälfte.

b) Von Blende 4 bis Blende 12 sind es 3 Stufen. Die Belichtungszeit verringert sich um den Faktor $1/2^3 = 1/8$. Die Belichtungszeit beträgt damit 0,0125 s.

(Man kann auch so rechnen: $(4/12)^2 = 1/9 \approx 1/8$)

Aufgabe 32:
Bei einem Fotoapparat (f_0 = 50 mm) soll eine Vorsatzlinse benutzt werden, so daß ein kleiner Gegenstand 1:1 abgebildet wird, wenn das Objektiv auf „Unendlich" gestellt ist. Wie groß ist die Brennweite?

Lösung:
Bei einer Abbildung von 1:1 gilt:
$$B/G = b/g = -1 \quad \text{oder} \quad b = -g. \quad \text{Mit} \quad 1/b = 1/g + 1/f \quad \text{erhält man} \quad b = -g = 2f.$$
Da das Objektiv auf Unendlich eingestellt wurde, folgt für die Gesamtbrennweite f:
$$b = f_0 = 2f \quad \text{und} \quad f = f_0/2 = 25 \text{ mm}.$$
Beim Übereinanderlegen von Linsen addieren sich die Brechkräfte:
$$D = D' + D_0. \text{ Für die Brechkraft der Zusatzlinse } D' = 1/f' \text{ erhält man:}$$
$$D' = D - D_0 = 1/f - 1/f_0 = 1/50 \text{ mm oder } f' = 50 \text{ mm}.$$

Aufgabe 33:
Mit einem Fotoapparat (f = 50 mm) können Aufnahmen mit Entfernungen zwischen „Unendlich" und 0,7 m gemacht werden. Berechnen Sie den Bereich der Aufnahmeentfernung (Gegenstandsweite), wenn zwischen Objektiv und Gehäuse ein 2 cm langer Zwischenring eingeschraubt wird.

Lösung:
Ohne Zwischenring beträgt die Bildweite (Abstand Objektiv-Film) bei „Unendlich":

$b_\infty = f = 50$ mm. Bei der Einstellung $g = -0,7$ m errechnet sich die Bildweite $b_{0,7}$ aus
$1/b = 1/g + 1/f$ zu $b_{0,7} = 53,8$ mm.

Mit Zwischenring kann somit die Bildweite von 70 mm bis 73,8 mm verändert werden. Aus
$1/g = 1/b - 1/f$.

erhält man für die maximale und minimale Aufnahmeentfernung:

$g = -17,5$ cm und $-15,5$ cm. (Die negativen Vorzeichen für g entprechen den Normen.)

Aufgabe 34:
Ein Fotoapparat (Brennweite 5,0 cm) hat einen Einstellbereich von Unendlich bis 70 cm. Der Bereich soll durch einen Zwischenring von 70 cm ab auf kleinere Entfernungen erweitert werden.

a) Wie hoch ist der Zwischenring?

b) Berechnen Sie die kleinste Aufnahmeentfernung.

Lösung:
a) Nach Anbringen des Zwischenringes gilt beim Scharfstellen auf $g = -70$ cm für die Bildweite:

$1/b = 1/f + 1/g$ und $b = 5,385$ cm.

Daraus folgt für die Höhe des Zwischenringes:

$h = b - f = 3,85$ mm.

b) Die kleinste Aufnahmeentfernung g' berechnet sich aus:

$1/b' = 1/f + 1/g'$ mit $b' = b + h = 5,77$ cm. Daraus folgt:

$1/g' = 1/b' - 1/f$ und $g' = -37,5$ cm.

Aufgaben zum Auflösungsvermögen siehe *9.2 Wellenoptik.*

Projektor

Aufgabe 35:
Berechnen Sie die Brennweite des Objektivs eines Diaprojektors, welches das 24 mm hohe Dia auf einer $b = 4$ m entfernten Wand 1,5 m groß abbildet.

Lösung:
Die Abbildungsgleichungen lauten:

$1/b = 1/g + 1/f$ und $B/G = b/g = -150/2,4 = -62,5$

(Das Minuszeichen zeigt an, daß das Bild umgekehrt ist.)

Mit $b = 400$ cm, $g = -b/62,5 = -6,4$ cm und $1/f = 1/b - 1/g$ ergibt sich $f = 6,3$ cm.

Aufgabe 36:
a) Wie groß ist das Bild, das von einem Diaprojektor mit der Brennweite $f = 60$ mm an eine 9 m entfernte Wand geworfen wird? Die Diagröße beträgt 24 mm × 36 mm.

b) Geben Sie das Verhältnis der Flächen von Bild und Dia an.

c) Wie groß ist der genaue Abstand des Dias vom Objektiv?

Lösung:
a) Die Bildgröße B berechnet man aus:

$B/G = b/g$ mit $G = 24$ mm bzw. 36 mm und $b = 9$ m.

Das Dia befindet sich ungefähr in der Brennebene des Objektivs. Eine genauere Rechnung liefert:

$1/g = 1/b - 1/f$ oder $g = -60,4$ mm.

Damit erhält man $|B| = Gb/g = 3,58$ m bzw. 5,36 m.

b) Die Fläche des Dias beträgt $A_1 = 24 \cdot 36$ mm^2 = 864 mm^2 und die des Bildes $A_2 = 3,58 \cdot 5,36$ m^2

$= 19,2$ m^2. Als Verhältnis ergibt sich $A_2/A_1 = 22200$.

c) In a) wurde als Abstand 60,4 mm errechnet.

Aufgabe 37:

Ein Overhead-Projektor bildet eine Fläche von 30 cm x 30 cm in 3 m Entfernung auf 2 m x 2 m ab. Wie groß ist die Brennweite des Objektivs?

Lösung:

Es gilt für den Abbildungsmaßstab:

$B/G = b/g = -6{,}66$ (Minuszeichen wegen Bildumkehr!).

Mit $b = 3$ m berechnet man $g = -0{,}45$ m.

Aus der Linsengleichung $1/b = 1/g + 1/f$ folgt:

$1/f = 1/b - 1/g$ und $f = 0{,}39$ m.

Aufgabe 38:

Ein Episkop mit einer Brennweite von $f = 50$ cm liefert an einer Wand ein Bild mit einer Fläche von 2 m x 2 m. Der Abstand des Objektivs von der Wand beträgt $b = 5$ m. Wie groß sind der Gegenstand und die Gegenstandsweite g?

Lösung:

Aus der Abbildungsgleichung $1/b = 1/g + 1/f$ mit $b = 5$ m und $f = 0{,}5$ m folgt:

$1/g = 1/b - 1/f$ und $g = -0{,}56$ m.

Für den Abbildungsmaßstab gilt: $B/G = b/g$ mit $B = 2$ m.

Man erhält für die Gegenstandsgröße: $G = Bg/b = -0{,}22$ m (Bildumkehrung).

Fernrohr

Aufgabe 39:

Ein Kepler-Fernrohr soll zur Vergrößerung des Durchmessers eines Laserstrahls von $d_1 = 0{,}7$ mm auf $d_2 = 5$ mm eingesetzt werden. Die Baulänge soll $l = 12$ cm betragen.

Berechnen Sie die Brennweiten f_1 und f_2 der beiden Linsen des Fernrohrs.

Lösung:

Für die Strahlaufweitung gilt:

$f_2/f_1 = d_2/d_1 = 5/0{,}7 = 7{,}16$.

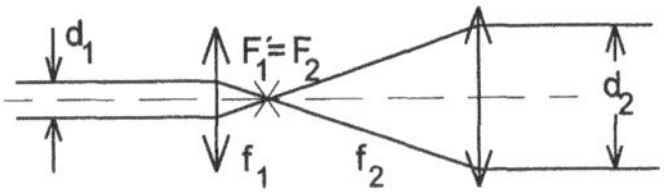

Die Baulänge ist gegeben mit $l = f_1 + f_2 = 12$ cm, es folgt:

$f_1 + 7{,}14 f_1 = 12$ cm, $f_1 = 1{,}47$ cm und $f_2 = 10{,}53$ cm.

Aufgabe 40:

Ein Opernglas (Galilei-Fernrohr) weist folgende Daten auf:

Objektiv: $f_1 = 8$ cm, Durchmesser $d_1 = 3$ cm; Okular: $f_2 = -2$ cm.

a) Geben Sie die Vergrößerung und die Länge l an (Auge auf ∞ akkomodiert).

b) Wie groß ist der Sehwinkel σ des Bildfeldes, wenn das Auge 1 cm vor das Okular gehalten wird?

Lösung:

a) Die Vergrößerung Γ und die Länge l betragen:

$|\Gamma| = |f_2/f_1| = 4$ und $l = f_1 - |f_2| = 6$ cm.

b) Das Bildfeld ist durch den Durchmesser des Objektivs begrenzt. Dieses wird durch das Okular virtuell abgebildet. Aus der Abbildungsgleichung

$1/b = 1/g + 1/f_2$ (mit $g = -6$ cm und $f = -2$ cm)

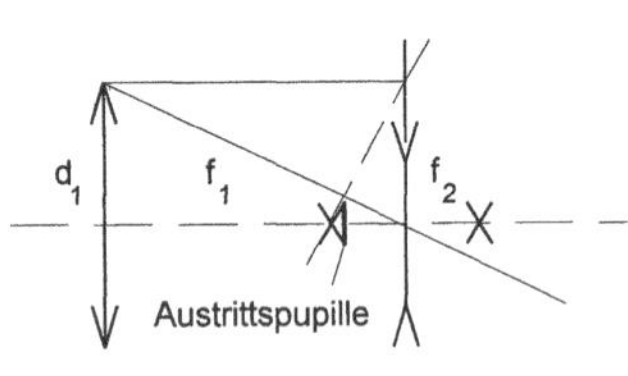

folgt für die Bildlage b dieser virtuellen Austrittspupille

$b = -1{,}5$ cm, d.h. sie liegt zwischen Objektiv und Okular.

Der Durchmesser der Austrittspupille d_1' wird errechnet aus:

$d_1'/d_1 = b/g$ oder $d_1' = 0{,}75$ cm.

Das Auge ist von der Austrittspupille 2,5 cm entfernt. Der Sehwinkel σ wird bestimmt aus:

$\tan \sigma/2 = d_1'/2 \cdot 2{,}5 = 0{,}15$ oder $\sigma = 17°$.

Aufgabe 41:

Ein Fernglas (Kepler-Typ) trägt die Bezeichnung 8 x 30. Das Objektiv besitzt eine Brennweite von $f_1 = 12$ cm.

a) Wie groß sind die Vergrößerung, die Okularbrennweite f_2 und die Baulänge (bei ungefaltetem Strahlengang)?

b) Wie groß ist die Austrittspupille, und wo liegt sie? Stellen Sie eine Skizze her.

Lösung:

a) Die Winkelvergrößerung beträgt $\Gamma = 8$. Die Brennweite

   f_2 berechnet man aus:

   $\Gamma = f_1 / f_2$. Daraus folgt $f_2 = 1,5$ cm.

   Die Baulänge beträgt:

   $l = f_1 + f_2 = 13,5$ cm.

b) Das Objektiv besitzt einen Durchmesser von $D_O = 30$ mm. Die Umrandung des Objektivs wird durch das Okular abgebildet. Dadurch entsteht die Austrittspupille vor dem Okular. Näherungsweise gilt für den Durchmesser D der Austrittspupille $D = D_O \Gamma = 3,75$ mm. Sie liegt ungefähr in der Brennebene des Okulars. (Eine genaue Berechnung kann mit Hilfe der Abbildungsgleichung erfolgen.)

Aufgabe 42:

Was bedeuten die Bezeichnungen eines Fernglases:

a) 5 x 35; 150 m und

b) 7 x 21; 7,5°?

Lösung:

Die erste Ziffer gibt die Winkelvergrößerung Γ an, die zweite den Durchmesser D des Objektivs in Millimetern. Hinter dem Semikolon steht der Durchmesser des Sehfeldes in 1000 m Entfernung. Alternativ kann das Sehfeld als (voller) Sehwinkel angegeben werden.

a) $\Gamma = 5$, $D = 35$ mm, Sehfelddurchmesser (in 1000 m) $= 150$ m.

b) $\Gamma = 7$, $D = 21$ mm, Sehwinkel $= 7,5°$.

Aufgabe 43:

Berechnen Sie ein optisches System zur Aufweitung eines He-Ne-Laserstrahls (Durchmesser $d_1 = 1$ mm, halber Divergenzwinkel $\theta_1 = 0,7$ mrad), mit dem auf dem Mond ein Strahldurchmesser von 100 m entsteht (Entfernung 300 000 km).

Lösung:

Die Aufweitung des Laserstrahls wird durch ein Kepler-Fernrohr bewirkt. Der Divergenzwinkel nach Durchlaufen des Fernrohres soll

$$\theta_2 = 50\,\text{m} / 3 \cdot 10^8\,\text{m} = 1,67 \cdot 10^{-7}\,\text{rad}$$

betragen. Die Winkelvergrößerung des Fernrohres ist also:

$$\Gamma = \theta_1 / \theta_2 = 4200 .$$

Daraus berechnet man den vergrößerten Strahldurchmesser:

$$d_2 = d_1 \Gamma = 4,2\ \text{m} .$$

Das Objektiv muß mindestens den gleichen Durchmesser aufweisen (Spiegelteleskop). Für das Verhältnis der Brennweiten von Objektiv und Okular gilt

$$\Gamma = 4200 = f_2 / f_1 ,\ \text{z.B.}\ f_1 = 5\ \text{mm und}\ f_2 = 21\ \text{m} .$$

Aufgaben zum Auflösungsvermögen siehe *9.2 Wellenoptik.*

Mikroskop

Aufgabe 44:

Ein Mikroskop mit einer Tubuslänge von $t = 160$ mm besitzt ein Objektiv mit $f_1 = 4$ mm und ein Okular mit $f_2 = 20,8$ mm. Geben Sie den Abbildungsmaßstab des Objektivs, die Okular- und Gesamtvergrößerung sowie die genaue Gegenstandsweite des Objekts an.

Lösung:

Für den Abbildungsmaßstab des Objektivs β und die Vergrößerung des Okulars Γ_{ok} gilt:

$\beta = t/f_1 = 40$ und $\Gamma_{ok} = s/f_2 = 12$ ($s = 25$ cm = deutliche Sehweite).

Daraus erhält man die Gesamtvergrößerung:

$\Gamma = \beta\,\Gamma_{ok} = 480$.

Die Gegenstandsweite g errechnet sich aus der Abbildungsgleichung:

$1/b = 1/g + 1/f_1$ mit $b = t + f_1$. Man erhält:

$g = -4{,}10$ mm ($\approx -f_1$).

Aufgabe 45:

Ein Mikroskop ist mit folgenden Brennweiten ausgestattet: Objektiv 4 mm und Okular 20 mm.

a) Berechnen Sie den Abbildungsmaßstab des Objektivs, die Vergrößerung des Okulars und des gesamten Systems.

b) Das Zwischenbild besitzt einen Durchmesser von 1,5 cm. Wie groß ist das Objektfeld?

Lösung:

a) Für den Abbildungsmaßstab des Objektivs gilt:

$\beta = B/G \approx t/f_1 = 160/4 = 40$.

Dabei wurde eine Tubuslänge von $t = 160$ mm vorausgesetzt. Das Okular wirkt wie eine Lupe:

$\Gamma_{ok} = s/f_2 = 250/20 = 12{,}5$ ($s = 250$ mm = deutliche Sehweite).

Für die Gesamtvergrößerung erhält man:

$\Gamma = \beta\Gamma_{ok} = 500$.

b) Das Objektiv besitzt den Abbildungsmaßstab $\beta = 40$. Für den Durchmesser des Objektfeldes gilt somit $G = B/\beta$, wobei $B = 1{,}5$ cm beträgt. Man erhält

$G = 0{,}38$ mm.

Aufgabe 46:

a) Welche Objektivbrennweite hat ein Mikroskop mit einer 250fachen Vergrößerung, einer Okularbrennweite von 20 mm und einer Tubuslänge von 160 mm?

b) Wie groß ist der Abstand der Skalenstriche eines Glasmaßstabes in der Zwischenbildebene, damit eine Gegenstandslänge von 0,01 mm markiert wird?

Lösung:

a) Das Okular wirkt wie eine Lupe mit der Vergrößerung:

$\Gamma_{ok} = s/f_2 = 250/20 = 12{,}5$ ($s = 250$ mm = deutliche Sehweite und $f_2 = 20$ mm).

Für die Gesamtvergrößerung gilt:

$\Gamma = \beta\Gamma_{ok} = 250$.   Damit erhält man für den Abbildungsmaßstab des Objektivs:

$\beta = 250/12{,}5 = 20$. Mit $\beta \approx t/f_1$ ($t = 160$ mm = Tubuslänge) errechnet man die Brennweite:

$f_1 = t/\beta = (160/20)$ mm $= 8$ mm .

b) Aus dem Abbildungsmaßstab des Objektivs

$\beta = B/G$ folgt mit $G = 0{,}05$ m für den Strichabstand:

$B = 0{,}05\cdot20$ mm $= 1$ mm.

Aufgaben zum Auflösungsvermögen siehe *9.2 Wellenoptik*.

9.2 Wellenoptik

Polarisation von Licht

Aufgabe 47:

Ein unpolarisierter Lichtstrahl fällt hintereinander durch 3 Polarisationsfilter, deren Polarisationsrichtungen um jeweils 60° verdreht sind. Berechnen Sie die Intensität des Lichtes nach Durchgang durch das 1., 2. und 3. Filter.

Lösung:

Die Intensität I nach Durchgang von Licht zwischen zwei um den Winkel α verdrehten Polarisationsfiltern ist gegeben durch:

$$I = I_0 \cos\alpha^2 \quad (I_0 = \text{einfallende Intensität}).$$

Durch das 1. Filter fällt somit 50 % der Intensität, davon 50 % durch das 2. Filter und 50 % durch das 3. Filter. Dies ergibt 12,5 % hinter dem 3. Filter.

Aufgabe 48:

Unter welchem Winkel müssen die Fenster (Brechzahl $n = 1,56$) des Entladungsrohrs eines He-Ne-Lasers stehen, damit linear polarisiertes Licht ohne Reflexionsverluste hindurchtritt?

Lösung:

Unter dem Brewster-Winkel ε_B wird in der Einfallsebene polarisiertes Licht an einer Glasfläche nicht reflektiert. Es gilt $\tan\varepsilon_B = n$ und $\varepsilon_B = 57,3°$ (Bild).

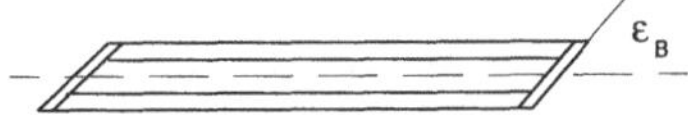

Aufgabe 49:

Laserstrahlung wird durch ein doppelbrechendes Plättchen geschickt. Hinter dem Plättchen treten zwei senkrecht zueinander polarisierte Komponenten auf. Welche resultierende Polarisation entsteht, wenn der Phasenunterschied zwischen beiden gleich großen Komponenten folgende Werte beträgt: a) 0, b) $\pi/2$, c) π.

Lösung:

a) Es ensteht linear polarisiertes Licht mit der gleichen Polarisation wie die einfallende Strahlung.

b) Es ensteht zirkular polarisiertes Licht (siehe: Lissajous Figuren und $\lambda/4$-Plättchen).

c) Die Strahlung ist linear polarisiert und zwar um 90° gedreht zur Einfallsebene ($\lambda/2$-Plättchen).

Aufgabe 50:

In einem Zuckerpolarimeter wird die Polarisationsrichtung einer Zuckerlösung um den Winkel $\alpha = 25,3°$ gedreht. Die Länge der Meßstrecke beträgt $d = 10$ cm und die spezifische Drehung $\alpha_s = 66,5°\,\text{cm}^3 / (g\,\text{dm})$. Geben Sie die Zuckerkonzentration an.

Lösung:

Für die Konzentration gilt: $C = \alpha / (d\alpha_s) = 0,38\ \text{g} / \text{cm}^3$.

Eigenschaften der Kohärenz

Aufgabe 51:

Beim Michelson Interferometer wird einer der Spiegel parallel um Δs verschoben (Bild). Dabei verändert sich das Interferenzbild um drei Streifen. Wie groß ist Δs bei einer Wellenlänge von 632 nm.

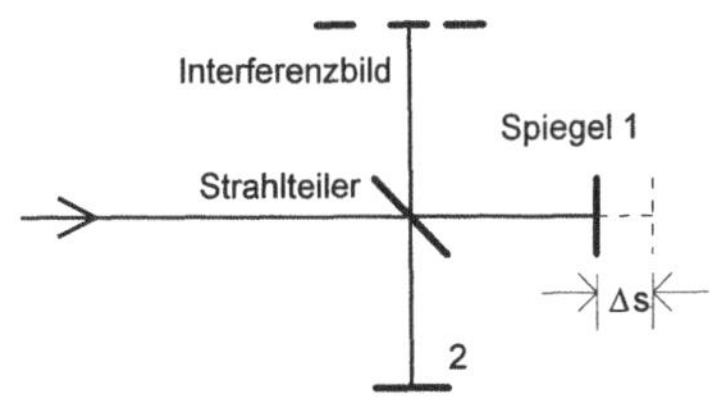

Lösung:

Die Verschiebung eines Spiegels um $\lambda/2$ bewirkt einen Gangunterschied um λ, d.h. um einen Streifen. Für drei Streifen gilt also $\Delta s = 3\lambda = 1{,}896\ \mu m$.

Aufgabe 52:

a) Berechnen Sie die Kohärenzlänge eines He-Ne-Lasers mit einer Bandbreite von 1 GHz und

b) von Licht nach Durchgang durch ein Interferenzfilter mit $\Delta\lambda = 1\ nm$.

Lösung:

a) Für die Kohärenzlänge gilt:

$$l_k = c_0\, /\, \Delta f = 3\cdot 10^8\, /\, 10^9\ \mathrm{m} = 0{,}3\ \mathrm{m}.$$

b) Aus $f = c_0\, /\, \lambda$ erhält man durch Differenzieren: $|\Delta f| = c_0\Delta\lambda\, /\, \lambda^2 = 7{,}5\cdot 10^{11}\ \mathrm{Hz}$. Es folgt:

$$l_k = c_0\, /\, \Delta f = 4\cdot 10^{-4}\ \mathrm{m}.$$

Aufgabe 53:

Eine Spektrallampe ist mit einem Gas gefüllt. In der Gasentladung wird ein atomarer Zustand angeregt, der mit einer Lebensdauer von $\tau = 1$ ns unter Lichtemission zerfällt. Wie groß sind die Kohärenzlänge und die Bandbreite der Strahlung?

Lösung:

Die Länge des emittierten Wellenzuges entspricht der Kohärenzlänge:

$$l_k = c_0\tau = 3\cdot 10^8 \cdot 10^{-9}\ \mathrm{m} = 0{,}3\ \mathrm{m}.$$

Die Bandbreite beträgt:

$$f \approx 1/\tau = 10^9\ \mathrm{Hz} = 1\ \mathrm{Ghz}.$$

Aufgabe 54:

Die Kohärenzlänge eines He-Ne-Lasers beträgt 20 cm. Wie groß ist die Linienbreite der Laserstrahlung?

Lösung:

Es gilt die Beziehung: $l_k = c_0\, /\, \Delta f$ oder $\Delta f = c_0\, /\, l_k = 3\cdot 10^8\, /\, 0{,}2\ \mathrm{s}^{-1} = 1{,}5\ \mathrm{GHz}$.

Erscheinungen der Interferenz

Aufgabe 55:

a) Eine Glasoberfläche ($n_G = 1{,}54$) soll durch Aufdampfen eines Materials ($n = 1{,}36$) für Licht der Wellenlänge $\lambda = 550$ nm entspiegelt werden. Geben Sie die Schichtdicke d an.

b) Geben Sie die Schichtdicke für ein Material ($n = 1{,}60$) zum Entspiegeln an.

Lösung:

a) Die Bedingung für das Entspiegeln lautet (mit $n_G > n$): $nd = \lambda/4$ oder $d = \lambda/(4n) = 101$ nm.

b) Zum Verspiegeln (mit $n_G < n$) gilt die gleiche Forderung: $d = \lambda/(4n)$. Mit $n = 1{,}60$ folgt $d = 86$ nm.

Aufgabe 56:

Zur Messung des Krümmungsradius R einer plankonvexen Linse, wird diese auf eine ebene Glasplatte gelegt, und es werden die Newtonschen Ringe in Reflexion betrachtet. Bei Verwendung eines He-Ne-Lasers ($\lambda = 632$ nm) ermittelt man für den 1. und 3. dunklen Ring einen Radius von 0,80 mm bzw 1,40 mm. Wie groß ist der Mittelwert von R?

Lösung:

Für den m-ten dunklen Ring gilt $r_m^2 = m\lambda R$.

Daraus berechnet man den Krümmungsradius der Linse $R = r_m^2\, /\, (m\lambda)$.

Mit $r_1 = 0{,}8$ mm und $r_3 = 1{,}4$ mm erhält man $R = 1013$ bzw. 1036 und als Mittelwert 1024 mm.

Beugung von Licht

Aufgabe 57:

Ein Laserstrahl fällt senkrecht auf ein Gitter mit einem Strichabstand von $d = 1,5\ \mu$m.
In 1. Ordnung tritt ein Beugungsmaximum bei $\alpha_1 = 24,92°$ auf, in 2. Ordnung bei
$\alpha_2 = 57,42°$. Handelt es sich um einen He-Ne-Laser ($\lambda = 0,632\ \mu$m)?

Lösung:

Für den Beugungswinkel gilt:
$$\sin\alpha = n\lambda/d \text{ mit } n = 1, 2, 3, \dots \text{und } \lambda = (d\sin\alpha)/n.$$
In 1. Ordnung ($n = 1$; $\alpha_1 = 24,92°$) erhält man $\lambda = 0,632\ \mu$m (He-Ne-Laser)..

In 2. Ordnung ($n = 2$; $\alpha_2 = 57,42°$) ergibt sich der gleiche Wert.

Aufgabe 58:

Unter welchen Winkeln wird paralleles weißes Licht (400 nm bis 750 nm) an einem Gitter
bei senkrechtem Einfall gebeugt? Das Gitter weist 700 Linien pro Millimeter auf, und es
soll nur das Spektrum 1. Ordnung berechnet werden.

Lösung:

Für die Beugung am Gitter gilt:
$$\sin\alpha = n\lambda/d \text{ mit } n = 1, 2, 3, \dots \text{ und } d = 1/700 \text{ mm} = 1430 \text{ nm}.$$
In 1. Ordnung ($n = 1$) erhält man den minimalen Beugungswinkel
$$\sin\alpha_{400} = 400/1430 = 0,28 \text{ rad} = 16,1°.$$ Für den maximalen Beugungswinkel ergibt sich:
$\alpha_{750} = 0,55 \text{ rad} = 31,6°$. Der Winkelbereich für weißes Licht umfäßt also 16,1° bis 31,6°.

Aufgabe 59:

Ein schmales paralleles Lichtbündel fällt senkrecht auf ein optisches Gitter mit 900 Linien
pro mm und wird gebeugt. Berechnen Sie die Winkeldifferenz zwischen dem violetten
(400 nm) und dem rotem Licht (700 nm). Wie groß ist der Abstand der beiden Farblinien
auf einem 1 m entfernten Schirm?

Lösung:

Der Beugungswinkel beträgt
$$\sin\alpha = n\lambda/d \text{ mit } n = 1 \text{ und } d = 1/900 \text{ mm} = 1111,1 \text{ nm}.$$
Daraus folgt für violett $\sin\alpha_{400} = 400/1111,1$ und $\alpha_{400} = 0,368 \text{ rad} = 21,1°$.

Für rotes Licht erhält man $\alpha_{700} = 39,1°$. Die Differenz beträgt $\alpha_{700} - \alpha_{400} = 18,0°$.

Aufgaben 60:

Ein paralleles Lichtbündel fällt auf ein Prisma bzw. ein Gitter.
a) Welche Erscheinungen treten in beiden Fällen auf?
b) Beschreiben Sie die Ursachen und die Unterschiede.

Lösung:

a) Prisma: Licht wird gebrochen, Gitter: Licht wird gebeugt.
b) Prisma: Brechungsgesetz, wegen der Dispersion wird blaues Licht stärker gebrochen, Gitter:
   Huygenssche Elementarwellen überlagern sich, blaues Licht besitzt eine kürzere Wellenlänge und
   wird weniger stark gebeugt.

Aufgabe 61:

Eine Kamera in einem Satellit soll zwei Punkte im Abstand von $x = 1$ m aus $h = 300$ km
Höhe noch unterscheiden können.

a) Wie groß muß der Linsendurchmesser d sein ($\lambda = 0,55\ \mu$m)?
b) Wie groß ist der Abstand der Punkte auf dem Film bei einer Brennweite von $f = 20$ cm?

Lösung:

a) Für den Sehwinkel (Winkelabstand) erhält man: $\delta \approx x/h$.

   Für den kleinsten auflösbaren Winkelabstand δ gilt: $\sin\delta \approx \delta = 1{,}22\lambda / d$ (wie beim Fernrohr).

   Daraus ermittelt man den Objektivdurchmesser:

   $$d = 1{,}22\lambda / \delta = 1{,}22\lambda \, h/x = 0{,}20 \text{ m}.$$

b) Für den Abbildungsmaßstab gilt

   $$B/G = b/g \text{ mit } G = 1 \text{ m}; \quad g = -3 \cdot 10^5 \text{ m und } b \approx f = 0{,}20 \text{ m}.$$

   Daraus errechnet man $B = -0{,}7 \ \mu$m (Minuszeichen: Bildumkehr).

Aufgabe 62:

Eines der größten Spiegelteleskope der Welt hat einen Objektivdurchmesser von $d = 5$ m.

a) Berechnen Sie den kleinsten auflösbaren Winkel δ ($\lambda = 0{,}5 \ \mu$m).

b) Welchen Abstand kann man auf dem Mond noch auflösen (Entfernung $h = 300\,000$ km)?

Lösung:

a) Es gilt für die Auflösung von Fernrohren:

   $\sin\delta \approx \delta = 1{,}22\lambda / d$. Aus den gegebenen Daten resultiert $\delta = 1{,}22 \cdot 10^{-7}$ rad.

b) Für den Winkel δ gilt:

   $$\delta \approx x / h \text{ und } x = 1{,}22 \cdot 10^{-7} \cdot 3 \cdot 10^8 \text{ m} = 37 \text{ m}.$$

Aufgabe 63:

Ein Mikroskop (Objektivvergrößerung 20x) soll Objekte von 2 μm auflösen ($\lambda = 500$ nm).

a) Wie groß sind die Brennweite und numerische Apertur?

b) Wie weit ist das Zwischenbild vom Objektiv entfernt?

Lösung:

a) Die Brennweite des Objektivs beträgt:

   $$f_1 = t / \beta = 8 \text{ mm} \quad (t = \text{Tubuslänge} = 160 \text{ mm}, \ \beta = 20).$$

   Die numerische Apertur $n\sin u$ berechnet man aus:

   $g = \lambda / (2n\sin u)$. Mit $g = 2 \ \mu$m und $\lambda = 0{,}5 \ \mu$m erhält man:

   $n\sin u = \lambda / g = 0{,}5 / 2 = 0{,}25$.

b) Die Bildweite b berechnet man aus der Abbildungsgleichung

   $$1 / g = 1 / b - 1 / f_1 \text{ zu } b = t + f_1 = 168 \text{ mm}.$$

Aufgabe 64:

a) Berechnen Sie die numerische Apertur und den kleinsten auflösbaren Abstand von einem Mikroskop mit den folgenden Eigenschaften: Durchmesser des Objektivs $d = 1{,}3$ mm, Objektabstand $x = 0{,}3$ mm und Lichtwellenlänge $\lambda = 0{,}5 \ \mu$m.

b) Wie lauten die Ergebnisse, wenn zwischen Objektiv und Objekt ein Öl mit der Brechzahl $n = 1.3$ gebracht wird?

c) Ermitteln Sie die Vergrößerung, die den kleinsten auflösbaren Abstand (ohne Öl) auf einen halben Millimeter vergrößert (innerhalb der deutlichen Sehweite von $a = 25$ cm).

Lösung:

a) Die numerische Apertur ist durch $NA = n\sin u$ definiert, wobei u der halbe Öffnungswinkel und n die Brechzahl darstellen. Es gilt für den Öffnungswinkel:

   $\tan u/2 = d / x$ oder $u = 1{,}14$ rad $= 65{,}2°$.

   Mit $n = 1$ wird $NA = 0{,}91$. Der kleinste auflösbare Abstand g beträgt:

   $g = \lambda/(2n\sin u) = \lambda/(2NA) = 0{,}27 \ \mu$m.

b) Mit $n = 1{,}3$ erhält man:

   $NA = 1{,}2$ und $g = 0{,}21 \ \mu$m.

c) Die Vergrößerung beträgt:

   $\Gamma = 0{,}5 \text{ mm}/0{,}27 \ \mu\text{m} = 1850$.

9.3 Quantenoptik

Prinzipien des Lasers

Aufgabe 65:
a) Eine 100-W-Glühlampe strahlt eine Lichtleistung von 1 W aus. Wie groß ist die Bestrahlungsstärke (in W/m^2) in 1 m (und 0,1 m) Entfernung?
b) Wie groß ist die Bestrahlungsstärke (in W/m^2) bei einem 1 mW-Laser mit einem Strahldurchmesser von 1 mm?

Lösung:
a) Die Bestrahlungsstärke (oder Intensität) ist gegeben durch ($P = 1$ W):
$$I = P / A = P / (4\pi r^2) = 8 \cdot 10^{-2} \; W/m^2 \quad (und \; 8 \; W/m^2) \, .$$
(Für A wurde eine Kugeloberfläche mit dem Radius $r = 1$ m (und 0,1 m) angenommen.)
b) Für den Laserstrahl gilt
$$I = P / (R^2 \pi) = 1280 \; W/m^2 \, .$$
(Die bestrahlte Fläche ist $R^2 \pi$, wobei $R = 0,5$ mm der Strahlradius ist.)

Aufgabe 66:
a) Wie groß ist die Zahl der Photonen pro Sekunde, die ein He-Ne-Laser mit 1 mW abstrahlt ($\lambda = 632$ nm)?
b) Wie hoch ist die Energie eines Photons in Ws und eV?
c) Berechnen Sie die Leistungsdichte bei Fokussierung des Strahls auf einen Durchmesser von 2 μm.

Lösung:
a) Die Leistung P des Lasers ist durch die Zahl der abgestrahlten Photonen pro Sekunde n/t gegeben:
$$P = hf\, n / t \quad (mit \; h = 6,63 \cdot 10^{-34} \; Js).$$
Für die Frequenz f der Strahlung setzt man
$$f = c_0 / \lambda \quad (mit \; c_0 = 3 \cdot 10^8 \; m/s), \; und \; es \; folgt$$
$$n / t = P\lambda / (hc_0) = 3,2 \cdot 10^{15} \; s^{-1} \, .$$
b) Die Energie ist gegeben durch:
$$E = hf = hc_0 / \lambda = 3,1 \cdot 10^{-19} \; J = 1,9 \, eV \quad (1eV = 1,6 \cdot 10^{-19} \; J).$$
c) Die Leistungsdichte I (oder Bestrahlungsstärke oder Intensität) ist gegeben durch:
$$I = P / A \; mit \; A = r^2 \pi = 10^{-12} \pi \; m^2 \; und \; P = 0,001 \; W. \; Daraus \; folgt:$$
$$I = P / A = 10^{-3} / (10^{-12} \pi) \; W/m^2 \; = 3,2 \cdot 10^{-8} \; W/m^2 \, .$$

Aufgabe 67:
Berechnen Sie die obere Grenzwellenlänge für Photodioden. Der Abstand zwischen dem Valenzband und dem Leitungsband beträgt für Silizium $E = 1{,}12$ eV ($= 1{,}8 \cdot 10^{-19}$ J) und für Germanium $E = 0{,}67$ eV ($= 1{,}1 \cdot 10 - 19$ J).

Lösung:
Mit $E = h \cdot f$ und $f = c_0 / \lambda$ ergibt sich $\lambda = hc_0 / E$.
Man erhält (mit $h = 6{,}6 \cdot 10^{-34}$ Js und $c_0 = 3 \cdot 10^8$ m/s) $\lambda = 1{,}1$ μm für Si und $\lambda = 1{,}8$ μm für Ge.
Photodioden arbeiten aufgrund des inneren Photoeffekts nur unterhalb dieser Wellenlängen.

Aufgabe 68:
Ein Farbstofflaser (Rh6G) besitzt eine Linienbreite von 80 THz (1 THz = 10^{12} Hz). Die Mittenfrequenz liegt bei 0,60 μm. Berechnen Sie die maximale und minimale Wellenlänge der Laserstrahlung.

Lösung:

Die Mittenfrequenz des Lichtes bei $\lambda = 0{,}6\,\mu m$ $(c_0 = 3 \cdot 10^8\,m\,/\,s)$ beträgt: $f = c_0\,/\,\lambda = 5 \cdot 10^{14}\,Hz$

Damit wird obere und untere Frequenz des Lasers: $f_{1/2} = (5 \cdot 10^{14} \pm 0{,}4 \cdot 10^{14})Hz = 5 \cdot 10^{14}\,Hz \pm 8\%$

Daraus folgt näherungsweise: $\lambda_{1/2} = 0{,}60\,\mu m \mp 8\% = (0{,}60 \mp 0{,}05)\,\mu m$.

Genauer: $f_1 = 5{,}4 \cdot 10^{14}\,Hz$, $\lambda_1 = c_0\,/\,f_1 = 0{,}556\,\mu m$ und $f_2 = 4{,}6 \cdot 10^{14}\,Hz$, $\lambda_2 = 0{,}652\,\mu m$.

Aufgabe 69:

Eine Lichtquelle mit einer mittleren Wellenlänge von 600 nm sendet eine Lichtleistung von $P = 0{,}5$ W aus. Die Sehschwelle des Auges liegt bei $P_s = 3 \cdot 10^{-17}$ W.

a) Wieviel Photonen pro Sekunde fallen bei dieser Leistung durch das Auge?

b) In welcher Entfernung kann die Lichtquelle im Dunkeln bei einem Pupillendurchmesser von $D = 7$ mm gerade noch gesehen werden?

Lösung:

a) Für den Zusammenhang zwichen der Leistung P und Zahl der Photonen pro Sekunde n/t gilt:

$$P = En\,/\,t = hf\,n\,/\,t\,.$$

Dabei wurde die Energie eines Lichtquants zu $E = hf$ $(h = 6{,}63 \cdot 10^{-34}\,Js)$ gesetzt. Die Frequenz des Lichtes kann durch $f = c_0\,/\,\lambda$ $(c_0 = 3 \cdot 10^8\,m\,/\,s)$ ausgedrückt werden. Damit erhält man:

$$n\,/\,t = P\lambda\,/\,(hc_0) = 91\ s^{-1}\,.$$

b) Es wird angenommen, daß sich das Licht kugelsymmetrisch ausbreitet. Die Leistungsdichte beträgt:

$$I = P\,/\,(4\pi R^2)\,,\ \text{wobei } R \text{ den Abstand von der Lichtquelle und } P = 0{,}5 \text{ W darstellen.}$$

Die Leistungsdichte an der Sehschwelle berechnet man zu:

$$I_s = P_s\,/\,(\pi r^2)\,,$$

wobei $P_s = 3 \cdot 10^{-17}$ W und $r = 3{,}5$ mm (Pupillenradius) sind. Gleichsetzen ($I = I_s$) ergibt:

$$P\,/\,(4\pi R^2) = P_s\,/\,(\pi r^2) \ \text{und} \ R = \sqrt{Pr^2\,/\,(4P_s)} = 226\ km\,.$$

Aufgabe 70:

Eine Laserdiode ($\lambda = 0{,}8\,\mu m$) strahlt mit einer Leistung von 10 μW. Berechnen Sie

a) die Frequenz der Strahlung,

b) die Energie eines Lichtquants und

c) die Zahl der Quanten, die pro Sekunde abgestrahlt werden.

Lösung:

a) Zwischen Wellenlänge λ, Frequenz f der Strahlung und Lichtgeschwindigkeit c_0 $(= 3 \cdot 10^8\,m\,/\,s)$ besteht der Zusammenhang:

$$c_0 = \lambda f \ \text{oder} \ f = c_0\,/\,\lambda = 3 \cdot 10^8\,/\,0{,}8 \cdot 10^{-6}\ s^{-1} = 3{,}75 \cdot 10^{14}\,Hz\,.$$

b) Die Energie eines Lichtquants wird durch $h = 6{,}63 \cdot 10^{-34}$ Js und f bestimmt:

$$E = hf = 6{,}63 \cdot 10^{-34} \cdot 3{,}75 \cdot 10^{14}\,J = 2{,}5 \cdot 10^{-19}\,J\,.$$

c) Die Zahl der Quanten pro Sekunde ergibt sich aus der Betrachtung: Leistung P = Zahl der Quanten pro Sekunde $n/t \times$ Energie eines Quantes E:

$$n\,/\,t = P\,/\,E = 10^{-5}\,/\,2{,}5 \cdot 10^{-19}\ s^{-1} = 4{,}0 \cdot 10^{13}\ s^{-1} \ \text{(Quanten pro Sekunde)}.$$

Aufgabe 71:

In einen 5 cm langen Nd-Laserkristall tritt Strahlung mit einer Leistung von 1 MW ein und mit 3 MW aus. Wie groß sind

a) der Verstärkungsfaktor G und b) die differentielle Verstärkung g $(G = e^{gx})$?

Lösung:

a) Die Verstärkung ist gegeben durch:

$$G = P_{aus}\,/\,P_{ein} = 3\ MW\,/\,1\ MW = 3\,.$$

b) Verstärkungsfaktor und differentielle Verstärkung sind miteinander wie folgt verkoppelt:

$$G = e^{gx}\,. \ \text{Mit } x = 5 \text{ cm und } G = 3 \text{ folgt } g = \ln G\,/\,x = 0{,}22\ cm^{-1}\,.$$

Aufgabe 72:
Berechnen und vergleichen Sie die differentielle Verstärkung g in einem Gas- und Festkörperlaser mit folgenden Daten:
a) He-Ne-Laser mit 0,9 m Länge, Verstärkungsfaktor $G = 1,1$ und
b) Nd:YAG-Laser mit 5 cm Länge, Verstärkungsfaktor $G = 10$.
Lösung:
a) Man erhält in guter Näherung:
$$G = e^{gx} \approx 1 + gx \quad \text{und} \quad g \approx 0{,}11\,\text{m}^{-1}.$$
Die differentielle Verstärkung beträgt 11 % pro Meter. (Die genaue Rechnung wie in b) ergibt nahezu das gleiche Ergebnis.)
b) Aus $G = e^{gx}$ erhält man $\ln G = gx$. Daraus folgt
$$g = (\ln G) / x = 0.46\,\text{cm}^{-1} = 46\,\text{m}^{-1}.$$
Die Verstärkung von Gas-Lasern ist sehr gering, während die von Festkörperlasern hoch ist.

Aufgabe 73:
Wieviele Moden schwingen in einem He-Ne-Laser mit a) 1 m Länge und b) 0,1 m Länge? Berechnen Sie zunächst den Modenabstand Δf. Die Linienbreite der spontanen Strahlung beträgt $\Delta f_L = 0{,}5\,\text{GHz}$.
Lösung:
a) Für den Modenabstand gilt mit $L = 1$ m und $c_0 = 3 \cdot 10^8$ m / s :
$$\Delta f = c_0 / (2L) = 1{,}5 \cdot 10^8 \,\text{Hz} = 150\,\text{MHz}.$$
Die Zahl der Moden beträgt $n \approx \Delta f_L / \Delta f \approx 3$.
b) Für $L = 0,1$ m erhält man $\Delta f = 1{,}5 \cdot 10^9$ Hz und $n \approx 0,3$. Bei richtiger Justierung der Spiegel kann eine Mode auftreten. (Kurze He-Ne-Laser strahlen nur eine longitudinale Mode.)

Aufgabe 74:
Wieviele longitudinale Moden n strahlt ein Nd-Laser mit $L = 1$ m Länge aus (Linienbreite $\Delta f_L = 120$ GHz)?
Lösung:
Der Modenabstand beträgt: $\Delta f = c_0 / (2L) = 1{,}5 \cdot 10^8\, s^{-1}$.
Für die Zahl der Moden folgt $n = \Delta f_L / \Delta f = 800$.

Aufgabe 75:
Welche Längenänderung darf bei einem $L = 50$ cm langem He-Ne-Laser auftreten, damit die Frequenzverschiebung einer Mode höchstens 100 MHz beträgt?
Lösung:
Im Laser bilden sich Moden mit folgenden Bedingungen aus
$$L = n\lambda / 2 = nc_0 / (2f),$$ wobei λ die Wellenlänge, c_0 die Lichtgeschwindigkeit, f die Frequenz der Strahlung und n die Zahl der Halbwellen im Resonator ist.
Durch Differenzieren erhält man
$$dL / L = -df / f.$$
Mit $f = c_0 / \lambda = 4{,}7 \cdot 10^{14}$ Hz und $df = 10^8$ Hz erhält man $dL = -L \cdot df / f = -106\,\text{nm}$.

Aufgabe 76:
Ein He-Ne Laser ($\lambda = 632\,\text{nm}$) strahlt in der TEM_{00}-Mode mit einem Durchmesser von $d = 0,7$ mm.
a) Berechnen Sie die Strahldivergenz.
b) Wie groß ist der Durchmesser D in der Entfernung $x = 50$ m?
c) Skizzieren Sie das Strahlprofil und zeichnen Sie den Strahldurchmesser ein.

Lösung:

a) Der (halbe) Divergenzwinkel θ ist gegeben durch

$$\theta = \lambda / (\pi w_0),$$

wobei w_0 der Radius der Strahltaille ist.

Näherungsweise gilt

$w_0 = d / 2 = 350 \ \mu m$, und man erhält

$$\theta = 0{,}632 / (\pi \cdot 350) = 0{,}58 \cdot 10^{-3} \ \text{rad}.$$

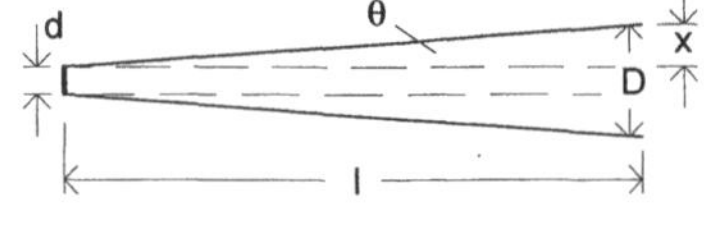

b) Nach dem Bild gilt für den Durchmesser D in $l = 50$ m Entfernung:

$$D = d + 2x = d + 2l \tan\theta. \approx d + 2l\theta = 59 \ \text{mm}$$

Aufgabe 77:

Ein Nd:YAG-Laser ($\lambda = 1{,}06 \ \mu m$, multimode) mit einem Durchmesser (Strahltaille) von 6 mm strahlt mit einer Divergenz von 3 mrad.

a) Wie groß ist die Divergenz der TEM_{00}-Mode?

b) Mit wievielen transversalen Moden strahlt der Laser?

Hinweis: Die Divergenz steigt mit $\sqrt{1+n}$ (n = Ordnung der Mode).

Lösung:

a) Die Divergenz (halber Winkel) ist gegeben durch $\theta_{00} = \lambda / (\pi w_0) = 1{,}1 \cdot 10^{-4} \ \text{rad}$ ($w_0 = 3$ mm).

b) Für die Divergenz von Moden der Ordnung n gilt $\theta = \theta_{00} \sqrt{1+n}$. Mit $\theta = 3 \cdot 10^{-3}$ rad folgt $n = 740$.

Aufgabe 78:

Ein Laserstrahl (Grundmode) mit dem Radius w_0 und dem (halben) Divergenzwinkel $\theta = \lambda / (\pi w_0)$ wird durch eine Linse mit der Brennweite f fokussiert. Beweisen Sie, daß für den Strahlradius im Brennfleck w' gilt: $w' = \lambda f / (\pi w_0)$. Gehen Sie von Überlegungen der Strahlenoptik aus und betrachten Sie verschiedene parallele Strahlenbündel, die um den Divergenzwinkel θ geneigt sind.

Lösung:

Ein achsenparalleler Strahl wird im Brennpunkt fokussiert. Ein um den Winkel θ geneigter Strahl wird zeitlich um w' verschoben gebündelt. Man stellt eine Skizze her und erhält:

$$w' = f \tan\theta \approx f \theta \quad (= \text{Brennfleckradius}).$$

Für den Divergenzwinkel θ eines Laserstrahls gilt $\theta = \lambda / (\pi w_0)$, und es folgt:

$$w' = f \lambda / (\pi w_0).$$

Aufgabe 79:

a) Wie groß ist der Fokus eines Ar-Laserstrahls von 2 mm Durchmesser auf der Netzhaut des Auges?

b) Wie hoch ist die Leistungsdichte auf der Netzhaut bei einer Laserleistung von 1 W ($f_{\text{Auge}} = 25$ mm, $\lambda = 488$ nm)?

Lösung:

a) Für den Radius des Strahls auf der Netzhaut gilt:

$$w' = \lambda f_{Auge} / (\pi w_0). \text{ Mit } w_0 = 1 \text{ mm erhält man } w' = 3{,}9 \ \mu m.$$

b) Für die Leistungsdichte I gilt $I = P/A$ mit $P = 1$ W und $A = w'^2 \pi$. Es folgt: $I = 2{,}1 \cdot 10^{10} \ \text{W} / \text{m}^2$.

Aufgabe 80:

Berechnen Sie die Gas- und Teilchendichte von He und Ne im He-Ne-Laser (Fülldruck $p = 500$ Pa; $p_{\text{He}}/p_{\text{Ne}} = 5:1$). (Avogadro-Konstante $N = 6{,}022 \cdot 10^{23} \text{mol}^{-1}$; Molvolumen bei 1 bar = 22,4 l; Massenzahlen: He: A = 4; Ne: A = 20,2)

Lösung:

Die Drücke für He und Ne betragen: $p_{He} = 417$ Pa und $p_{Ne} = 83$ Pa.

Gasdichte ρ: Bei 1 bar (= 10^5 Pa) gilt 1 mol He = 4 g $\hat{=}$ 22,4 l. Es folgt:

$$\rho_{He,1bar} = 4 / 22{,}4 \, kg / m^3 = 0{,}18 \, kg / m^3 .$$

Bei $p_{He} = 417$ Pa erhält man für He: $\rho_{He,417Pa} = \rho_{He,1bar} \cdot 417 / 10^5 = 7{,}5 \cdot 10^{-4} \, kg / m^3$.

Für Ne erhält man durch eine ähnliche Rechnung: $\rho_{Ne,83Pa} = 7{,}6 \cdot 10^{-4} \, kg / m^3$.

Die *Teilchendichte* erhält man aus der Avogadro-Konstanten. Bei 1 bar folgt für die Zahl der Atome pro Volumen: $N_{1bar} = 6{,}022 \cdot 10^{23} / 0{,}0224 \, m^{-3} = 2{,}7 \cdot 10^{25} \, m^{-3}$.

Daraus erhält man: $N_{He,417Pa} = N_{1bar} \cdot 417 / 10^5 \, m^{-3} = 1{,}1 \cdot 10^{23} \, m^{-3}$ und

$$N_{Ne,83Pa} = N_{1bar} \cdot 83 / 10^5 \, m^{-3} = 2{,}2 \cdot 10^{22} \, m^{-3} .$$

Aufgabe 81:

a) Berechnen Sie die maximale Energiedichte nach dem Pumpen eines Rubinlasers mit einer Cr-Konzentration von 0,02 Gewichtsprozent (Massenzahl von Cr = 52, Dichte von Rubin $\rho = 4$ g/cm^3, Avogadro-Konstante $N = 6{,}022 \cdot 10^{23}$ mol^{-1}, $\lambda = 694$ nm). Beachten Sie, daß nur die Cr-Atome zum Laserprozeß beitragen.

b) Welche maximale Energie kann in einem Laserpuls emittiert werden (Kristalldurchmesser $d = 3$ mm; Länge $l = 5$ cm)?

c) Wie hoch sind die Pulsspitzenleistung und die Intensität bei einer Pulsdauer von 10 ns?

Lösung:

a) Die Cr-Dichte beträgt $\rho_{Cr} = 0{,}02 \cdot \rho = 8 \cdot 10^{-4}$ g / cm^3. Daraus berechnet man die Cr-Atomdichte:

$$N_{Cr} = N\rho_{Cr} / A = 9{,}2 \cdot 10^{18} \, cm^{-3} \quad (N = 6{,}022 \cdot 10^{23} \, mol^{-1}, A = 52 \, g/mol).$$

Die maximale Energiedichte beträgt mit $h = 6{,}6 \cdot 10^{-34}$ Js und $c_0 = 3 \cdot 10^8$ m / s:

$$N_{Cr} hf = N_{Cr} hc_0 / \lambda = 2{,}6 \, J/m^3 .$$

Es handelt sich um einen Zwei-Niveau-Laser. Daher kann bei einer vollständigen Inversion höchstens die Hälte der Atome lasern (1,3 J/m^3).

b) Das Volumen des Laserstabes beträgt $V = l\pi d^2 / 4 = 0{,}35$ cm^3. Die Pulsenergie wird damit:

$$E = 0{,}35 \cdot 1{,}3 \, J = 0{,}46 \, J.$$

c) Die Spitzenleistung beträgt (für einen Rechteckpuls):

$$P = E / t = 0{,}46 \cdot 10^8 \, W = 46 \, MW .$$

Die Intensität im Laserstrahl beträgt:

$$I = P / A = 4{,}6 \cdot 10^7 \cdot 4 / (d^2 \pi) = 6{,}5 \cdot 10^8 \, W / cm^2 .$$

Lasertypen

Aufgabe 82:

Begründen Sie anhand des Termschemas, warum der Wirkungsgrad eines Halbleiterlasers größer ist als der eines Moleküllasers (z.B. CO_2-Laser). Dieser hat einen höheren Wirkungsgrad als ein atomarer Gaslaser (z.B. He-Ne-Laser).

Lösung:

Zur Anregung muß mindestens die Energie bis zum oberen Niveau aufgebracht werden, von dem die Strahlung ausgeht. Die ausgesandte Energie entspricht der Länge des Strichs im Bild. Daher folgt, daß der maximale Wirkungsgrad des Halbleiterlasers etwa 100%, der des CO_2-Lasers etwa 50% und der des atomaren Gaslasers wesentlich weniger beträgt.

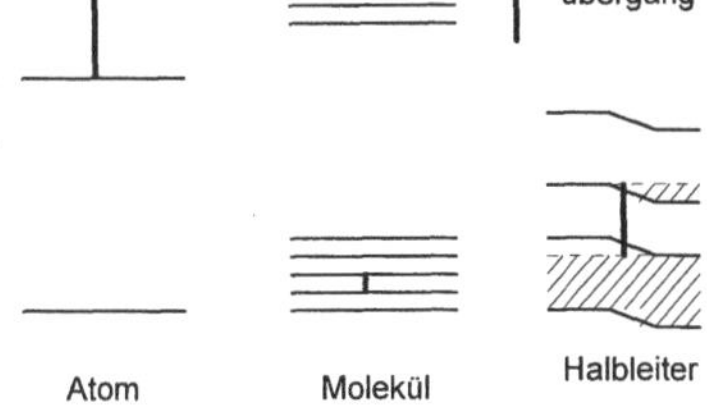

Aufgabe 83:

Ein Festkörperlaser liefert Pulse von 0,5 ms Dauer mit einer Energie von 10 mJ.

a) Wie groß ist die Pulsleistung?

b) Wie steigt die Leistung bei Verkürzung der Pulsdauer auf 5 ns an (Güteschaltung ohne Verluste)?

c) Wie groß ist die mittlere Leistung bei einer Pulsfolgefrequenz von 100 Hz?

Lösung:

a) Bei Rechteckpulsen gilt für die Pulsleistung mit $E = 10^{-2}$ J und $\tau = 5 \cdot 10^{-3}$ s:

$$P = E / \tau = 10^{-2} / 0{,}5 \cdot 10^{-3} \ \text{J} / \text{s} = 20\,\text{W} .$$

b) Für $t = 5 \cdot 10^{-9}$ s erhält man:

$$P = 10^{-2} / 5 \cdot 10^{-9} \ \text{W} = 2\,\text{MW} .$$

c) Die mittlere Leistung ergibt sich als „Mittelwert von Energie/Zeit":

$$\overline{P} = E f = 1\,\text{J} / \text{s} = 1\ \text{W} .$$

Aufgabe 84:

Berechnen Sie die maximale Leistung eines Pulslasers mit folgenden Daten:

mittlere Leistung $\overline{P}$ = 1 W, Pulsfolgefrequenz f = 50 Hz und Pulsdauer τ = 100 ns.

Lösung:

Die Energie E eines (rechteckförmigen) Pulses beträgt:

$$E = \overline{P} / f = 1 / 50\ \text{W} .$$

Daraus errechnet man die maximale Leistung

$$P = E / \tau = 1 / (50 \cdot 10^{-7})\ \text{W} = 200\,\text{kW} .$$

Aufgabe 85:

Ein gepulster Nd-Laser wandelt 1,5 % der Leistung der Blitzlampe in Laserstrahlung um. Die Lampe wird bei 20 Hz mit einer Pulsenergie von 1 J betrieben. Berechnen Sie:

a) die Pulsenergie, Pulsleistung und mittlere Leistung der Laserstrahlung bei einer Pulsdauer von 0,2 ms und

b) die gleichen Größen bei Güteschaltung (ohne Verluste) mit einer Pulsdauer von 5 ns.

Lösung:

a) Die Pulsenergie beträgt: $E = 0{,}015 \cdot 1\,\text{J} = 15\,\text{mJ}$. Daraus erhält man:

Pulsleistung $P = E / (0{,}2\,\text{ms}) = 75$ W und mittlere Leistung $\overline{P} = f E = (20\ \text{Hz}) E = 0{,}3$ W .

b) Für 5 ns-Pulse erhält man:

$$E = 15\ \text{mJ}, \ P = E / (5 \cdot 10^{-9}\ \text{s}) = 3\,\text{MW} \ \text{und} \ \overline{P} = 0{,}3\ \text{W} .$$

Aufgabe 86:

Ein Nd-Festkörperlaser wird mit einem Kondensator von 10 μF und einer Spannung von 1 kV betrieben. Der Wirkungsgrad beträgt 1 %.

a) Wie hoch sind Pulsenergie und Pulsleistung für normale Pulse von 0,1 ms Dauer?

b) Berechnen Sie die mittlere Leistung bei einer Pulsfolgefrequenz von 10 Hz.

Lösung:

a) Die im Kondensator gespeicherte Energie beträgt:

$E_\text{c} = C U^2 / 2 = 5\,\text{J}$. Davon erscheint 1 % im Laserpuls: $E = 50\ \text{mJ}$.

Die Pulsleistung errechnet sich zu:

$$P = E / \tau = 50 \cdot 10^{-3} / 0{,}1 \cdot 10^{-3}\ \text{W} = 500\ \text{W} .$$

b) Für die mittlere Leistung ergibt sich mit $f = 10$ Hz: $\overline{P} = E f = 0{,}5$ W.

Aufgabe 87:

Zur Kühlung eines 5-W-Argon-Lasers mit einem Wirkungsgrad von 0,05 % werden 10 l Wasser pro Minute verbraucht. Berechnen Sie die Temperaturerhöhung des Kühlwassers ($c = 4182$ J / (kg K)).

Lösung:

Die Temperaturerhöhung ΔT wird durch die spezifische Wärmekapazität c, die erwärmte Masse m und die zugeführte Wärmenergie Q gegeben:

$$Q = cm\Delta T \,.$$

Man dividiert diese Gleichung durch die Zeit t

$$P = Q/t = c\Delta T m/t \quad \text{und erhält} \quad \Delta T = P/(c \cdot (m/t)) \,.$$

Mit $m/t = 10\,\text{kg}/60\,\text{s}$ und $P = 5/5 \cdot 10^{-4}\ \text{W} = 10^4\ \text{W}$ berechnet man:

$$\Delta T = 14{,}2\ \text{K} \ \text{oder} \ \Delta T = 14{,}2°\text{C} \,.$$

Aufgabe 88:

Ein medizinischer Nd-Laser soll eine Koagulationszone von $d = 5$ mm Tiefe in $t = 15$ s erzeugen (Aufheizung des Gewebes von 37 °C auf 70 °C). Berechnen Sie unter vereinfachten Annahmen die Leistungsdichte des Laserstrahls (ebene Geometrie, keine Wärmeleitung, $c \approx 4100$ J/(kgK), $\rho \approx 1000$ kg / m^3).

Lösung:

Der Zusammenhang zwischen der Temperaturerhöhung ΔT (= 33 °C) und der Wärmenergie Q lautet

$$Q = \rho V c \Delta T \quad (c = \text{spezifische Wärmkapazität},\ \rho = \text{Dichte},\ V = \text{erwärmtes Volumen}).$$ Es gilt:

$$Q/A = It \quad (I = \text{Leistungsdichte des Laserstrahls},\ t = \text{Bestrahlungszeit},\ A = \text{bestrahlte Fläche}).$$

Damit erhält man

$$I = \rho V c \Delta T/(tA) = \rho d c \Delta T/t = 4{,}6 \cdot 10^4\ \text{W}/\text{m}^2 \,.$$ Dabei wurde $V = Ad$ gesetzt.

Aufgabe 89:

Ein Excimerlaser strahlt mit einer Querschnittsfläche von $A = 1$ mm^2 und einer Pulsenergie von $Q = 50$ mJ. Welche Materialdicke d wird abgetragen ($\rho = 1000$ kg / m^3)? Machen Sie vereinfachte Annahmen (Verdampfungswärme $L = 2200$ kJ/kg).

Lösung:

Man berücksichtigt nur die Verdampfungsenergie:

$$Q = L\rho V = L\rho dA \,. \quad \text{Daraus folgt} \quad d = Q/(L\rho A) = 23\ \mu\text{m} \,.$$

Aufgabe 90:

Ein Laser für die Mikromaterialbearbeitung liefert Pulse mit der Energie von $E = 100$ mJ und einer Pulsfolgefrequenz von $f = 1$ kHz.

a) Berechnen Sie die mittlere Leistung $\overline{P}$.

b) Wie hoch ist die Spitzenleistung P eines Pulses bei einer Pulsdauer von $\tau = 100$ ns?

Lösung:

a) Die mittlere Leistung $\overline{P}$ ist gegeben durch Energie/Zeit = Pulsenergie $\times$ Zahl der Pulse/Zeit:

$$\overline{P} = En/t = Ef = 100\ \text{W} \quad (\text{mit } n/t = f).$$

b) Wir nehmen näherungsweise eine rechteckige Pulsform an:

$$P = E/\tau = 0{,}1/10^{-7}\ \text{W} = 10^6\ \text{W} = 1\,\text{MW} \,.$$

Nichtlineare Optik

Aufgabe 91:

Der Strahl eines Nd-Lasers ($\lambda = 1{,}06\ \mu$m; infrarot) tritt durch einen Kristall zur Frequenzverdopplung. Berechnen Sie die Wellenlänge λ'. Welche Farbe hat die Strahlung?

Lösung:

Die Frequenz des Nd-Lasers ist f und wird nach der Verdopplung $2f$. Es gilt:

$$f = c/\lambda \ \text{und} \ 2f = c/\lambda' . \quad \text{Daraus folgt} \quad \lambda' = \lambda/2 = 0{,}53 \,. \text{ Die Farbe ist grün.}$$

9.4 Fotometrie

Aufgabe 92:
Eine (isotrop strahlende) Lichtquelle mit 10000 lm hängt in 5 m Höhe. Welche Beleuchtungsstärke herrscht a) senkrecht unter der Lampe und b) 2 m seitlich?

Lösung:
a) Der Zusammenhang zwischen Beleuchtungsstärke E und Lichtstrom Φ (= 10 000 lm) lautet
$$E = \Phi / A ,$$
wobei A die beleuchtete Fläche darstellt. In $r = 5$ m Entfernung wird die Kugelfläche $A = 4\pi r^2$ bestrahlt:
$$E = \Phi / (4\pi r^2) = 32 \text{ lm/m}^2 = 32 \text{ lx.}$$

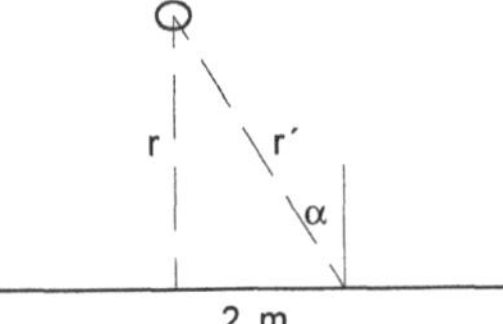

b) Nach dem Bild folgt aus dem Satz von Pythagoras
$$r'^2 = (5^2 + 2^2) \text{ m}^2 = 29 \text{ m}^2 . \text{ Für den Winkel } \alpha \text{ gilt}$$
$$\tan \alpha = 2 / 5 \text{ und } \alpha = 21{,}8°.$$
Bei Neigung der Flächen nimmt die Beleuchtungsstärke mit $\cos \alpha$ ab:
$$E' = \cos\alpha \, \Phi / A = \Phi \cos\alpha / (4\pi r'^2) = 25 \text{ lx.}$$

Aufgabe 93:
Eine Tischfläche, die 2,5 m unter einer (kegelsymmetrisch strahlenden) Lampe liegt, soll mit 80 lx beleuchtet werden.
a) Wie groß sind Lichtstärke und Lichtstrom der Lichtquelle?
b Berechnen Sie die elektrische Leistung bei einer Ausbeute von 10 lm/W. Was kostet ein 10-stündiger Betrieb (0,3 DM/kWh)?

Lösung:
a) Der Zusammenhang zwischen Beleuchtungsstärke $E = 80$ lx, Lichtstärke I und Lichtstrom Φ lautet
$$E = I\Omega / A = \Phi / A ,$$
wobei A die beleuchtete Fläche und Ω den entsprechenden Raumwinkel darstellen. Bei $r = 2{,}5$ m wird die Kugelfläche $A = 4\pi r^2 = 78{,}5$ m^2 mit dem Raumwinkel $\Omega = 4\pi$ bestrahlt. Daraus folgt:
$$I = EA / \Omega = 500 \text{ lx m}^2 / \text{sr} = 500 \text{ cd und } \Phi = EA = 6280 \text{ lx m}^2 = 6280 \text{ lm.}$$
b) Bei einer Ausbeute von 10 lm/W besitzt die Lichtquelle eine Leistung von (6280 lm)/(10 lm/W) = 628 W. Die Kosten für 10 Stunden betragen $0{,}628$ kW $\cdot 10$ h $\cdot 0{,}3$ DM/kWh = 1,88 DM.

Aufgabe 94:
Die Sonne erzeugt auf der Erde eine Beleuchtungsstärke von 80 000 lx. Sie besitzt einen Durchmesser von 1,4 Millionen km und ist 150 Millionen km von der Erde entfernt. Die Dichte des Energiestromes auf der Erde beträgt 1,4 kW/m^2.
a) Wie groß ist der Lichtstrom (in lm) auf 1 m^2 Erdoberfläche?
b) Rechnen Sie den Lichtrom in W/m^2 um (1 W = 400 lm) und vergleichen Sie ihn mit dem Wert von 1,4 kW/m^2. Was schließen Sie daraus?
c) Berechnen Sie die Lichtstärke und Leuchtdichte der Sonne.

Lösung:
a) Der Lichtstrom Φ berechnet sich mit $E = 80000$ lx und $A = 1$ m^2 zu:
$$\Phi = E A = 80000 \text{ lm.}$$
b) Der Lichtrom in W / m^2 beträgt $80000/400$ W/m^2 = 200 W/m^2. Die gesamte Strahlungsenergie auf die Erde beträgt jedoch 1400 W/m^2. Nur etwa 14 % der Sonnenstrahlung sind sichtbares Licht.
c) Die Lichtstärke I berechnet man zu:
$$I = \Phi / \Omega = 1{,}8 \cdot 10^{27} \text{ cd .}$$
Für den Raumwinkel Ω gilt dabei mit $A = 1$ m^2 und $r = 1{,}5 \cdot 10^{11}$ m : $\Omega = A / r^2 = 4{,}4 \cdot 10^{-23}$.
Die Leuchtdichte wird durch die Querschnittsfläche A der Sonne bestimmt.

Mit $A = R^2\pi = 1{,}54 \cdot 10^{18}$ m^2 (R = Sonnenradius) erhält man für die Leuchtdichte:
$$L = I / A = 1{,}17 \cdot 10^9 \ \text{Cd} / \text{m}^2 \, .$$

Aufgabe 95:

Eine Lichtquelle mit 50 cd bestrahlt einen Papierschirm in 1,1 m Entfernung. Die andere Seite des Schirmes wird mit gleicher Beleuchtungsstärke von einer zweiten Lichtquelle aus 75 cm Entfernung beleuchtet. Wie groß ist die Lichtstärke der Lichtquelle? (Der Schirm steht senkrecht auf der Verbindungslinie beider Lichtquellen.)

Lösung:

Die Beleuchtungsstärken auf beiden Seiten des Schirmes sind gleich $E_1 = E_2$. Daraus folgt:
$$I_1 / r_1^2 = I_2 / r_2^2 \ \text{und} \ I_2 = I_1 r_2^2 / r_1^2 = 50 \cdot 0{,}75^2 / 1{,}1^2 \ \text{cd} = 23{,}2 \ \text{cd} \, .$$

Aufgabe 96:

Ein Scheinwerfer erzeugt einen Lichtkegel, der in 10 m Entfernung einen Durchmesser von 1,5 m hat und dort eine Beleuchtungsstärke von 5 lx erzeugt. Berechnen sie die Lichtstärke und den Lichtstrom.

Lösung:

Den Lichtstrom Φ erhält man aus der Beleuchtungsstärke: $E = \Phi/A$, wobei $A = r^2\pi = 0{,}75^2 \cdot \pi$ m^2

$A = r^2\pi = 0{,}75^2 \cdot \pi = 1{,}77$ m^2 die Querschnittsfläche des Lichtkegels darstellt. Damit folgt:
$$\Phi = EA = 8{,}85 \ \text{lx} \cdot \text{m}^2 = 8{,}85 \ \text{lm} \, .$$
Die Lichtstärke I folgt aus
$$I = \Phi / \Omega \, .$$
Der Raumwinkel Ω wird aus der Fläche A und dem Abstand $R = 10$ m berechnet: $\Omega = A / R^2$.
Man benutzt $E = \Phi / A$ und erhält
$$I = \Phi / \Omega = E R^2 = 500 \ \text{lxm}^2 = 500 \ \text{cd} \, .$$

Aufgabe 97:

Zwei Straßenlampen (20 000 cd, gleichmäßige Abstrahlung) stehen im Abstand von 30 m.
a) In welcher Höhe müssen die Lichtquellen befestigt werden, damit die Straße in der Mitte zwischen den Masten maximal beleuchtet wird?
b) Wie groß ist die Beleuchtungsstärke in der Mitte und direkt unter einer Lampe?

Lösung:

a) Die Lichtstärke I erzeugt die Beleuchtungsstärke
$$E_\perp = I / r^2 \, ,$$
sofern der Einfallswinkel 0° berägt. Nach dem Bild ist die Einfallsrichtung in der Mitte jedoch um den Winkel α geneigt, und es gilt
$$E = I \cos\alpha / r^2 \, .$$

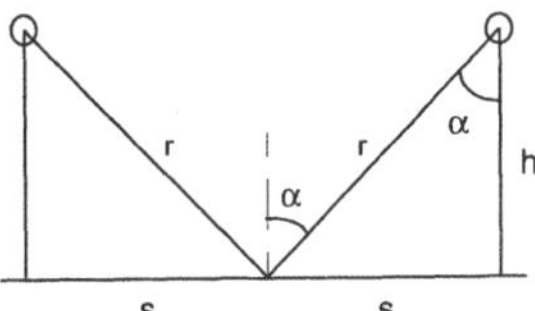

Dabei ist $r^2 = s^2 + h^2$ und $\cos\alpha = h / r = h / \sqrt{s^2 + h^2}$.

Man erhält $E = I h / (s^2 + h^2)^{3/2}$. Der Wert E soll maximal sein, d. h. $dE/dh = 0$. Durch Differenzieren entsteht $dE / dh = I((s^2 + h^2)^{3/2} - 3h^2(s^2 + h^2)^{1/2}) / (s^2 + h^2)^3$. Durch Nullsetzen berechnet man die Höhe $h = s / \sqrt{2} = 17{,}7$ m .

b) Die Beleuchtungsstärke in der Mitte zwischen den Lampen erhält man aus:
$$E = I h / (s^2 + h^2)^{3/2} = 12{,}4 \ \text{lx} \, .$$
Da zwei Lampen vorhanden sind verdoppelt sich die Beleuchtungsstärke zu 24,8 lx.
Direkt unter einer Lampe herrscht:
$$E_\perp = I / h^2 = 64 \ \text{lx} \, .$$
Hinzu kommt der Beitrag von der zweiten Lampe, der hier wegen der Länge der Aufgabe vernachlässigt wird.

10 Atome und Moleküle

10.0 Formelsammlung

Zu 10.1 Bestandteile der Atome

Schematischer Aufbau der Atome

$$m_p = 1,6762 \cdot 10^{-27}\,\text{kg} \qquad \text{Protonenmasse}$$

$$m_p = 1,6749 \cdot 10^{-27}\,\text{kg} \qquad \text{Neutronenmasse}$$

$$m_e = 9,1095 \cdot 10^{-31}\,\text{kg} \qquad \text{Elektronenmasse}$$

$$e = 1,602 \cdot 10^{-19}\,\text{As} \qquad \text{Elementarladung}$$

$$h = 6,625 \cdot 10^{-34}\,\text{Js} \qquad \text{Plancksches Wirkungsquantum}$$

$$N_A = 6,022 \cdot 10^{23}\,\text{mol}^{-1} \qquad \text{Avogadro-Konstante}$$

$$c_0 = 2,998 \cdot 10^{8}\,\text{m}\,/\,\text{s} \qquad \text{Vakuum-Lichtgeschwindigkeit}$$

$$\varepsilon_0 = 8,854 \cdot 10^{-12}\,\text{As}\,/\,(\text{Vm}) \qquad \text{elektrische Feldkonstante}$$

$$k = 1,381 \cdot 10^{-23}\,\text{J}\,/\,\text{K} \qquad \text{Boltzmann-Konstante}$$

Lichtwellen und Photonen

Energie E eines Photons:

$E = hf$ — h: Plancksches Wirkungsquantum, f: Lichtfrequenz

$f = c_0\,/\,\lambda$ — c_0: Lichtgeschwindigkeit, λ: Lichtwellenlänge

Impuls p eines Photons:

$p = E\,/\,c_0 = h\,/\,\lambda$ — $E = hf$: Energie eines Photons

Kinetische Energie E einer Ladung:

$E = eU = mv^2\,/\,2$ — e: Ladung (z.B. Elementarladung), U: Spannung, m: Masse, v: Geschwindigkeit

Elektronenvolt:

$1\,\text{eV} = 1,6 \cdot 10^{-19}\,\text{J}$

Fotoeffekt:

$hf = W_A + m_e v^2\,/\,2$ — h, f: siehe oben, W_A: Austrittsarbeit, m_e: Elektronenmasse, v: Elektronengeschwindigkeit

Compton-Effekt:

$\Delta E = -E^2(1 - \cos\vartheta)\,/\,m_e c_0^2$ — ΔE: Energieverlust, E: Energie des einfallenden Röntgenquants, ϑ: Streuwinkel, m_e: Elektronenmasse, $m_e c_0^2 = 511\,\text{keV}$

Materiewellen- und strahlen

Materiewellenlänge λ:

$\lambda = h\,/\,p$ — $p = mv$: Impuls, h: Plancksches Wirkungsquantum, m: Masse, v: Geschwindigkeit

Geladene Teilchen (z.B. Elektronen):

$\lambda = h\,/\,\sqrt{2eUm}$ — λ: Materiewellenlänge, e: Ladung, m: Masse

Neutronenwellenlänge λ:

$\lambda = h\,/\,\sqrt{3kTm_n}$ — h: s.o., k: Boltzmann-Konstante, m_n: Neutronenmasse

Zu 10.2 Aufbau der Atome

Wasserstoffatom

Coulomb-Kraft F_C:

$$F_C = Ze^2 / (4\pi\varepsilon_0 r^2)$$

Z: Ladungszahl, e: Elementarladung, ε_0: elektrische Feldkonstante, r: Abstand der Ladungen (Kern-Elektron)

Atomarer Bahnradius r_n:

$$r_n = \frac{h^2\varepsilon_0}{\pi m_e Z e^2} n^2$$

n: Hauptquantenzahl ($= 1, 2, 3,...$), h: Plancksches Wirkungsquantum, m_e: Elektronenmasse, ε_0, Z, e: siehe oben

Energien E_n der Niveaus:

$$E_n = -\frac{Z^2 e^4 m_e}{8\varepsilon_0^2 h^2} \frac{1}{n^2}$$

$E_n = -13,5$ eV $/ n^2$ für das H-Atom ($Z = 1$)

Spektrallinien (Licht):

$$hf = E_2 - E_1$$

hf: Energie eines Photons, f: Lichtfrequenz, E_1, E_2: Energie der beiden Niveaus

$$f = Z^2 R_f (1 / n_1^2 - 1 / n_2^2)$$

f: Lichtfrequenz, n_1, n_2: Hauptquantenzahl der beiden Niveaus, weitere Formelzeichen s. o.

$$R_f = \frac{e^4 m_e}{8\varepsilon_0^2 h^3} = 3,29 \cdot 10^{15} \text{ Hz}$$

R_f : Rydberg-Frequenz, weitere Formelzeichen s. o.

Elektronenhülle und Quantenzahlen

Hauptquantenzahl:
$n = 1, 2, 3, ...$
n: K. L, M, N, ...

n: Hauptquantenzahl

Bahndrehimpulsquantenzahl:
$l = 0, 1, 2, 3, ...$
l : s, p , d, f,...

l: Bahndrehimpulsquantenzahl

Magnetquantenzahl:
$m = m = 0, \pm 1, \pm 2, \pm 3,...\pm l$

m: Magnetquantenzahl

Spinquantenzahl:
$s = \pm 1 / 2$

s: Spinquantenzahl

Zahl der Elektronen N in einer Schale

$$N = \sum_{l=0}^{n-1} 2(2l + 1) = 2n^2$$

N: Zahl der Elektronen in der Schale mit der Hauptquantenzahl n

Zu 10.3 Licht, Röntgenstrahlung und Spinresonanz

Emission und Absorption von Licht

Emision:

$$E = hf = E_2 - E_1$$

E: Energie eines Photons, andere Formelgrößen siehe oben

$$\Delta f = 1 / \Delta t$$

Δf : Frequenzunschärfe (Linienbreite),

Δt : Emissionszeit (Lebensdauer)

Absorption:

$$I = I_0 \exp(\alpha x)$$

I, I_0 : Intensität des einfallenden und auslaufenden Lichtes,

x: Schichtdicke, α: Absorptionskoeffizient

Röntgenstrahlung

Bremsstrahlung:

$$E_g = eU$$

E_g : Maximalenergie, e: Elementarladung, U: Spannung

Charakteristische K-Strahlung:

$$f = (Z-1)^2 R_f (1 - 1/n^2)$$

f: Frequenz der K-Strahlung, Z: Kernladungszahl, n: Hauptquantenzahl (K_α : $n{=}2$, K_β : $n{=}3$,..), R_f : siehe oben

Absorption:

$$I = I_0 \exp(-\mu x)$$

I, I_0 : Intensität der einfallenden und auslaufenden Strahlung, x: Schichtdicke, μ: Absorptionskoeffizient

$$d = \ln 2 / \mu$$

d: Halbwertsdicke

Bragg Reflexion:

$$\sin\theta = n\lambda / (2d)$$

θ: Reflexionswinkel (Bragg-Winkel), $n = 1, 2, 3,..$ Beugungsordnung, λ: Wellenlänge der Strahlung, d: Gitterabstand

Kernspinresonanz (Wasserstoff, Protonen):

$$hf = 5{,}58 \mu_K B$$

f: Frequenz der HF-Strahlung. h: siehe oben, B: magnetische Feldstärke in Tesla (T)

$$\mu_K = 5{,}05 \cdot 10^{-27} \; J/T$$

10.1 Bestandteile der Atome

Schematischer Aufbau der Atome

Aufgabe 1:

Welche Masse besitzt ein Aluminiumatom (Massen: Proton $m_p = 1{,}673 \cdot 10^{-27}$ kg, Neutron $m_n = 1{,}675 \cdot 10^{-27}$ kg, Elektron $m_e = 9{,}109 \cdot 10^{-31}$ kg)?

Lösung :

Man entnimmt aus dem Periodensystem für Aluminium die Ordnungszahl $Z = 13$ und die Massenzahl $A = 27$. Daraus ergibt sich eine Neutronenzahl von $N = 14$. Die Masse des Al-Atoms beträgt näherungsweise (Vernachlässigung des Massendefekts):

$$m_{Al} = 13\,m_p + 14\,m_n + 13\,m_e = 4{,}5221 \cdot 10^{-26}\ \text{kg}\ \left(\approx 27\,m_p \approx 27\,m_n\right).$$

Aufgabe 2:

Wieviele Atome x befinden sich in einem Aluminiumblech von 1 mm Dicke und einer Fläche von 20 cm^2 (Dichte $\rho = 2{,}7\ \text{g}/\text{cm}^3$)?

1. Lösungsweg:

Das Al-Blech hat ein Volumen von $V = 2 \cdot 10^{-6}$ m^3. Mit der Dichte von $\rho = 2{,}7 \cdot 10^3$ kg$/$m^3 errechnet man die Masse $m = \rho V = 5{,}4 \cdot 10^{-3}$ kg. Die Anzahl x der Atome beträgt (m_{Al} aus Aufg. 1):

$$x = m\,/\,m_{Al} = 1{,}2 \cdot 10^{23}\ .$$

2. Lösungsweg:

Aluminium besitzt die relative Molekularmasse $m_m = 27$ g/mol. Die Anzahl x der Atome berechnet man aus der Avogadrokonstanten $N_A = 6{,}02 \cdot 10^{23}$ mol^{-1}:

$$x = N_A \cdot m\,/\,m_m = 1{,}2 \cdot 10^{23}\ .$$

Aufgabe 3:

Wieviele Elektronen pro Sekunde werden bei einem Strom von $I = 1$ mA durch einen Draht transportiert?

Lösung:

Der Stromtransport erfolgt durch Elektronen mit der Elementarladung $e = 1{,}602 \cdot 10^{-19}$ As. Mit dem Ausdruck für den Strom $I = \text{Ladung}\,/\,\text{Zeit} = e\,n\,/\,t$ erhält man:

$$n\,/\,t = I\,/\,e = 6{,}2 \cdot 10^{15}\ \text{s}^{-1}\ .$$

Aufgabe 4

Eine Glühkathode erzeugt bei 1000 V einen Strom von 2,5 mA. Wie groß sind die Energie und Geschwindigkeit der Elektronen? Wieviel Elektronen pro Sekunde treten aus?

Lösung:

Die Energie E der Elektronen beträgt $E = eU = 1000$ eV $= 1{,}6 \cdot 10^{-16}$ J (bei Vernachlässigung der Austrittsarbeit). Die Geschwindigkeit v berechnet man aus der kinetischen Energie $E = m_e v^2\,/\,2$

zu $\quad v = \sqrt{2E\,/\,m_e} = 1{,}9 \cdot 10^7$ m$/$s ($e = 1{,}6 \cdot 10^{-19}$ C und $m_e = 9{,}11 \cdot 10^{-31}$ kg).

Der Strom I wird durch die Zahl der Elektronen/Zeit n/t gegeben $I = e\,n\,/\,t$. Daraus folgt:

$$n\,/\,t = I\,/\,e = 1{,}6 \cdot 10^{16}\ \text{s}^{-1}\ .$$

Lichtwellen und Photonen

Aufgabe 5:
Berechnen Sie die Energie eines Lichtquants mit $\lambda = 514$ nm in J und eV.
Lösung:
Die Energie eines Lichtquants beträgt:
$$E = hf = hc_0 / \lambda = 3,9 \cdot 10^{-19} \text{ J} = 2,4 \text{ eV}$$
$$(h = 6,6 \cdot 10^{-34} \text{ Js}, \ c_0 = 3 \cdot 10^8 \text{ m/s}, \ f = c_0 / \lambda = \text{ Lichtfrequenz}, \ 1 \text{ eV} = 1,6 \cdot 10^{-19} \text{ J})).$$

Aufgabe 6:
Das Auge kann im Maximum seiner Empfindlichkeit bei $\lambda = 510$ nm eine Lichtleistung von $P = 3,7 \cdot 10^{-17}$ W gerade noch erkennen. Wieviele Photonen sind dies pro Sekunde?
Lösung:
Die Energie eines Photons beträgt:
$$E = hf = hc_0 / \lambda.$$
Mit $h = 6,63 \cdot 10^{-34}$ Js und $c_0 = 3 \cdot 10^8$ m/s erhält man die Lichtleistung:
$$P = \frac{En}{t} = \frac{hc_0}{\lambda} \frac{n}{t}$$
und die Zahl der Photonen pro Sekunde
$$\frac{n}{t} = \frac{P\lambda}{hc_0} = 95 \text{ s}^{-1}.$$

Aufgabe 7:
a) Geben Sie die Energie von 5,1 eV, 17 keV und 3,35 MeV in Joule an.
b) Rechnen Sie 1 Joule in eV um.
Lösung:
a) Es gilt 1 eV $= 1,602 \cdot 10^{-19}$ J. Daraus folgt:
$$5,1 \text{ eV} = 8,17 \cdot 10^{-19} \text{ J}, 17 \text{ keV} = 2,72 \cdot 10^{-15} \text{ J und } 3,35 \text{ MeV} = 5,37 \cdot 10^{-13} \text{ J}.$$
b)   1 J $= 6,24 \cdot 10^{18}$ eV.

Aufgabe 8:
Ein He-Ne-Laser mit einer Wellenlänge von 632 nm (rot) hat eine Leistung von 5 mW.
a) Welche Frequenz und Energie besitzen die Photonen (in Ws und eV)?
b) Wieviele Photonen werden pro Sekunde abgestrahlt?
c) Welchen Impuls hat ein Photon und wie hoch ist der Impulsübertrag bei vollständiger Absorption und bei Reflexion an einer spiegelnden Fläche?
Lösung:
a) Die Frequenz f errechnet sich zu:
$$f = c_0 / \lambda = 3 \cdot 10^8 / 0,632 \cdot 10^{-6} \text{ s}^{-1} = 4,75 \cdot 10^{14} \text{ s}^{-1}.$$
Für die Energie E erhält man:
$$E = hf = 6,62 \cdot 10^{-34} \text{ Js} \cdot 4,75 \cdot 10^{14} \text{s}^{-1} = 3,14 \cdot 10^{-19} \text{J} = 1,96 \text{ eV}.$$
b) Aus der Gleichung „Leistung P = Energie / Zeit" folgt:
$$P = E \cdot n / t,$$
wobei n / t die Zahl der emittierten Quanten pro Sekunde darstellt. Man erhält:
$$n / t = P / E = 1,6 \cdot 10^{16} \text{ Photonen / s}.$$
c) Photonen bewegen sich stets mit Lichtgeschwindigkeit. Der Impuls eines Photons beträgt:
$$p = E / c_0 = 3,14 \cdot 10^{-19} / 3 \cdot 10^8 \text{ Js/ m} = 1,05 \cdot 10^{-27} \text{ kg m / s}.$$
Wegen des Impulserhaltungssatzes wird bei der Absorption der gesamte Impuls übertragen, während bei der Reflexion der doppelte Impulsübertrag stattfindet.

Aufgabe 9:

Sichtbares Licht besitzt Wellenlängen zwischen $\lambda = 380$ nm und 780 nm. Berechnen Sie den Energiebereich in eV.

Lösung:

Mit

$$E = h\, c_0 / \lambda \quad (h = 6{,}6 \cdot 10^{-34} \text{ Js}, \ c_0 = 3 \cdot 10^8 \text{ m}/\text{s und } 1 \text{ eV} = 1{,}6 \cdot 10^{-19} \text{ Js})$$

ergibt sich ein Energiebereich von $E = 3{,}26$ eV bis $1{,}59$ eV.

Aufgabe 10:

Welche Kraft wirkt auf eine Zelle, die den fokussierten Strahl eines He-Ne-Lasers mit der Leistung $P = 1$ mW (Wellenlänge $\lambda = 0{,}632 \ \mu$m) vollständig absorbiert?

Lösung:

Die Energie eines Lichtquants wird durch das Plancksche Wirkungsquantum $h = 6{,}6 \cdot 10^{-34}$ Js und die Frequenz f bestimmt:

$$E = hf = hc_0 / \lambda = 3{,}1 \cdot 10^{-19} \text{ J} \quad (c_0 = 3 \cdot 10^8 \text{ m}/\text{s}).$$

Es werden

$$dn / dt = P / E = 10^{-3} \text{ W} / 3{,}1 \cdot 10^{-19} \text{ J} = 3{,}2 \cdot 10^{15} \text{ s}^{-1} \text{ (Photonen pro Sekunde)}$$

abgestrahlt. Jedes Photon trägt den Impuls $p = h / \lambda = 1{,}04 \cdot 10^{-27}$ Js/m. Die Kraft F ist durch die Impulsänderung

$$F = dp_{\text{gesamt}} / dt = p \cdot dn / dt = 3{,}3 \cdot 10^{-12} \text{ N gegeben.}$$

Aufgabe 11:

Wieviele Lichtquanten ($\lambda = 550$ nm) müssen von einer Masse von $m = 10$ mg (Staubkorn) absorbiert werden, damit es mit $a = 9{,}81$ m/s^2 beschleunigt wird?

Lösung:

Für die Kraft F gilt:

$$F = dp_{\text{gesamt}} / dt = ma \ (p_{\text{gesamt}} = \text{Impuls}, \ m = \text{Masse}, \ a = \text{Beschleunigung}).$$

Der Impuls eines Photons beträgt $p = h / \lambda$ und von n Photonen

$$p_{\text{gesamt}} = np = nh / \lambda \ (h = 6{,}63 \cdot 10^{-34} \text{ Js}). \text{ Mit } dp_{\text{gesamt}} / dt = dn / dt \cdot h / \lambda \text{ erhält man}$$

$$dn / dt \cdot h / \lambda = ma \text{ und } dn / dt = ma\lambda / h = 8{,}2 \cdot 10^{22} \text{ s}^{-1}.$$

Aufgabe 12:

Diese Aufgabe bezieht sich auf einen häufig durchgeführten Praktikumsversuch zur Bestimmung des Planckschen Wirkungsquantums h. Eine Photokathode weist eine Austrittsarbeit von $W_A = 1{,}9$ eV auf. Sie wird (im Vakuum) mit Licht bestrahlt, so daß durch den äußeren Fotoeffekt Elektronen aus der Schicht treten können.

a) Wie groß sind die Geschwindigkeit und die Energie (in eV) der Elektronen bei Beleuchtung mit Licht einer Wellenlänge von $0{,}5 \ \mu$m (blau).

b) Berechnen Sie die Grenzwellenlänge, bei der Elektronen nicht aus der Kathode gelangen.

Lösung:

a) Die Energie eines Photons $E = hf = hc_0/\lambda$ wird umgesetzt in die kinetische Energie eines Elektrons $m_e v^2 / 2$ und die Autrittsarbeit W_A :

$$hc_0 / \lambda = W_A + m_e v^2 / 2 .$$

Umstellen der Formel ergibt die Geschwindigkeit der Elektronen:

$$v = \sqrt{2(hc_0 / \lambda - W_A) / m_e} \ .$$

Mit $h = 6{,}63 \cdot 10^{-34}$ Js, $c_0 = 3 \cdot 10^8$ m/s, $\lambda = 0{,}5 \ \mu$m, $W_A = 1{,}9$ eV $= 3{,}0 \cdot 10^{-19}$ J und $m_e = 9{,}11 \cdot 10^{-31}$ kg ergibt sich: $v = 4{,}6 \cdot 10^5$ m/s.

b) Die Grenzwellenlänge erhält man aus der Bedingung, daß die Geschwindigkeit v Null wird:

$$hc_0 / \lambda_g = W_A . \text{ Daraus folgt } \lambda_g = hc_0 / W_A = 0{,}66 \ \mu\text{m}.$$

Aufgabe 13:

Eine Elektrode wird mit UV-Licht ($\lambda = 200$ nm) bestrahlt. Durch den äußeren Photoeffekt treten Elektronen mit einer Energie von $E_e = 1{,}5$ eV aus.

a) Wie groß ist die Austrittsarbeit W_A ?

b) Berechnen Sie die obere Grenzwellenlänge für den äußeren Photoeffekt?

Lösung:

a) Die Energie eines Photons $E = hf = hc_0/\lambda$ wird umgesetzt in die kinetische Energie eines Elektrons $E_e = 1{,}5$ eV $= 2{,}4 \cdot 10^{-19}$ J und die Autrittsarbeit W_A :

$$hc_0 / \lambda = W_A + E_e .$$

Daraus erhält man die Austrittsarbeit ($h = 6{,}63 \cdot 10^{-34}$ Js, $c_0 = 3 \cdot 10^8$ m / s und $\lambda = 0{,}2\ \mu$m):

$$W_A = hc_0 / \lambda - E_e . = 7{,}5 \cdot 10^{-19}\ \text{Js} = 4{,}7\ \text{eV} .$$

b) Die Grenzwellenlänge erhält man aus der Bedingung, daß die Geschwindigkeit v Null wird:

$hc_0 / \lambda_g = W_A$. Daraus folgt: $\lambda_g = hc_0 / W_A = 0{,}26\ \mu$m .

Aufgabe 14:

Bei einer medizinischen Durchleuchtung wird Röntgenstrahlung im Gewebe durch Compton-Streuung abgelenkt (was zu einer Unschärfe im Bild führt). Berechnen Sie die Energieverluste der a) unter $\vartheta = 90°$ und b) unter $180°$ gestreuten 100 keV-Strahlung.

Lösung:

Der Energieverlust bei Compton-Streuung beträgt:

$$\Delta E = -E^2 (1 - \cos\vartheta) / m_e c_0^2 \quad \text{mit } m_e c_0^2 = 511 \text{ keV und } E = 100 \text{ keV}.$$

Man erhält das Ergebnis:

a) $\vartheta = 90°$: $\Delta E = -19{,}6$ keV und

b) $\vartheta = 180°$: $\Delta E = -39{,}1$ keV.

Bemerkung: Die Gleichung $\Delta E = -E^2 (1 - \cos\vartheta) / m_e c_0^2$ kann aus $\Delta\lambda = h(1 - \cos\vartheta) / (m_e c_0)$ und $\Delta E / E = -\Delta\lambda / \lambda$ abgeleitet werden.

Aufgabe 15:

Ein Röntgenquant mit 80 keV erfährt Compton-Streuung an einem Elektron und wird dabei um $60°$ abgelenkt.

a) Wie groß ist die Energie des gestreuten Quants?

b) Wie groß sind Energie E_e und Geschwindigkeit v_e des Elektrons?

Lösung:

a) Der Energieverlust bei Compton-Streuung beträgt:

$$\Delta E = -E^2 (1 - \cos\vartheta) / m_e c_0^2 , \quad \text{mit } m_e c_0^2 = 511 \text{ keV und } E = 80 \text{ keV. Für } \vartheta = 60° \text{ folgt:}$$

$\Delta E = -6{,}3$ keV . Die Energie der gestreuten Quanten beträgt 73,7 keV.

Bemerkung: Die Gleichung $\Delta E = -E^2 (1 - \cos\vartheta) / m_e c_0^2$ kann aus $\Delta\lambda = h(1 - \cos\vartheta) / (m_e c_0)$ und $\Delta E / E = -\Delta\lambda / \lambda$ abgeleitet werden.

b) Der Energieverlust des Röntgenquants wird an das Elektron übertragen: $E_e = |\Delta E| = 6{,}3$ keV $= 6300 / 1{,}6 \cdot 10^{-19}$ J . Die Geschwindigkeit kann aus $E_e = m_e v^2 / 2$ berechnet werden:

$$v = \sqrt{2 E_e / m_e} = 4{,}7 \cdot 10^7 \text{ m / s} \quad \text{mit } m_e = 9{,}1 \cdot 10^{-31} \text{ kg} .$$

Materiewellen und -strahlen

Aufgabe 16:

Wie groß ist die Wellenlänge von Elektronen mit einer Energie von 10 keV?

Lösung:

Die Materiewellenlänge beträgt

$\lambda = h / p$, wobei $p = m_e v$, $h = 6{,}6 \cdot 10^{-34}$ Js und $m_e = 3{,}1 \cdot 10^{-31}$ kg darstellen.

Die Geschwindigkeit v der Elektronen berechnet man aus der Energie $E = 10$ keV $= 1{,}6 \cdot 10^{-15}$ J, die gleich der kinetischen Energie $E = m_e v^2 / 2$ ist. Daraus folgt

$v = \sqrt{2E / m_e}$, und die Wellenlänge wird

$\lambda = h / (m_e \sqrt{2E / m_e}) = h / (\sqrt{2Em_e}) = 2{,}1 \cdot 10^{-11}$ m .

Aufgabe 17:

Neutronen (aus einem Reaktor) haben eine Wellenlänge von 3 nm ($m_n = 1{,}67 \cdot 10^{-27}$ kg).

a) Wie groß ist die Geschwindigkeit der Neutronen?

b) Steigt die Wellenlänge für schnelle Neutronen?

c) Die Neutronen werden an einem Kristallgitter mit einem Abstand von $g = 4 \cdot 10^{-9}$ m gebeugt. Unter welchem Winkel α tritt das erste Beugungsmaximum auf?

Lösung:

a) Die Materiewellenlänge beträgt: $\lambda = h / p$ mit $p = m_n v$, $h = 6{,}6 \cdot 10^{-34}$ Js und $m_n = 1{,}67 \cdot 10^{-27}$ kg. Daraus berechnet man die Geschwindigkeit:

$v = h / (m_n \lambda) = 132$ m / s .

b) Aus $\lambda = h / p = h / (m_n v)$ folgt, daß die Wellenlänge für hohe Geschwindigkeiten v fällt.

c) Es wird die Gleichung für ein Beugungsgitter verwendet: $\sin \alpha = \lambda / g = 0{,}75$. Es folgt $\alpha = 48{,}6°$.

Aufgabe 18:

Der Strahl eines Elektronenmikroskops wird mit $U = 12$ kV beschleunigt.

a) Welche Geschwindigkeit v und Wellenlänge λ erreichen die Elektronen?

b) Der Strahl wird an dem atomaren Gitter ($g = 0{,}3$ nm) einer dünnen Metallschicht gebeugt. Wie groß ist der Beugungswinkel ϑ?

Lösung:

a) Zur Vereinfachung werden bei der Lösung relativistische Effekte vernachlässigt. Ein Elektron der Masse $m_e = 9{,}1 \cdot 10^{-31}$ kg und Ladung $e = 1{,}6 \cdot 10^{-19}$ C wird durch die Spannung U beschleunigt und erreicht die Geschwindigkeit v:

$e \cdot U = m_e v^2 / 2$. Daraus folgt: $v = \sqrt{2eU / m_e} = 6{,}5 \cdot 10^7$ m / s .

Jedem Teilchenstrahl läßt sich eine Wellenlänge λ zuordnen. Die Wellenlänge der Teilchen, die sogenannte Materiewellenlänge, ist eine Funktion des Impulses p, der von der Masse m_e und der Geschwindigkeit v der Teilchen abhängt:

$\lambda = h / p = h / (m_e v) = 1{,}1 \cdot 10^{-11}$ m ($h = 6{,}6 \cdot 10^{-34}$ Js).

b) Maximum tritt unter dem Winkel ϑ auf: $\sin \vartheta = \lambda / g = 0{,}037$. Daraus folgt $\vartheta = 2{,}1°$.

Aufgabe 19:

Ein Elektronenmikroskop wird mit $U = 12$ kV betrieben. Um das Wievielfache ist theoretisch der auflösbare Abstand kleiner als beim Lichtmikroskop?

Lösung:

Die Lichtwellenlänge wird zu $\lambda_{\text{Licht}} = 500$ nm angenommen. Für die Elektronen berechnet man wie in der letzten Aufgabe:

$\lambda = h / (m_e v) = h / \sqrt{2eUm_e} = 11{,}2 \cdot 10^{-12}$ m .

Der kleinste auflösbare Abstand ist proportional zur Wellenlänge: $\lambda_{\text{Elektron}} / \lambda_{\text{Licht}} = 2{,}2 \cdot 10^{-5}$.

Aufgabe 20:

Berechnen Sie die Geschwindigkeit v und die de Broglie-Wellenlänge λ eines thermischen Neutrons (Masse $m_n = 1{,}679 \cdot 10^{-27}$ kg). Das Neutron befindet sich im Temperaturgleichgewicht mit seiner Umgebung bei $T = 300$ K und besitzt eine thermische Energie von $E = 1{,}5 \cdot kT$ ($k = 1{,}38 \cdot 10^{-23}$ J / K = Boltzmann-Konstante).

Lösung:

Die Geschwindigkeit erhält man aus:

$m_n v^2 / 2 = 1{,}5 \cdot kT$. Daraus folgt: $v = \sqrt{2 \cdot 1{,}5 \cdot kT / m_n} = 2700$ m/s.

Die de Broglie-Wellenlänge berechnet sich zu:

$\lambda = h / (m_n v) = 0{,}14$ nm.

Aufgabe 21:

Berechnen Sie die Wellenlänge λ von Licht eines Elektronenüberganges im Atom, das durch Elektronen mit einer Energie von $E = 4{,}9$ eV angeregt wird.

Lösung:

Aus der Energiebeziehung $E = hc_0 / \lambda = eU$ berechnet man die Wellenlänge:

$\lambda = hc_0 / (eU) = 253$ nm ($h = 6{,}63 \cdot 10^{-34}$ Js, $c_0 = 3 \cdot 10^8$ m / s, $U = 4{,}9$ V).

10.2 Aufbau der Atome

Wasserstoffatom

Aufgabe 22:

a) Wie groß ist die Kraft, mit welchem das Elektron im H-Atom vom Kern angezogen wird?

b) Warum fällt das Elektron nicht auf den Kern?

Lösung:

a) Die Gravitationskraft wird vernachlässigt, und es wirkt nur die Coulombkraft zwischen dem Kern ($Z = 1$) und dem Elektron:

$F_c = e^2 / (4\pi\varepsilon_0 r^2)$ mit $e = 1{,}6 \cdot 10^{-19}$ C, $\varepsilon_0 = 8{,}85 \cdot 10^{-12}$ Vs / (Am) und $r = 0{,}53 \cdot 10^{-10} m$.

Daraus folgt $F_c = 8{,}2 \cdot 10^{-8}$ N.

b) Als Gegenkraft wirkt die Zentrifugalkraft. Die Quantentheorie zeigt, daß Energie nicht abgestrahlt wird, da das Elektron als stehende Welle vorliegt.

Aufgabe 23:

Berechnen Sie die Gravitationskraft F_g im H-Atom, und setzen Sie diese ins Verhältnis zu der Coulombkraft F_c.

Lösung:

Die Gravitationskraft F_g wirkt neben der Coulombkraft F_c zwischen Proton und Elektron:

$F_g = \gamma \cdot m_e \cdot m_p / r^2$ und $F_c = e^2 / \left(4\pi\varepsilon_0 r^2\right)$

Das Verhältnis F_g/F_c ist vernachlässigbar klein:

$F_g / F_c = \gamma \cdot m_e \cdot m_p \cdot 4\pi \cdot \varepsilon_0 / e^2 = 4 \cdot 10^{-40}$.

($m_e = 9{,}1 \cdot 10^{-31}$ kg, $m_p = 1{,}67 \cdot 10^{-27}$ kg, $\gamma = 6{,}67 \cdot 10^{-11}$ Nm^2 / kg^2,

$\varepsilon_0 = 8{,}85 \cdot 10^{-12}$ As / (V m), $e = 1{,}6 \cdot 10^{-19}$ C)

Aufgabe 24:

Wie groß ist die Energie zur Ionisation von atomarem Wasserstoff (H), d.h. zum Abtrennen des Elektrons vom Atom?

Lösung:

Das H-Atom ($Z = 1$) besitzt folgende Energieniveaus:

$$E_n = -Z^2 m_e e^4 / (8\varepsilon_0^2 h^2 \cdot n^2) = -13{,}5 \text{ eV} / n^2 \qquad \text{(Konstanten siehe Formelsammlung).}$$

Bei $n \to \infty$ wird das Elektron frei, das Atom ist ionisiert, und es gilt $E = 0$. Im Fall $n = 1$ befindet sich das Atom im Grundzustand mit der Energie $E = -13{,}5$ eV. Die Energiedifferenz zwischen dem ionisierten- und dem Grundzustand beträgt also 13,5 eV.

Aufgabe 25:

Berechnen Sie die Energieniveaus a) des H-Atoms und b) He-Ions (Kern mit der Ladungszahl $Z = 2$ der von einem Elektron umkreist wird).

Lösung:

Für die Energiezustände gilt:

$$E_n = -e^4 m_e Z^2 / (8\varepsilon_0^2 h^2 n^2.\,).$$

a) Beim H-Atom ist $Z = 1$ und man erhält mit $n = 1$:

$$e^4 m_e / (8\varepsilon_0^2 h^2) = 13{,}5 \text{ eV} = \text{Ionisierungenergie.}$$

Für die Niveaus von H gilt:

$$E_n^H = -13{,}5 \text{ eV} / n^2.$$

b) Für das He-Ion gilt mit $Z = 2$ und $n = 1$:

$$E_n^{He} = -13{,}5 \cdot 4 \text{ eV} / n^2 = -54 \text{ eV}.$$

Einen Vergleich der Energieniveaus für das H-Atom und He-Ion zeigt das Bild.

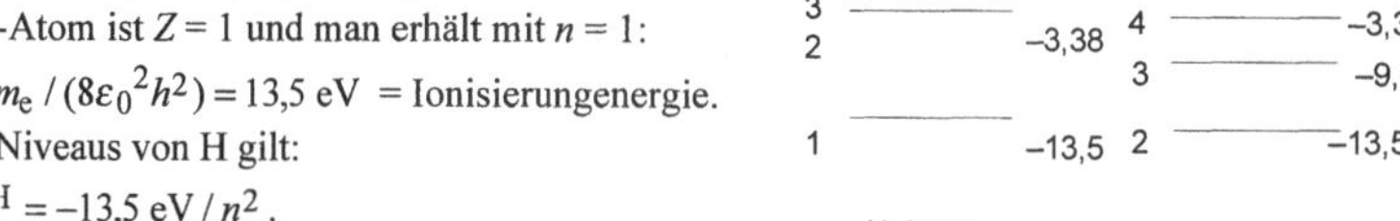

Aufgabe 26:

a) Berechnen Sie die Ionisierungsenergie für das Na-Atom.

Hinweis: Benutzen sie die Gleichungen für das H-Atom und berücksichtigen Sie, daß die Elektronenbahn im Grundzustrand des Na-Atom durch $n = 3$ charakterisiert ist. Durch die Abschirmung des Kerns durch die inneren Elektronen beträgt die effektive Kernladungszahl $Z = 1$.

b) Welche Wellenlänge wird beim Einfang eines Elektrons durch ein Na-Ion ausgestrahlt?

Lösung:

a) Es gilt

$$E_n = -e^4 m_e Z^2 / (8\varepsilon_0^2 h^2 n^2) = -13{,}5 \text{ eV} \cdot Z^2 / n^2.$$

Mit $Z = 1$ und $n = 3$ erhält man für die Ionisierungsenergie $|E_3| = 1{,}5 \text{ eV} = 2{,}4 \cdot 10^{-19}$ J.

b) Aus $|E_3| = hf = hc_0 / \lambda$ folgt $\lambda = 820$ nm. Es handelt sich um infrarote Strahlung.

Aufgabe 27:

Man berechne die Linien der Balmer Serie des H-Atoms ($Z = 1$, $n_2 = 3, 4, 5, ..., n_1 = 2$).

Lösung:

Aus der Gleichung

$$f = \frac{e^4 m_e Z^2}{8\varepsilon_0^2 h^3} \cdot \left(\frac{1}{n_1^2} - \frac{1}{n_2^2} \right) = 3{,}29 \cdot 10^{15} \text{Hz} \cdot \left(\frac{1}{n_1^2} - \frac{1}{n_2^2} \right)$$

ergeben sich folgende Frequenzen: $f_3 = 4{,}57 \cdot 10^{14}$ Hz, $f_4 = 6{,}17 \cdot 10^{14}$ Hz, $f_5 = 6{,}91 \cdot 10^{14}$ Hz, $f_6 = 7{,}31 \cdot 10^{14}$ Hz und $f_\infty = 8{,}23 \cdot 10^{14}$ Hz. .

Mit $\lambda = c_0 / f$ folgt: $\lambda_3 = 656$ nm, $\lambda_4 = 486$ nm, $\lambda_5 = 434$ nm, $\lambda_6 = 410$ nm und $\lambda_\infty = 365$ nm.

Aufgabe 28:
Welchen Durchmesser hat das Wasserstoffatom?
Lösung:
Für den Bahnradius des H-Atoms ($Z = 1$ und $n = 1$) gilt: $r = h^2 \varepsilon_0 n^2 / (\pi m_e Z e^2) = 52,9$ pm .

Elektronenhülle und Quantenzahlen

Aufgabe 29:
Geben Sie die Zahl der Elektronen in der K-, L-, M- und N-Schale an.
Lösung:

Die Zahl N der Elektronen in einer Schale ist gegeben durch: $N = 2n^2$, wobei $n = 1, 2, 3, 4$ für die K-, L-, M- und N-Schale betragen. Man erhält 2, 8, 18 und 32 Elektronen in den jeweiligen Schalen.

Aufgabe 30:
a) Wie groß ist der Drehimpuls eines Elektrons in der M-Schale?
b) Wieviele Einstellmöglichkeiten des Drehimpulses gibt es in einem äußeren Magnetfeld?
Lösung:
a) Die Hauptquantenzahl beträgt $n = 3$ und die Drehimpulsquantenzahl $l = n - 1 = 2$. Für den Drehimpuls erhält man $l h / 2\pi = 2 h / 2\pi$.
b) Die Magnetquantenzahl m gibt die Projektion des Drehimpulses in die Richtung des Magnetfeldes an und nimmt folgende Werte an: $m = 0, \pm 1, \pm 2$, wobei es sich für die M-Schale um 5 Werte handelt.

Deutung des Periodensystems

Aufgabe 31:
Erläutern Sie den Aufbau des Na-Atoms mit allen Quantenzahlen.
Lösung:
Na besitzt eine abgeschlossene K- und L-Schale. In der M-Schale befindet sich ein Elektron, welches relativ schwach gebunden ist. Die K-Schale nimmt zwei 1s-Elektronen auf (mit $l = 0$, $m = 0$ und $s = \pm 1/2$). In der L sind zwei 1s- und sechs 2p-Elektronen, also insgesamt acht Elektronen (1s mit $l = 0$, $m = 0$ und $s = \pm 1/2$; 2s mit $l = 1$, $m = -1, 0, +1$ und $s = \pm 1/2$).
Das 3s-Elektron der M-Schale hat die Quantenzahlen $l = 0$, $m = 0$ und $s = 1/2$. Dieses 3s-Elektron kann leicht an ein anderes Atom (z.B. Cl) abgeben werden, so daß eine Ionenbindung entsteht. Daher ist Na chemisch agressiv (Alkali).

Aufgabe 32:
Bei welchem natürlichem Element und in welcher Schale tritt die höchste Bahngeschwindigkeit der Elektronen auf?
Lösung:
Die Bahngeschwindigkeit ist proportional zur Kernladungszahl Z und zu $1/n^2$. Der höchste Wert für Z tritt bei Uran auf. Die höchste Geschwindigkeit liegt daher im Uran Atom ($Z = 92$) in der K-Schale ($n = 1$) vor.

10.3 Licht, Röntgenstrahlung und Spinresonanz

Emission und Absorption von Licht

Aufgabe 33:

Licht entsteht bei einem Elektronenübergang zwischen zwei atomaren Niveaus.

a) Wie groß ist die Wellenlänge bei einer Energiedifferenz von 0,6 eV ($1\mathrm{eV} = 1,6 \cdot 10^{-19}$ J)?

b) Steigt die Wellenlänge mit zunehmender Energiedifferenz?

c) Wieviel Photonen pro Sekunde werden bei einer Lichtleistung von 1 W ausgestrahlt?

Lösung:

a) Die Energie eines Lichtquants beträgt

$$E = hf = hc_0 / \lambda = 0,6 \text{ eV} = 9,6 \cdot 10^{-20} \text{ J} .$$

Mit $h = 6,6 \cdot 10^{-34}$ Js und $c_0 = 3 \cdot 10^8$ m / s folgt $\lambda = hc_0 / E = 2,06 \ \mu$m.

b) Aus $\lambda = hc_0 / E$ ist ersichtlich, daß die Wellenlänge λ mit zunehmender Energiedifferenz E fällt.

c) Die Leistung P wird durch die Zahl der Photonen/Zeit (n/t) und die Energie (E) gegeben:

$$P = E\, n / t . \text{ Man berechnet daraus } n / t = P / E = 10^{19} \text{ s}^{-1} .$$

Aufgabe 34:

a) Welche Frequenz hat Licht mit $\lambda = 400$ nm.

b) Wie groß ist der Energieabstand der beiden Niveaus, zwischen denen das Licht entsteht?

Lösung:

a) Man berechnet die Frequenz: $f = c_0 / \lambda = 7,5 \cdot 10^{14}$ s^{-1}.

b) Für die Energiedifferenz gilt ($h = 6,6 \cdot 10^{-34}$ Js): $\Delta E = hf = 4,95 \cdot 10^{-19}$ J $= 3,1$ eV .

Aufgabe 35:

Ermitteln Sie die Energie- und Frequenzunschärfe (ΔE und Δf) bei der Lichtmission von einem Niveau mit einer Lebensdauer von $\Delta t = 10$ ns (Übergang in den Grundzustand).

Lösung:

Es gilt (mit $h = 6,6 \cdot 10^{-34}$ Js): $\Delta E = h / \Delta t = 6,6 \cdot 10^{-26}$ J und $\Delta f = \Delta E / h = 100$ MHz .

Aufgabe 36:

Licht wird in einer Materialschicht der Dicke $x = 3$ cm um 50 % geschwächt. Berechnen Sie den Absorptionskoeffizienten α.

Lösung:

Es gilt $I / I_0 = \exp(-\alpha d)$. Mit $d = 3$ cm und $I / I_0 = 0,5$ folgt: $\alpha = -(1 / d)\ln I / I_0 = 0,23$ cm^{-1}.

Röntgenstrahlung

Aufgabe 37:

Eine Röntgenröhre wird mit einer Spannung von 100 kV betrieben. Geben Sie die maximale Energie der Röntgenquanten und deren Wellenlänge an.

Lösung:

Die maximale Energie der Quanten beträgt:

$$E = 100 \text{ keV} = 1,6 \cdot 10^{-14} \text{ J} . \text{ Die minimale Wellenlänge errechnet sich aus:}$$

$$E = hf = hc_0 / \lambda \text{ mit } h = 6,6 \cdot 10^{-34} \text{ Js und } c_0 = 3 \cdot 10^8 \text{ m / s} .$$

Daraus folgt: $\lambda = hc_0 / E = 1,2 \cdot 10^{-11}$ m .

Aufgabe 38:

In der Mammographie (Röntgenaufnahme der Brust) wird überwiegend K_α-Strahlung von Molybdän eingesetzt. Berechnen Sie a) die Wellenlänge, b) die Energie der Quanten und c) die Mindestspannung der Röntgenröhre.

Lösung:

a) Für Mo ($Z = 42$) und $n = 2$ gelten die Gleichungen für K-Strahlung:

$$f = (Z-1)^2(1-1/n^2)\cdot 3{,}29\cdot 10^{15}\ \text{Hz} = 4{,}15\cdot 10^{18}\ \text{Hz} \quad \text{und} \quad \lambda = c_0/f = 7{,}2\cdot 10^{-11}\ \text{m}.$$

b) Daraus resultiert die Quantenenergie (mit $h = 6{,}6\cdot 10^{-34}$ Js und $1\ \text{eV} = 1{,}6\cdot 10^{-19}$ J):

$$E = hf = 6{,}62\cdot 10^{-34}\cdot 4{,}15\cdot 10^{18}\ \text{J} = 17{,}1\ \text{keV}.$$

c) Für die Anregung muß ein Elektron aus der K-Schale befreit werden. In der Gleichung

$$f = (Z-1)^2(1-1/n^2)\cdot 3{,}29\cdot 10^{15}\ \text{Hz}$$

ist daher $n = \infty$ zu setzen und man erhält $f = 5{,}5\cdot 10^{18}$ Hz. Die Anregungsenergie ist gegeben durch $E = hf = 3{,}7\cdot 10^{-15}$ J $= 23$ keV. Die minimale Spannung der Röhre beträgt also 23 kV.

Aufgabe 39:

a) Die K_α-Linie von Wolfram hat eine Wellenlänge von $\lambda = 2{,}29\cdot 10^{-11}$ m. Berechnen Sie daraus die Kernladungszahl Z.

b) Welche Spannung ist zur Anregung dieser Linie in einer Röntgenröhre notwendig?

Lösung:

a) Für die K-Linien gilt

$$f = (Z-1)^2(1-1/n^2)\cdot 3{,}29\cdot 10^{15}\ \text{Hz},$$

wobei für die K_α-Linie $n = 2$ zu setzen ist. Mit $f = c_0/\lambda = 1{,}31\cdot 10^{19}$ Hz folgt

$$Z = 1 + \sqrt{1{,}31\cdot 10^{19}/(0{,}75\cdot 3{,}29\cdot 10^{15})} \approx 74.$$

b) Für die Anregung muß ein Elektron aus der K-Schale befreit werden. In der Gleichung

$$f = (Z-1)^2(1-1/n^2)\cdot 3{,}29\cdot 10^{15}\ \text{Hz}$$

ist daher $n = \infty$ zu setzen und man erhält $f = 1{,}75\cdot 10^{19}$ Hz. Die Anregungsenergie ist gegeben durch $E = hf = 1{,}2\cdot 10^{-14}$ J $= 72$ keV. Die minimale Spannung der Röhre beträgt also 72 kV.

Aufgabe 40:

Die Strahlung einer medizinischen Röntgenröhre wird durch ein Bleiblech mit der Dicke von $d = 0{,}14$ mm zur Hälfte geschwächt (Halbwertsdicke).

a) Wie groß ist der Absorptionskoeffizient?

b) Wieviel Halbwertsdicken sind notwendig, um die Strahlung auf 1 % zu reduzieren?

Lösung:

a) Für die Transmission gilt:

$$I/I_0 = \exp(-\mu x) = 0{,}01,$$

wobei μ der Absorptionskoeffizient ist. Die Halbwertsdicke d ist durch die Bedingung gegeben:

$$0{,}5 = \exp(-\mu d). \quad \text{Daraus folgt:} \quad \mu = \ln 2/d = 4{,}95\ \text{mm}^{-1}.$$

b) Es gilt:

$$I/I_0 = \exp(-\mu x) = 0{,}01. \quad \text{Daraus folgt:} \quad x = -\ln 0{,}01/\mu = 0{,}93\ \text{mm}$$

Es werden also $0{,}93/0{,}14 = 6{,}6$ Halbwertsdicken benötigt.

Aufgabe 41:

An einem Kristall tritt für 50 keV-Röntgenstrahlung Bragg-Reflexion bei $\theta = 25°$ auf. Wie groß ist der Gitterabstand?

Lösung:

Die Bragg-Bedingung (1. Ordnung) hängt vom Gitterabstand d und der Wellenlänge λ ab:
$$2d \sin\theta = \lambda .$$

Die Wellenlänge berechnet man (mit $h = 6{,}6 \cdot 10^{-34}$ Js, $e = 1{,}9 \cdot 10^{-19}$ As, $U = 50000$ V) zu:
$$\lambda = h c_0 / (eU) = 2{,}5 \cdot 10^{-11} \text{ m} .$$

Man erhält damit für den Gitterabstand: $d = \lambda / (2\sin\theta) = 3{,}0 \cdot 10^{-11}$ m.

Aufgabe 42:

a) Für 50 keV-Röntgenstrahlung beträgt der Schwächungskoeffizient von Körpergewebe $\mu = 20$ m^{-1}. Welcher Prozentsatz der Intensität durchdringt den Körper von 30 cm Dicke?

b) Wie dick darf eine Körperschicht sein, damit noch 10 % (und 1 %) hindurchtritt.

Lösung:

a) Für die Transmission gilt mit $d = 0{,}3$ m:
$$I / I_0 = \exp(-\mu d) = 0{,}25\% .$$

b) Aus der Gleichung in a) folgt:
$$d = -(1 / \mu) \ln I / I_0 .$$

Man erhält für $I / I_0 = 0{,}1$ und $0{,}01$ als Schichtdicken: $d(10\%) = 0{,}115$ m und $d(1\%) = 0{,}230$ m.

Spinresonanz

Aufgabe 43:

a) Vergleichen Sie den Energieabstand bei der Kernspinresonanz bei $B = 1$ Tesla mit der thermischen Energie.

b) Berechnen Sie die Resonanzfrequenz.

c) Warum sind beim Kernspintomographen hohe Magnetfelder vorteilhaft?

Lösung:

a) Bei der Kernspinresonanz beträgt der Energieabstand zwischen den Zuständen mit verschiedenen Spinstellungen:
$$\Delta E = 5{,}58 \mu_K B \quad \text{mit} \quad \mu_K = 5{,}05 \cdot 10^{-27} \text{ J} / \text{T} .$$

Für 1 T erhält man $\Delta E = 2{,}8 \cdot 10^{-26}$ J . Die thermische Energie beträgt:
$$\Delta E_t = 1{,}5 \cdot kT = 6{,}2 \cdot 10^{-21} \text{ J} \quad (k = 1{,}38 \cdot 10^{-23} \text{ J} / \text{K}, \quad T \approx 300 \text{ K}) .$$

Sie ist also bei Zimmertemperatur etwa 20.000 mal kleiner als der Energieunterschied ΔE.

b) Die Resonanzfrequenz kann aus der Gleichung $\Delta E = hf$ ($h = 6{,}6 \cdot 10^{-34}$ Js) berechnet werden:
$$f = \Delta E / h = 42 \text{ MHz} .$$

c) Bei hohen Feldern steigt der Unterschied zwischen ΔE und ΔE_t an, so daß die Energiezustände mit unterschiedlichen Spinstellungen etwas stärker besetzt sind.

11 Festkörper

11.0 Formelsammmmlung

Zu 11.1 Struktur der Festkörper

Konstanten

$$N_A = 6{,}022 \cdot 10^{23} \text{ mol}^{-1} \qquad N_A\text{: Avogadro-Konstante}$$

$$1 \text{ eV} = 1{,}602 \cdot 10^{-19} \text{ J}$$

$$h = 6{,}626 \cdot 10^{-34} \text{ Js} \qquad h\text{: Plancksches Wirkungsquantum}$$

$$m = 9{,}1095 \cdot 10^{-31} \text{ kg} \qquad m\text{: Elektronenmasse}$$

$$e = 1{,}602 \cdot 10^{-19} \text{ As} \qquad e\text{: Elementarladung}$$

$$k = 1{,}38 \cdot 10^{-23} \text{ J / K} \qquad k\text{: Boltzmann-Konstante}$$

Zu 11.2 Elektronen in Festkörpern

Energiebänder

Coulomb-Energie:

$$E = \frac{Q_1 Q_2}{4\pi\varepsilon_0 r}$$

E: Coulomb-Energie, Q_1, Q_2 : zwei Ladungen, r: Abstand zwischen den Ladungen, $\varepsilon_0 = 8{,}854 \cdot 10^{-12} \text{ As / (Vm)}$

Fermienergie:

$$E_F = \frac{h^2}{2m}\left(\frac{3n}{8\pi}\right)^{2/3}$$

E_F : Fermienergie, h: Plancksches Wirkungsquantum, m: Elektronenmasse, n: Elektronendichte im Festkörper

Metallische Leitung

Beweglichkeit:

$$v = \mu E$$

v: Driftgeschwindigkeit, μ: Beweglichkeit, E: el. Feldstärke

Leitfähigkeit:

$$\kappa = en\mu$$

κ: Leitfähigkeit, e: Elementarladung, n: Elektronendichte

Spezifischer Widerstand:

$$\rho = 1 / \kappa = 1 / (en\mu)$$
$$R = \rho l / A$$

ρ: spezifischer Widerstand

R: Widerstand, l, A: Länge und Querschnittsfläche d. Leiters

Thermospannung:

$$U = \varepsilon\Delta T$$

U: Spannung, ε : Thermokraft, ΔT : Temperaturdifferenz

Halbleiter

Thermische Energie E:

$$E = (3 / 2)kT$$

k: thermische Energie, T: Temperatur in K

Leitfähigkeit

$$\kappa = e(n\mu_n + p\mu_p)$$

κ: Leitfähigkeit, μ_n, μ_p : Beweglichk. der Elektr. u. Löcher

Eigenleitung:

$$n_i = n = p$$

n_i : intrinsische Trägerdicht, n, p: Elektronen- u. Lochdichte

11.1 Struktur der Festkörper

Bindung in Kristallen

Aufgabe 1:

Erläutern Sie mit wenigen Stichpunkten die Begriffe kovalente, Ionen- und metallische Bindung in Festkörpern.

Lösung:

Kovalente Bindung (homöopolar): 1 bis 7 eV; gemeinsame Elektronenpaare um Atome (Elektronenpaarbindung); vierwertige Elemente (Si Ge oder C), ´abgeschlossene´ Schale für jedes Atom (edelgasähnlich); Isolatoren oder Halbleiter; hart, schwer verformbar, hoher Schmelzpunkt.

Ionenbindung (heteropolar): 6 bis 20 eV, Coulomb-Kraft zwischen pos. und neg. Ionen; Salze wie $NaCl$ (Na^+-Cl^-); Isolatoren, bei hohen Temperaturen Ionenleitung; weich, niedriger Schmelzpunkt.

Metallische Bindung: 1 bis 5 eV, Atome geben Rumpfelektronen ab; Wechselwirkung zwischen pos. Kristallgitter und neg. ´Elektronengas´, Strom- und Wärmeleiter, plastisch, Lichtreflexion.

Aufgabe 2:

Die Gitterenergie für Eisen beträgt 390 kJ/mol. Berechnen Sie die Energie (in eV) eines Atoms in Eisen.

Lösung:

Die Avogadro-Konstante gibt die Anzahl der Atome (oder Moleküle) in 1 mol einer Substanz an:

$$N_A = 6{,}02 \cdot 10^{23} \ \text{mol}^{-1}.$$

Ein Atom besitzt also die Energie: $E = \dfrac{390 \ \text{kJ} / \text{mol}}{N_A} = 6{,}5 \cdot 10^{-19} / 1{,}6 \cdot 10^{-19} \ \text{eV} = 4{,}1 \ \text{eV}$

Aufgabe 3:

Die Ionenbindung wird durch die Coulomb-Energie gegeben. Sie beträgt für NaCl 8 eV. Berechnen Sie den Atomabstand für ein Molekül und vergleichen Sie ihn mit dem experimentellen Wert von $2{,}8 \cdot 10^{-10}$ m (für Kochsalz).

Lösung:

Die Energie im Fall zweier Ladungen (Coulomb-Energie) beträgt:

$$E = Q_1 Q_2 / (4\pi\varepsilon_0 r) \quad \text{mit } \varepsilon_0 = 8{,}85 \cdot 10^{-12} \ \text{As} / (\text{Vm}).$$

Die Ionen Na+ und Cl- tragen jeweils die Elementarladung $e = 1{,}6 \cdot 10^{-19} \ \text{C} = Q_1 = Q_2$. Mit

$$E = 8 \ \text{eV} = 8 \cdot 1{,}6 \cdot 10^{-19} \ \text{J} = 1{,}3 \cdot 10^{-18} \ \text{J} \ \text{ errechnet man}$$

$$r = e^2 / (4\pi\varepsilon_0 E) = 1{,}7 \cdot 10^{-10} \ \text{m}.$$

Dieser Wert liegt in der Größe des experimentellen Atomabstandes. Für eine genauere Rechnung müssen die benachbarten Ionen im Kristall mit berücksichtigt werden.

Kristallstrukturen

Aufgabe 4:

Die Atome eines Kristallgitters werden durch Kugeln repräsentiert. Die Packungsdichte in einem Gitter ist das Verhältnis des Volumens, das durch die Atome eingenommen wird, zum Volumen der Gitterzelle. Berechnen Sie die Packungsdichte eines

a) kubisch primitiven und

b) eines kubisch raumzentrierten Gitters.

Lösung:

a) Die Packungsdichte PD beim kubisch primitiven Gitter ist gegeben durch das Volumen einer Kugel mit dem Radius r und eines Würfels mit der Kantenlänge $2r$:

$$PD = V_{\text{Kugel}} / V_{\text{Würfel}} = (4/3)\pi r^3 / 8r^3 = \pi / 6 = 0{,}52.$$

b) Im kubisch raumzentrierten Gitter berühren sich die Eckpunkte nicht, da das zentrale Atom Platz benötigt. Die Atome berühren sich aber in der Diagonalen der Elementarzelle mit der Länge $r + 2r + r = 4r$. Die Kantenlänge der würfelförmigen Elementarzelle beträgt somit $a = 4r / \sqrt{3}$. Die vier Eckatome tragen nur zu je 1/8 zum Volumen der Zelle bei (also insgesamt mit einem Atom). Hinzu kommt das zentrale Atom. Die Packungsdichte ist also durch das Volumen zweier Kugeln mit dem Radius r und eines Würfels mit der Kantenlänge a gegeben:

$$PD = (2 \cdot 4/3)\pi r^3 / ((4/\sqrt{3})^3 r^3) = \sqrt{3} \cdot \pi / 8 = 0{,}68.$$

Die Packungsdichte ist also höher als bei kubisch primitiven Gitter.

Aufgabe 5:

Bei Zimmertemperatur liegt reines Eisen im α-Gitter (kubisch raumzentriert). Oberhalb von etwa 900 °C kristallisiert es im γ-Gitter (kubisch flächenzentriert). In welchem Gitter sind die Zwischenräume größer?

Lösung:

Die Packungsdichte vom *kubisch raumzentrierten* Gitter beträgt 0,68 (siehe Aufgabe 4).

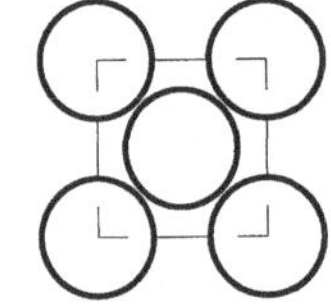

Das Bild zeigt eine Seitenfläche eines *kubisch flächenzentrierten* Gitters. Die Diagonale der Seitenfläche des Würfels im Bild ist gleich $4r$. Daraus folgt die Kantenlänge $4r / \sqrt{2}$ und das Volumen des Würfels

$$V_{\text{Würfel}} = 16\sqrt{2} \cdot r^3.$$

In der Zelle des Würfels befinden sich 6 Atome in der Mitte der Seitenflächen je zur Hälfte, sowie 8 Atome an den Ecken je zu 1/8. Das ergibt insgesamt 4 Atome, die durch 4 Kugeln mit dem Radius r dargestellt werden. Die Packungsdichte beträgt:

$$PD = 4V_{\text{Kugel}} / V_{\text{Würfel}} = (4 \cdot 4/3)\pi r^3 / 16\sqrt{2}r^3 = \pi / (3 \cdot \sqrt{2}) = 0{,}74.$$

Die Packungsdichte wird kleiner und der Kristall zieht sich oberhalb von 900 °C etwas zusammen.

Aufgabe 6:

Berechnen Sie für 1 kg Aluminium ($\rho = 2{,}7$ g / cm^3):

a) die Zahl der kmol,

b) die Zahl der Atome,

c) die Masse eines Atoms und

d) den ungefähren Durchmesser eines Atoms. Stellen Sie sich dabei vor, daß die Atome wie im Bild nebeneinander liegen.

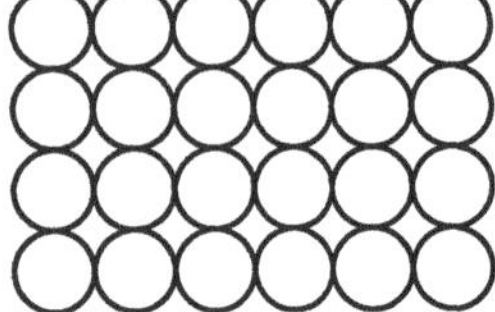

Lösung:

a) $n = 3{,}7 \cdot 10^{-2}$ kmol

b) $N = 2{,}2 \cdot 10^{25}$ Atome

c) $m = 4{,}5 \cdot 10^{-26}$ kg

d) $d = 0{,}26$ nm

11.2 Elektronen in Festkörpern

Energiebänder

Aufgabe 7:

Wie groß sind a) die Elektronendichte und b) die Fermienergie von Eisen (Dichte = 7,87 g/cm^3). Setzen Sie voraus, daß jedes Atom ein Elektron an den Kristall abgibt. Suchen Sie die Massenzahl im Periodensystem.

Lösung:

a) Die Teilchendichte erhält man aus der Dichte $\rho = 7870$ kg / m^3, der Massenzahl von 55,85 und der Avogadro-Konstanten $N_A = 6{,}02 \cdot 10^{26}$ kmol^{-1}. Da 1 kmol $\hat{=}$ 55,85 kg entspricht, beträgt die Teilchendichte (pro kg Masse):

$$N = 6{,}02 \cdot 10^{26} / 55{,}85 \ \text{kg}^{-1} = 1{,}08 \cdot 10^{25} \ \text{kg}^{-1}.$$

Aus der Dichte ρ folgt 1 kg $\hat{=}$ 1 / 7870 m^3. Die Teilchen- und Elektronendichte pro Volumen gilt:

$$n = 1{,}08 \cdot 10^{25} \cdot 7870 \ \text{m}^{-3} = 8{,}5 \cdot 10^{28} \ \text{m}^{-3}.$$

b) Die Fermienergie errechnet man mit $h = 6{,}6 \cdot 10^{-34}$ Js, der Elektronenmasse $m = 9{,}1 \cdot 10^{-31}$ kg und der Elektronendichte aus a):

$$E_F = (h^2 / 2m) \cdot (3n / (8\pi))^{2/3} = 1{,}12 \cdot 10^{-18} \ \text{J} = 7{,}0 \ \text{eV}.$$

Einheitenkontrolle: $\left[E_F \right] = (\text{J}^2\text{s}^2 / \text{kg})(1 / \text{m}^3)^{2/3} = \text{J}.$

Aufgabe 8:

Berechnen Sie die Fermienergie von Natrium ($\rho = 0{,}97$ g / cm^3, Massenzahl = 23).

Lösung:

Natrium besitzt nur ein äußeres Elektron. Die Elektronendichte n ist daher gleich der Atomdichte:

$$n = 970 \cdot 6{,}02 \cdot 10^{26} / 23 \ \text{m}^{-3} = 2{,}5 \cdot 10^{28} \ \text{m}^{-3}.$$

Für die Fermienergie gilt damit

$$E_F = (h^2 / 2m) \cdot (3n / (8\pi))^{2/3} = 5{,}1 \cdot 10^{-19} \ \text{J} = 3{,}2 \ \text{eV}.$$

Aufgabe 9:

Galliumarsenid (GaAs) hat einen Bandabstand von 1,52 eV. Ab welcher Wellenlänge kann Licht nicht mehr absorbiert werden?

Lösung:

Licht kann nur absorbiert werden (Photoeffekt), wenn die Energie eines Lichtquantes hf größer oder gleich dem Bandabstand E ist: $hf \geq E$ ($h = 6{,}6 \cdot 10^{-34}$ Js, 1 eV = $1{,}6 \cdot 10^{-19}$ J).

Mit $f = c_0 / \lambda$ ($c_0 = 3 \cdot 10^8$ m / s) erhält man:

$$\lambda \leq hc_0 / E = 814 \ \text{nm}.$$

Metallische Leitung

Aufgabe 10:

Die Leitfähigkeit von Kupfer beträgt $5{,}9 \cdot 10^7$ (Ωm)$^{-1}$ und die Dichte 8930 kg/m^3.

a) Wie groß ist die Beweglichkeit der Leitungselektronen? Nehmen Sie eine Elektronendichte von $8{,}5 \cdot 10^{28}$ m^{-3} an.

b) Berechnen Sie die Elektronendichte (pro Volumen). Jedes Cu-Atom gibt ein Leitungselektron an das Metall ab. Suchen Sie die Massenzahl aus dem Periodensystem.

Lösung:

a) Die Gleichung für die Beweglichkeit lautet:

$$\mu = \kappa\,/\,(en) = 5,9\cdot 10^7\,/\,(1,6\cdot 10^{-19}\cdot 8,5\cdot 10^{28})\ \ \text{m}^2\,/\,(\text{Vs}) = 4,3\cdot 10^{-3}\ \text{m}^2\,/\,(\text{Vs})\,.$$

Einheitenkontrolle: $[\mu] = \Omega^{-1}\text{m}^{-1}\,/\,(\text{Cm}^{-3}) = (\text{A}\,/\,\text{V})\text{m}^{-1}\,/\,(\text{Asm}^{-3}) = \text{m}^2\,/\,(\text{Vs})\,.$

b) Die Elektronendichte n kann wie in Aufgabe 7 aus $\rho = 8930$ kg / m^3, der Massenzahl 63,54 und
der Avogadro-Konstanten $N_A = 6,02\cdot 10^{26}$ kmol^{-1} berechnet werden. Da 1 kmol $\hat{=}$ 63,54 kg entspricht, beträgt die Teilchendichte (pro Masse):

$$N = 6,02\cdot 10^{26}\,/\,63,54\ \ \text{kg}^{-1} = 9,47\cdot 10^{24}\ \text{kg}^{-1}\,.$$

Aus der Dichte ρ folgt 1 kg $\hat{=}$ 1 / 8930 m^3. Die Elektronendichte (pro Volumen beträgt) somit:

$$n = 9,47\cdot 10^{24}\cdot 8930\ \ \text{m}^{-3} = 8,5\cdot 10^{28}\ \text{m}^{-3}\,.$$

Aufgabe 11:

An einem 0,1 mm dickem Cu-Draht von 1 m Länge wird bei einer Spannung von 1 V ein
Strom von 0,46 A gemessen. Wie groß ist die Beweglichkeit und die Driftgeschwindigkeit
der Elektronen? Die Elektronendichte in Cu beträgt $8,5\cdot 10^{28}$ m^{-3}.

Lösung:

Zunächst berechnet man den spezifischen Widerstand:

$$\rho = R\cdot A\,/\,l\ = 1,7\cdot 10^{-8}\ \Omega\text{m mit}\ A = d^2\pi\,/\,4 = 7,85\cdot 10^{-9}\ \text{m}^2\,,\ L = 1\text{m und}\ R = U\,/\,I = 2,16\ \Omega\,.$$

Die Beweglichkeit μ errechnet man aus: $\rho = 1\,/\,(en\mu)$ und $\mu = 1\,/\,(en\rho) = 4,3\cdot 10^{-3}$ m^2 / (Vs).
Die Driftgeschwindigkeit beträgt:

$$v = \mu E = \mu U\,/\,l = 4,3\cdot 10^{-3}\ \text{m}\,/\,\text{s}\,.$$

Aufgabe 12:

Geben Sie die Thermokraft eines Kupfer-Konstantan Thermoelementes an. Wie hoch ist
die Thermospannung bei einer Temperaturänderung von 75 °C? Benutzen Sie die Angaben: Konstantan: -34 μV/K, Nickel: -15 μV/K, Kupfer: $+7,5$ μV/K, Eisen: $+18$ μV/K,
Chrom-Nickel: $+22$ μV/K.

Lösung:

Die Thermokraft eines Thermoelementes ist gleich der Differenz der oben zitierten Daten:

$$\varepsilon = (+7,5 - (-34))\ \mu\text{V}\,/\,\text{K} = 41,5\ \mu\text{V}\,/\,\text{K}\,.$$

Bei 75 K erhält man:

$$U_\text{t} = \alpha\Delta T = 3113\ \mu\text{V} = 3,11\ \text{mV}\,.$$

Aufgabe 13:

Eine Lötstelle eines Thermoelementes wird in Eiswasser (0 °C) getaucht, die andere in ein
Wasserbad mit 59,5 °C. Es wird eine Spannung von 3,1 mV gemessen.

a) Geben Sie die Thermokraft in μV/K an.

b) Um welche Werkstoffe handelt es sich? Benutzen Sie die Angaben der letzten Aufgabe.

Lösung:

a) Die Thermspannung ist gegeben durch $U_\text{t} = \varepsilon\,\Delta T$. Daraus erhält man die Thermokraft:

$$\varepsilon = U_\text{t}\,/\,\Delta T = 3,1\,/\,59,5\ \ \text{mV}\,/\,\text{K} = 52,1\ \mu\text{V}\,/\,\text{K}\,.$$

b) Es handelt sich um Eisen-Konstantan mit

$$\varepsilon = (18 - (-34))\ \mu\text{V}\,/\,\text{K}\,.$$

Halbleiter

Aufgabe 14:

Vergleichen Sie die thermische Energie eines Elektrons bei Zimmertemperatur mit dem
Bandabstand von Silizium von 1,17 eV.

Lösung:

Die thermische Energie eines Teilchens beträgt

$$1{,}5\,kT = 1{,}5 \cdot 0{,}86 \cdot 10^{-4}\ \text{eV} \cdot 300\ \text{K} = 0{,}039\ \text{eV}.$$

Ein thermischer Übergang des Elektrons in das Valenzband mit $1{,}17$ eV ist somit bei Zimmertemperatur sehr unwahrscheinlich.

Aufgabe 15:

Reines Si weist bei Zimmertemperatur einen spezifischen Widerstand von $\rho_0 = 2{,}1 \cdot 10^3\ \Omega\text{m}$ auf. Die Beweglichkeiten der Ladungsträger betragen:

$$\mu_n = 0{,}135\ \text{m}^2\,/\,(\text{Vs}) \quad \text{und} \quad \mu_p = 0{,}048\ \text{m}^2\,/\,(\text{Vs}).$$

a) Wie groß ist die intrinsische Trägerdichte n_i?

b) Wieviele P-Atome müssen eingebaut werden, um den Widerstand auf $\rho = 1\ \Omega\text{cm}$ zu verringern?

Lösung:

a) Bei Eigenleitung berechnet man $n_i = n = p$ aus:

$$\kappa = 1\,/\,\rho = e(n\mu_n + p\mu_p) = e n_i(\mu_n + \mu_p).$$

Es folgt $n_i = 1\,/\,(e\rho(\mu_n + \mu_p)) = 1{,}5 \cdot 10^{16}\ \text{m}^{-3}$.

b) Bei n-Leitung gilt näherungsweise für die Leitfähgkeit:

$$\kappa = 1\,/\,\rho = e n_D \mu_n \quad \text{und} \quad n_D = 1\,/\,(e\mu_n \rho) = 4{,}6 \cdot 10^{19}\ \text{m}^{-3}.$$

Die Atomdichte in Si beträgt $5 \cdot 10^{28}\ \text{m}^{-3}$, so daß bei der Dotierung nur jedes 10^9 Atom durch P ersetzt wird.

Aufgabe 16:

Berechnen Sie die Diffusionsspannung eines p-n-Überganges in Si bei 27 °C ($n_D = n_A = 1{,}5 \cdot 10^{16}\ \text{cm}^{-3}$, $n = 1{,}5 \cdot 10^{10}\ \text{cm}^{-3}$).

Lösung:

Für die Diffusionsspannung gilt mit $T = 300$ K, $e = 1{,}6 \cdot 10^{-19}$ C und $k = 1{,}38 \cdot 10^{-23}$ J / K:

$$U_D = (kT\,/\,e)\ln(n_A n_D\,/\,n_i^2) = 0{,}71\ \text{V}.$$

12 Atomkerne

12.0 Formelsammmlung

Zu 12.1 Struktur der Atomkerne

Kernteilchen

Konstanten:

$m_p = 1{,}6762 \cdot 10^{-27} \, \text{kg}$ Protonenmasse

$m_p = 1{,}6749 \cdot 10^{-27} \, \text{kg}$ Neutronenmasse

$m_e = 9{,}1095 \cdot 10^{-31} \, \text{kg}$ Elektronenmasse

$e = 1{,}602 \cdot 10^{-19} \, \text{As}$ Elementarladung

$h = 6{,}625 \cdot 10^{-34} \, \text{Js}$ Plancksches Wirkungsquantum

$N_A = 6{,}022 \cdot 10^{23} \, \text{mol}^{-1}$ Avogadro-Konstante

$c_0 = 2{,}998 \cdot 10^{8} \, \text{m/s}$ Vakuum-Lichtgeschwindigkeit

$\varepsilon_0 = 8{,}854 \cdot 10^{-12} \, \text{As/(Vm)}$ elektrische Feldkonstante

$k = 1{,}381 \cdot 10^{-23} \, \text{J/K}$ Boltzmann-Konstante

Kernradius r_k:

$r_k = (1{,}3 \cdot 10^{-15} \cdot \sqrt[3]{A}) \, \text{m}$ A: Massenzahl des Atomkerns

Bindungsenergie

Massendefekt:

$\Delta m = Z m_p + N m_n - m$ Δm: Massendefekt, m_p, m_n: Protonen- und Neutronenmasse, Z, N: Zahl der Protonen und Neutronen, m: Kernmasse

Bindungsenergie:

$E_B = \Delta m c_0^2$ E_B: Bindungsenergie

Zu 12.2 Radioaktive Kernumwandlungen

α-, β- und γ-Strahlung

γ-Strahlung:

$E = hf$ E, f: Energie und Frequenz der γ-Strahlung, h: siehe oben

β-Strahlung:

${}^{A}_{Z}X \rightarrow {}^{A}_{Z+1}Y + \beta^- + \bar{\nu}$ X, Y: Ausgangs- und Endkern, A, Z: Massen- u. Ladungszahl

${}^{A}_{Z}X \rightarrow {}^{A}_{Z-1}Y + \beta^+ + \nu$ β^-, β^+: Elektron und Positron, $\bar{\nu}, \nu$: Antineutrino u. Neutrino

α-Strahlung:

${}^{A}_{Z}X \rightarrow {}^{A-4}_{Z-2}Y + \alpha$ α: Alphateilchen

Radioaktives Zerfallsgesetz

Halbwertszeit:

$$N = N_0 \exp(-\lambda t) = N_0 2^{-t/T}$$

N, N_0: Zahl der Kerne der Ausgangssubstanz zur Zeit t und

$$T = \ln 2 / \lambda = 0{,}693 / \lambda$$

$t = 0$, λ: Zerfallskonstante, T: Halbwertszeit

Aktivität:

$$A = A_0 \exp(-\lambda t) = A_0 2^{-t/T}$$

A, A_0: Aktivität zur Zeit t und $t = 0$

$$A = -dN / dt$$

N: Zahl der radioaktiven Kerne

$$1\,\text{Curie} = 1\,\text{Ci} = 3{,}7 \cdot 10^{10}\,\text{Bq} = 3{,}7 \cdot 10^{10}\ \text{Zerfälle/s}$$

Aktivität und Masse:

$$A = \ln 2 \cdot m N_A / (MT)$$

A: Aktivität, m: Masse, $N_A = 6{,}027 \cdot 10^{26}\ \text{kmol}^{-1}$,

M: Molmasse in kmol/kg, T: Halbwertszeit

Zu 12.3 Kernspaltung und Kernfusion

$$E = \Delta m c_0^2$$

E: frei werdende Energie, Δm: Masseverlust bei der Spaltung

Zu 12.4 Strahlenschutz

Energiedosis D (in Gray = Gy = J/kg)):

$$D = dE / dm$$

dE: absorbierte Energie, dm: Massenelement

Dosisleistung $\dot{D}$:

$$\dot{D} = dD / dt$$

dD: Änderung der Energiedosis, dt: Zeitintervall

Ionendosis J (in C/kg):

$$J = dQ / dm$$

dQ: erzeugte Ladung, dm: Massenelement

Äquivalentdosis H (in Sievert = Sv):

$$H = DQ$$

D: Energiedosis, Q: Qualitätsfaktor

12.1 Struktur der Atomkerne

Kernteilchen

Aufgabe 1:

Wie groß ist der Durchmesser d des Kerns eines Bleiatoms?

Lösung:

Aus $r = 1,4 \cdot 10^{-15} \cdot \sqrt[3]{A}$ m erhält man für die Massenzahl $A = 207$:

$$d = 2r = 17 \cdot 10^{-15} \text{ m}.$$

Aufgabe 2:

a) Wie hoch ist die Dichte im Atomkern?

b) Welche Masse hat ein Neutronenstern mit $R = 10$ km Durchmesser, der die Dichte eines Atomkerns aufweist?

Lösung:

a) Die Kerndichte berechnet man aus:

$$\rho = m / V.$$

Die Kernmasse m ist gegeben durch:

$$m = Am_u = A \cdot 1,66 \cdot 10^{-27} \text{ kg} \quad (A = \text{Massenzahl, } m_u = \text{atomare Masseneinheit}).$$

Das Kernvolumen V wird durch eine Kugel mit dem Radius $r = 1,4 \cdot 10^{-15} \cdot \sqrt[3]{A}$ m dargestellt:

$$V = (4/3)\pi r^3 = (4/3)\pi (1,4 \cdot 10^{-15})^3 A \text{ m}^3. \text{ Man erhält}$$

$$\rho = m / V = 1,4 \cdot 10^{17} \text{ kg}.$$

b) Die Masse errechnet sich aus

$$m = \rho V, \text{ wobei } V = (4/3)\pi R^3 = 4,2 \cdot 10^{12} \text{ m}^3 \text{ beträgt.}$$

Mit der Dichte ρ aus Teil a) und $R = 10^4$ m erhält man für die Masse des Neutronensterns:

$$m = \rho V = 7,5 \cdot 10^{29} \text{ kg. Dieses entspricht etwa 13000 mal der Erdmasse!}$$

Aufgabe 3:

Welche Temperatur besitzt ein Neutron mit einer Geschwindigkeit von 3000 m/s?

Lösung:

Die thermische Energie ist durch $(3/2)kT$ ($k = 1,38 \cdot 10^{-23}$ J / K) und die kinetische Energie durch $m_n v^2 / 2$ ($m_n = 1,67 \cdot 10^{-27}$ kg) gegeben:

$$m_n v^2 / 2 = (3/2)kT \text{ oder}$$

$$T = m_n v^2 / (3k) = (1,67 \cdot 10^{-27} \cdot 3000^2) / (3 \cdot 1,38 \cdot 10^{-23}) \text{ kg m}^2\text{K} / (\text{s}^2\text{J}) = 363 \text{ K}.$$

Bindungsenergie

Aufgabe 4:

Berechnen Sie die Bindungsenergie von $^{27}_{13}\text{Al}$ (26.981 m_u) aus folgenden Daten: $m_p = 1,6726 \cdot 10^{-27}$ kg, $m_n = 1,6749 \cdot 10^{-27}$ kg und $m_u = 1,6605 \cdot 10^{-27}$ kg.

Lösung:

Der Kern besteht aus 13 Protonen der Masse m_p und 14 Neutronen mit m_n. Der Massendefekt beträgt ($c_0 = 3 \cdot 10^8$ m / s, 1 eV $= 1,6 \cdot 10^{-19}$ J):

$$\Delta m = 13m_\mathrm{p} + 14m_\mathrm{n} - 26{,}981m_\mathrm{u} = 3{,}9 \cdot 10^{-28}\ \mathrm{kg} \quad \text{und} \quad E_\mathrm{B} = \Delta mc_0^2 = 3{,}5 \cdot 10^{-11}\ \mathrm{J} = 219\ \mathrm{MeV}.$$

Rechnet man die Energie pro Kernteilchen (27), erhält man 8.1 MeV/Nukleon.

Aufgabe 5:

Berechnen Sie die Masse eines $^{12}_{6}\mathrm{C}$ Kernes a) mit Hilfe der Avogadrokonstanten und b) durch Addition der Nukleonenmassen. c) Wie groß ist der Massedefekt von $^{12}_{6}\mathrm{C}$ (Bindungsenergie je Nukleon = 1,2 pJ)? Korrigieren Sie denWert von b).

Lösung:

a) Man erhält für die Masse:
$$m = M / N_\mathrm{A} = 1{,}993 \cdot 10^{-26}\ \mathrm{kg} \quad (M = 12\ \mathrm{kg/kmol},\ N_\mathrm{A} = 6{,}022 \cdot 10^{26}\ \mathrm{kmol^{-1}}).$$

b) Der Kern besteht aus 6 Protonen ($m_\mathrm{p} = 1{,}673 \cdot 10^{-27}$ kg) und 6 Neutronen ($m_\mathrm{n} = 1{,}675 \cdot 10^{-27}$ kg):
$$m' = 6 \cdot m_\mathrm{p} + 6 \cdot m_\mathrm{n} = 2{,}009 \cdot 10^{-26}\ \mathrm{kg}.$$

c) Der Massendefekt berechnet sich aus der Bindungsenergie:
$$\Delta mc_0^2 = 12 \cdot W_\mathrm{n} \quad \text{und} \quad \Delta m = 12 \cdot W_\mathrm{n} / c_0^2 = 1{,}6 \cdot 10^{-28}\ \mathrm{kg} \quad (W_\mathrm{n} = 1{,}2\ \mathrm{pJ}\ \text{je Nukleon}).$$

Die korrigierte Masse aus b) beträgt $m = m' - \Delta m = 1{,}993 \cdot 10^{-26}$ kg (Übereinstimmung mit a)).

12.2 Radioaktive Kernumwandlungen

α-, β- und γ-Strahlung

Aufgabe 6:

Berechnen Sie die Wellenlänge λ von γ-Strahlung mit 60 keV.

Lösung:

Es gilt (mit $h = 6{,}6 \cdot 10^{-34}$ Js, $c_0 = 3 \cdot 10^8$ m / s, $e = 1{,}6 \cdot 10^{-19}$ As und $U = 60000$ V):
$$E = hf = hc_0 / \lambda \quad \text{und} \quad \lambda = hc_0 / E = hc_0 / (eU) = 2 \cdot 10^{-11}\ \mathrm{m}.$$

Aufgabe 7:

$^{238}_{92}\mathrm{U}$ und $^{235}_{92}\mathrm{U}$ senden α-Strahlung aus. Welches sind die Endkerne?

Lösung:

Die Massenzahl verringert sich um 4 und die Kernladungszahl um 2. Es enstehen $^{234}_{90}\mathrm{Th}$ und $^{231}_{90}\mathrm{Th}$.

Aufgabe 8:

Das Isotop $^{11}\mathrm{C}$ zerfällt durch β^+-Strahlung. In welchem Element endet der Übergang?

Lösung:

Die Kernladungszahl verringert sich um 1. Es entsteht $^{11}_{5}\mathrm{B}$: $^{12}_{6}\mathrm{C} \rightarrow {}^{11}_{5}\mathrm{B} + \beta^+$.

Aufgabe 9:

Ein Cs-Präparat mit einer Aktivität von 10 000 Zerfällen pro Sekunde sendet γ-Quanten mit 661 keV aus.

a) Wie groß sind die Wellenlänge und Frequenz der Strahlung?

b) Welche Energie wird in einem Jahr abgestrahlt?

Lösung:

a) Die Energie eines γ-Quants beträgt $E = hf$. Daraus berechnet sich die Frequenz $f = E / h$. Mit $h = 6{,}6 \cdot 10^{-34}$ Js und $E = 661$ keV $= 1{,}1 \cdot 10^{-13}$ J erhält man:
$$f = 1{,}6 \cdot 10^{20}\ \mathrm{Hz}. \quad \text{Die Wellenlänge berechnet man zu}$$
$$\lambda = c / f = 3 \cdot 10^8 / 1{,}6 \cdot 10^{20}\ \mathrm{m} = 1{,}9 \cdot 10^{-12}\ \mathrm{m}.$$

b) Ein Jahr hat $3{,}15\cdot10^7$ s, und es werden $3{,}15\cdot10^{11}$ Quanten mit je $E = 1{,}1\cdot10^{-13}$ J abgestrahlt. Daraus ergibt sich eine Energie von $E = 0{,}035$ J.

Radioaktives Zerfallsgesetz

Aufgabe 10:

Das medizinisch eingesetzte Isotop ^{131}I hat eine Halbwertszeit von 8,05 Tagen.

a) Wieviel Prozent sind nach einer Woche zerfallen?

b) Nach welcher Zeit ist noch 1 % der Ausgangssubstanz vorhanden?

Lösung:

a) Das radioaktive Zerfallsgesetz lautet ($t = 7$ Tage, $T_{1/2} = 8{,}05$ Tage):

$$N / N_0 = e^{-\lambda t} = 2^{-t/T_{1/2}} = 0{,}53.$$

Es sind 100 % − 53 % = 47 % der Ausgangssubstanz zerfallen.

b) Es gilt:

$$N / N_0 = 0{,}01 = 2^{-t/T_{1/2}}.$$ Daraus resultiert:

$$-(t / T_{1/2})\log 2 = \log 0{,}01 \quad \text{und} \quad t = -T_{1/2}\log 0{,}01 / \log 2 = 53{,}5 \text{ Tage.}$$

Aufgabe 11:

a) Wieviel Gramm ^{131}I befinden sich in 1 l Flüssigkeit mit 10.000 Bq (Halbwertszeit 8,05 Tage)?

b) Skizzieren Sie den zeitlichen Verlauf der Aktivität und ermitteln Sie grafisch, nach wieviel Tagen die Aktivität auf 10 % gefallen ist.

Lösung:

a) Es gilt das Zerfallsgesetz

$$\mathrm{d}N / \mathrm{d}t = -\lambda N.$$

Mit $\lambda = \ln 2 / T_{1/2} = \ln 2 / (6{,}995\cdot10^5\,\mathrm{s}) = 9{,}96\cdot10^{-7}$ s

und $\mathrm{d}N / \mathrm{d}t = 10^4$ s^{-1} erhält man:

$$N = 10^4 / 9{,}96\cdot10^{-7} = 1{,}004\cdot10^{10} \text{ Atome.}$$

1 mol = 131 g enthält $6{,}06\cdot10^{23}$ Atome (Avogadro).

Daraus folgt: $1{,}004\cdot10^{10}$ Atome besitzen die Masse

$$m = 1{,}004\cdot10^{10}\cdot131 / (6{,}02\cdot10^{23})\ \mathrm{g} = 2{,}2\cdot10^{-12}\ \mathrm{g}.$$

b) Aus der Skizze im halblogarithmischen Maßstab folgt, daß die Aktivität in etwa 26 Tagen auf 10 % gefallen ist.

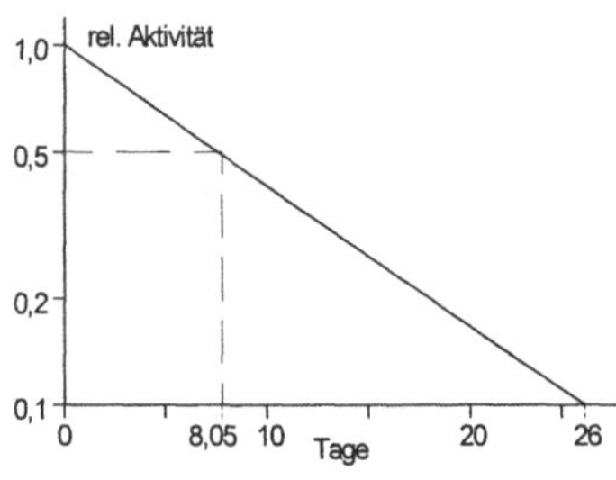

Aufgabe 12:

Die Halbwertszeit von Uran beträgt 4,5 Milliarden Jahre. Wieviele Atome zerfallen pro Sekunde in 1 kg Uran?

Lösung:

Es gilt das Zerfallsgesetz:

$$|\mathrm{d}N / \mathrm{d}t| = N\lambda.$$

In 1 mol = 238 g Uran befinden sich $6{,}02\cdot10^{23}$ Atome. In 1 kg Uran erhält man damit

$$N = 6{,}02\cdot10^{23} / 0{,}238 = 2{,}53\cdot10^{24} \text{ Atome.}$$

Die Halbwertszeit beträgt $T_{1/2} = 4{,}5\cdot10^9$ Jahre $= 1{,}4\cdot10^{17}$ s. Daraus folgt die Zerfallskonstante:

$$\lambda = \ln 2 / T_{1/2} = 4{,}88\cdot10^{-18} \text{ s}^{-1}.$$

Damit kann das Zerfallsgesetz angewandt werden:

$$|\mathrm{d}N / \mathrm{d}t| = N\lambda = 2{,}53\cdot10^{24}\cdot4{,}88\cdot10^{-18} \text{ s}^{-1} = 1{,}2\cdot10^7 \text{ s}^{-1} = 1{,}2\cdot10^7 \text{ Bq}.$$

Aufgabe 13:

Ein ^{238}U-Präparat ($T_{1/2} = 4{,}5\cdot10^9$ Jahre) strahlt mit 10^7 Bq. Wie groß ist die Masse?

Lösung:

Es gilt das Zerfallsgesetz:

$$|dN / dt| = N\lambda \quad \text{mit} \quad |dN / dt| = 10^7 \text{ s}^{-1} \quad \text{und} \quad \lambda = \ln 2 / T_{1/2} = 4{,}9 \cdot 10^{-18} \text{ s}^{-1}.$$ Daraus folgt:

$$N = |dN / dt| / \lambda = 2 \cdot 10^{24} \text{ Atome}.$$

In 1 mol = 238 g befinden sich $N_L = 6{,}02 \cdot 10^{23}$ Atome. Damit folgt die Masse:

$$m = 238 g \cdot N / N_L = 790 \text{ g}.$$

Aufgabe 14:

Bei einem radioaktiven Präparat klingt die Aktivität innerhalb eines Jahres um 23 % ab.
a) Wie groß ist die Halbwertszeit? b) Wie stark verringert sich die Aktivität nach 2 Jahren?

Lösung:

a) Das radioaktive Zerfallsgesetzt lautet:

$$N = N_0 \exp(-\lambda t).$$

Mit $N / N_0 = 0{,}77$ und $t = 365 \text{ Tage} = 3{,}15 \cdot 10^7$ s erhält man:

$$\lambda = -\ln 0{,}77 / t = 8{,}3 \cdot 10^{-9} \text{ s}^{-1}.$$ Daraus folgt $T = \ln 2 / \lambda = 8{,}35 \cdot 10^7 \text{ s} = 2{,}65 \text{ Jahre}.$

b) Die Aktivität ist nach 2 Jahren auf $0{,}77 \cdot 0{,}77 = 0{,}59 = 59$ % abgesunken.

Aufgabe 15:

Ein ^{198}Au-Präparat besitzt die Aktivität von $1{,}2 \cdot 10^5$ Bq. Nach 24 Stunden ist sie um 16 % gefallen. a) Wie groß ist die Halbwertszeit? b) Skizzieren Sie den Verlauf der Aktivität.

Lösung:

a) Das Zerfallsgesetz lautet:

$$N / N_0 = \exp(-\lambda t).$$

Für $t = 24 \text{ h} = 86400$ s gilt $N / N_0 = 0{,}84$. Man löst die erste Gleichung auf:

$$\lambda = -(\ln N / N_0) / t = 2 \cdot 10^{-6} \text{ s}^{-1}.$$

Daraus berechnet man die Halbwertszeit

$$T_{1/2} = \ln 2 / \lambda = 346570 \text{ s} = 95 \text{ h} \approx 4 \text{ Tage}.$$

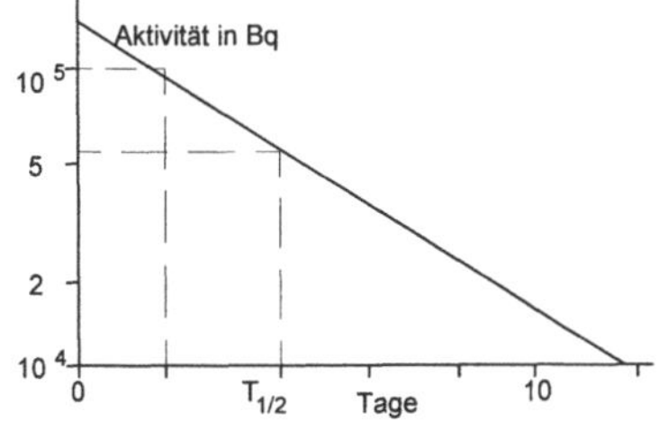

b) Der Verlauf der Aktivität ist im Bild skizziert.

Aufgabe 16:

Berechnen Sie die Aktivität von 1 g Tritium mit einer Halbwertszeit von 12,35 Jahren.

Lösung:

Zunächst wird die Zahl der Atome in 1 g Tritium (^{3}H) berechnet: In 3 g = 1mol befinden sich $N_L = 6{,}02 \cdot 10^{23}$ Atome. Daher enthält 1 g $N = N_L / 3$ Atome. Die Zerfallskonstante λ beträgt:

$$\lambda = \ln 2 / T_{1/2} = 1{,}78 \cdot 10^{-9} \text{ s}^{-1}.$$

Die Aktivität $|dN / dt|$ ergibt sich aus dem Zerfallsgesetz zu:

$$|dN / dt| = N\lambda = 3{,}9 \cdot 10^{14} \text{ s}^{-1}.$$

Aufgabe 17:

a) Das Isotop ^{131}I zerfällt mit einer Halbwertszeit von 8,05 d. Wieviel Prozent der Ausgangssubstanz sind nach 30 Tagen zerfallen?

b) Wie lange muß man warten, bis noch der 100ste Teil der Ausgangssubstanz vorhanden ist?

Lösung:

a) Die Zerfallskonstante beträgt:

$$\lambda = \ln 2 / T_{1/2} = 1 \cdot 10^{-6} \text{ s}^{-1} \quad \text{mit} \quad T_{1/2} = 8{,}05 \text{ h} = 6{,}96 \cdot 10^5 \text{ s}.$$

Nach 30 Tagen ($= 2{,}6 \cdot 10^6$ s) erhält man aus dem Zerfallsgesetz:

$$N / N_0 = \exp(-\lambda t) = 0{,}074. \text{ Es sind also } 100 \% - 7{,}4 \% = 92{,}6 \% \text{ zerfallen}.$$

b) Es gilt $N / N_0 = 0{,}01 = \exp(-\lambda t)$. Daraus folgt $t = -\ln 0{,}01 / \lambda = 4{,}6 \cdot 10^6 \text{ s} = 1280 \text{ h} = 53{,}3 \text{ d}.$

Kernreaktionen

Aufgabe 18:

Beim Beschuß von ^{64}Zn mit α-Teilchen entsteht ein neuer Kern und ein Proton.
Der neue Kern fängt sich ein Elektron aus der Hülle ein (K-Einfang) und wandelt sich um.
Stellen Sie mit Hilfe des Periodensystems die Reaktionsgleichung auf.

Lösung:

Beschuß von α-Teilchen: $^{64}_{30}\text{Zn} + ^{4}_{2}\text{He} = ^{67}_{31}\text{Ga} + ^{1}_{1}\text{H}$ $(^{1}_{1}\text{H} = \text{Proton})$,

Einfang eines Elektrons: $^{67}_{31}\text{Ga} + e = ^{67}_{30}\text{Zn}$.

Aufgabe 19:

In einen Li-Kern wird ein Deuteron geschossen. Dabei wird ein Neutron mit 14 MeV frei.
a) Schreiben Sie die Reaktionsgleichung unter Benutzung des Periodensystems auf.
b) Welche Geschwindigkeit hat das Deuteron?
c) Woher kommt die Energie des Deuterons?

Lösung:

a) $^{7}_{3}\text{Li} + ^{2}_{1}\text{H} = ^{8}_{4}\text{Be} + n$ $(^{2}_{1}\text{H} = \text{Deuteron})$.
b) Die kinetische Energie beträgt:

$$E = mv^2/2 = 14 \text{ MeV} = 2{,}24 \cdot 10^{-12} \text{ J} \quad (1 \text{ eV} = 1{,}6 \cdot 10^{-19} \text{ J}).$$

Man erhält die Geschwindigkeit:

$$v = \sqrt{2E/m_n} = 5 \cdot 10^7 \text{ m/s} \ (m_n = 1{,}76 \cdot 10^{-27} \text{ kg}) \text{ (nichtrelativistische Rechnung)}.$$

c) An das Neutron wird die Bindungsenergie übertragen.

12.3 Kernspaltung und Kernfusion

Kernspaltung

Aufgabe 20:

Berechnen Sie den jährlichen Verbrauch eines Reaktors an spaltbarem Uran (^{235}U), der bei
einem Wirkungsgrad von 25 % eine elektrische Leistung von 1 GW liefert (Energie pro
Spaltung = 210 MeV, 1eV = $1{,}6 \cdot 10^{-19}$ J).

Lösung:

Der Reaktor erzeugt pro Jahr eine Energie von

$$E = (10^9 / 0{,}25) \cdot 365 \cdot 24 \cdot 3600 \text{ Ws} = 1{,}3 \cdot 10^{17} \text{ J}.$$

Bei einer Spaltung werden $E' = 210$ MeV $= 3{,}36 \cdot 10^{-11}$ J frei. Es werden also pro Jahr

$$N = E / E' = 1{,}3 \cdot 10^{17} / 3{,}36 \cdot 10^{-11} = 3{,}9 \cdot 10^{27} \text{ Kerne gespalten}.$$

In 1 mol = 235 g befinden sich $6{,}02 \cdot 10^{23}$ Atome. Für den Jahresverbrauch von $N = 3{,}9 \cdot 10^{27}$
Atomen berechnet man damit 6478 mol = 1522 kg Uran.

Aufgabe 21:

a) Welche Energie wird bei der Spaltung von 1 kg ^{235}U frei (Energie je Spaltung = 210
MeV)?
b) Was kostet die Energie bei einem Wirkungsgrad von 30% und einem Strompreis von 0,33
DM/kWh?

Lösung:

a) In 1 mol = 0,235 kg Uran befinden sich $6{,}02 \cdot 10^{23}$ Atome, d.h. 1 kg Uran enthält

$$N = 6{,}02 \cdot 10^{23} / 0{,}235 = 2{,}6 \cdot 10^{24} \text{ Atomkerne}.$$

Bei jeder Spaltung entsteht $E' = 210$ MeV $= 3{,}4 \cdot 10^{-11}$ J. Somit wird bei 1 kg Uran die Energie

$$E = E' \cdot N = 3{,}4 \cdot 10^{-11} \cdot 2{,}6 \cdot 10^{24} \text{ J} = 8{,}8 \cdot 10^{13} \text{ J} = 2{,}5 \cdot 10^{7} \text{ kWh frei.}$$

(Dagegen werden bei der Verbrennung von 1 kg Kohle nur etwa 10 kWh erzeugt.)

b) Der Preis beträgt $2{,}5 \cdot 10^{7}$ kWh $\cdot 0{,}33 \cdot 0{,}3 = 2{,}4$ Millionen DM.

Aufgabe 22:

Ein Wasserkraftwerk erzeugt eine Leistung von 200 MW. Nach welcher Zeit erreicht die Energie das Massenäquivalent von 1 g?

Lösung:

Die Masse von $m = 1$ g entspricht einer Energie von:

$$E = mc_0^2 = 9 \cdot 10^{13} \text{ J} \quad (c_0 = 3 \cdot 10^{8} \text{ m/s}).$$

Die vom Kraftwerk hervorgebrachte Energie beträgt:

$$E = Pt \quad (P = 2 \cdot 10^{8} \text{ W}).$$

Gleichsetzen ergibt:

$$t = mc_0^2 / P = 9 \cdot 10^{13} / 2 \cdot 10^{8} \text{ s} = 450000 \text{ s} = 125 \text{ h}.$$

Aufgabe 23:

Berechnen Sie die Massenzunahme von 1 kg Kupfer bei einer Erhöhung der Temperatur um 1000 °C (spezifische Wärmekapazität = 390 J/(kg K)).

Lösung:

Die Wärmeenergie beträgt ($m = 1$ kg, $c = 390$ J/(kgK), $\Delta T = 1000$ K):

$$E = mc\Delta T = 390000 \text{ J}.$$

Die Massenzunahme berechnet man aus:

$$E = \Delta m c_0^2 \quad \text{oder} \quad \Delta m = E / c_0^2 = 4{,}3 \cdot 10^{-12} \text{ kg}.$$

Dieser Wert ist unmeßbar klein und ohne praktische Bedeutung.

Kernfusion

Aufgabe 24:

Die Sonne strahlt in Erdentfernung (150 Millionen km) eine Leistungsdichte von 1,4 kW/m^2. Welche Masse verliert die Sonne pro Sekunde?

Lösung:

Der Massenverlust berechnet sich aus:

$$W / t = \Delta m c_0^2 / t = S \cdot 4\pi r^2 \quad \text{mit } S = 1{,}4 \text{ kW/m}^2, \ r = 1{,}5 \cdot 10^{11} \text{ m und } c_0 = 3 \cdot 10^{8} \text{ m/s}.$$

Daraus folgt die abgestrahlte Masse pro Zeit:

$$\Delta m / t = S \cdot 4\pi r^2 / c_0^2 = 4{,}4 \cdot 10^{9} \text{ kg/s}.$$

Aufgabe 25:

Ein Sender strahlt eine Leistung von 1 kW ab. Welches „Massenäquivalent" wird in einem Jahr abgestrahlt?

Lösung:

In einem Jahr strahlt der Sender eine Energie von

$$E = 10^{3} \cdot 365 \cdot 24 \cdot 3600 = 3{,}1 \cdot 10^{10} \text{ J ab.}$$

Es gilt $E = \Delta m c_0^2$ und $\Delta m = E / c_0^2 = 3{,}5 \cdot 10^{-7}$ kg.

Aufgabe 26:

Bei der Kernfusion verschmilzt Tritium ($^{3}_{1}\text{H}$) und Deuterium ($^{2}_{1}\text{H}$) zu Helium. Wie lautet die Reaktionsgleichung?

Lösung:

$$^{3}_{1}\text{H} + {}^{2}_{1}\text{H} = {}^{4}_{2}\text{He} + \text{n}.$$

Aufgabe 27:

a) Welche Energie (in J und eV) muß ein Proton besitzen, damit es (von Unendlich her kommend) an den Rand eines He-Kerns gelangen kann ($r = 10^{-14}$ m)?

b) Berechnen Sie die Anfangsgeschwindigkeit.

c) Welche Temperatur muß ein Wasserstoffatom besitzen, damit es diese Geschwindigkeit erreicht?

Lösung:

a) $\quad E = \int\limits_{\infty}^{r} F\,\mathrm{d}r = \int\limits_{\infty}^{r} -\dfrac{2e^2}{4\pi\varepsilon_0 r^2}\,\mathrm{d}r = -\dfrac{2e^2}{4\pi\varepsilon_0 r} = 4{,}6\cdot 10^{-14}\ \text{J} = -0{,}29\ \text{MeV}$. Dabei wurde die

Kernladung von He mit $2e$ berücksichtigt ($e = 1{,}9\cdot 10^{-19}$ C, $\varepsilon_0 = 8{,}85\cdot 10^{-12}$ As$/$Vm).

b) Es gilt: $E = m_\mathrm{p} v^2 / 2$. Daraus folgt $v = \sqrt{2E / m_\mathrm{p}} = 7{,}4\cdot 10^6$ m$/$s   ($m_\mathrm{p} = 1{,}67\cdot 10^{-27}$ kg).

c) Die thermische Energie beträgt $E = 1{,}5\,kT$ ($k = 1{,}38\cdot 10^{-23}$ J$/$K). Es folgt

$\quad\quad T = E / (1{,}5k) = 2\cdot 10^9$ K .

Aufgabe 28:

Bei der Verbrennung von Kohlenstoff zu Kohlendioxyd wird pro mol die Energie 395 kJ frei.

a) Wie groß ist die Energie pro CO_2-Molekül?

b) Wie groß ist der Massendefekt?

c) Vergleichen Sie die Werte mit der Kernspaltung und Kernfusion.

Lösung:

a) In einem mol befinden sich $N_\mathrm{A} = 6{,}02\cdot 10^{23}$ Moleküle. Damit berechnet man für die Energie:

$\quad\quad E = 3{,}95\cdot 10^5 / 6{,}02\cdot 10^{23}$ J $= 6{,}6\cdot 10^{-19}$ J $= 4{,}1$ eV   pro Molekül.

b) Für den Massendefekt gilt:

$\quad\quad E = \Delta m c_0^2$ und $\Delta m = E / c_0^2 = 7{,}3\cdot 10^{-36}$ kg. Dieser Wert ist unmeßbar klein.

c) Die Energie pro Kernspaltung beträgt 210 MeV, pro Kernfusion 3 bis 18 MeV und bei der Verbrennung pro Molekül 4,1 eV.

Aufgabe 29:

a) Welche Energie in kWh wird bei der Fusion von 1 kg Deuterium mit Tritium nach der Reaktionsgleichung D + T = ^{4}He + n + 17,6 MeV frei?

b) Wie hoch ist der Preis der Energie (bei 0,2 DM/kWh)?

Lösung:

a) In 1 mol = 2 g Deuterium (Massenzahl 2) befinden sich $N_\mathrm{A} = 6{,}02\cdot 10^{23}$ Atome. Damit berechnet

man für 1 kg Deuterium $N = 3\cdot 10^{26}$ Atome. Die Energie beträgt (1 eV $= 1{,}6\cdot 10^{-19}$ J):

$\quad\quad E = N\cdot 17{,}6$ MeV $= 8{,}5\cdot 10^{14}$ J $= 2{,}3\cdot 10^8$ kWh .

b) Der Preis beträgt 47 Millionen DM.

12.4 Strahlenschutz

Aufgabe 30:

Wie groß ist die Reichweite R_m in Aluminium und Luft für β-Strahlung mit einer maximalen Energie von $E_\mathrm{max} = 1$ MeV? Benutzen Sie die Näherungsgleichung

$\quad\quad \rho R_\mathrm{m}\ \text{m}^2 / \text{kg} = 1{,}1\cdot (\sqrt{1 + 22{,}4\cdot E_\mathrm{max} / \text{MeV}} - 1)$.

Lösung:

Für Aluminium mit $\rho = 2720$ kg$/$m^3 erhält man eine maximale Reichweite von $R_\mathrm{m} = 1{,}6$ mm.

Für Luft mit $\rho = 1{,}3$ kg$/$m^3 ergibt sich ein Wert, der etwa 2100 mal größer ist.

Aufgabe 31:

Wie dick muß eine Wand aus Blei sein, damit 100 keV Röntgenstrahlung bis auf 0,001 des Anfangswertes abgeschwächt wird? Bestätigen Sie anhand von Physikbüchern, daß der Absorptionskoeffizient etwa $\mu = 5$ mm^{-1} beträgt.

Lösung:

Die Transmission durch die Bleiwand wird durch die Gleichung

$I / I_0 = 0{,}001 = \exp(-\mu x)$ mit $\mu = 5$ mm^{-1} gegeben. Man erhält für die Dicke

$x = -(\ln 0{,}001) / \mu = 1{,}4$ mm.

Aufgabe 32:

Beweisen Sie, daß die tödliche Energiedosis von $D = 10$ Gy zu einer Temperaturerhöhung von nur 0,002 °C führt.

Lösung:

Die Definitionsgleichung der spezifischen Wärmekapazität c lautet:

$dQ = mc\,dT$. Daraus folgt $dT = dQ / (mc) = 0{,}002$ °C.

Dabei wurde $dQ / m = D = 10$ J / kg und für Wasser $c = 4200$ J/(kgK) eingesetzt.

Aufgabe 33:

Bei der Röntgendurchleuchtung während einer Operation herrscht eine Dosisleistung von 0,02 mGy/s. Wie hoch sind näherungsweise Dosis, Äquivalent- und Ionendosis nach 10 min?

Lösung:

Die Dosis beträgt:

$D = \dot{D}t = 0{,}02 \cdot 600$ mGy $= 12$ mGy ($\dot{D} = 0{,}02$ mGy / s, $t = 600$ s).

Der Qualitätsfaktor für Röntgenstrahlung hat den Wert $Q = 1$ und die Äquivalentdosis wird:

$H = D \cdot Q = 12$ mSv.

Für Röntgenstrahlung gilt 1 Gy $\cong 2{,}58 \cdot 10^{-4}$ C/kg, d.h. für 12 mGy erhält man:

$J = 3{,}1 \cdot 10^{-6}$ C / kg.

Aufgabe 34:

Welche Dosisleistung erzeugt eine ^{60}Co-Quelle mit 5 mCi in 1,5 m Entfernung? Benutzen Sie die Gleichung $\dot{D} = k_\gamma A / r^2$ mit $k_\gamma = 9{,}3 \cdot 10^{-17}$ Gy m^2 / (s Bq) (1 Ci $= 3{,}7 \cdot 10^{10}$ s^{-1}).

Lösung:

Mit $A = 5$ mCi $= 1{,}85 \cdot 10^8$ s^{-1} erhält man $\dot{D} = 7{,}6 \cdot 10^{-9}$ Gy $= 7{,}6$ nGy.

Aufgabe 34:

In der Nuklearmedizin treten a) Röntgenstrahlung, b) Gammastrahlung, c) Elektronenstrahlung, d) Betastrahlung e) Neutronen und f) Alphastrahlung auf. Geben Sie die Äquivalenzdosis für 1 mGy an.

Lösung:

Der Zusammenhang zwichen der Äquivalenzdosis H und der Dosis D wird durch den Qualitätsfaktor Q gegeben: $H = DQ$.

Es gilt $D = 1$ für Photonen, Elektronen und Positronen, $D = 10$ für Neutronen, Protonen und einfach geladene Ionen und $D = 100$ für α-Teilchen und mehrfach geladene Ionen.

Daraus folgt: a) bis d) $D = 1$ mGy und $H = 1$ mSv, e) $D = 1$ mGy und $H = 10$ mSv und f) $D = 1$ mGy und $H = 100$ mSv.

13 Relativitätstheorie

13.0 Formelsammlung

13.1 Spezielle Relativitätstheorie

Längenkontraktion:

$$l' = l\sqrt{1 - (v/c_0)^2}$$

l': Länge eines mit v bewegten Gegenstandes, die ein Beobachter im ruhenden System mißt,
l: Länge des ruhenden Gegenstandes,
v: Geschwindigkeit, c_0: Lichtgeschwindigkeit

Zeitdilatation:

$$\Delta t' = \Delta t / \sqrt{1 - (v/c_0)^2}$$

$\Delta t'$: Zeitintervall im ruhenden System,
Δt: Zeitintervall im mit v bewegten System

Addition von Geschwindigkeiten:

$$u = \frac{u' + v}{1 + u'v/c_0^2}$$

u, u': Geschwindigkeit eines Körpers in zwei Koordinatensystemen, v: Geschwindigkeit der beiden Systeme gegeneinander, c_0: Lichtgeschwindigkeit

Relativistische Masse:

$$m = m_0 / \sqrt{1 - (v/c_0)^2}$$

m: Masse des mit v bewegten Teilchens,
m_0: Ruhemasse, c_0: Lichtgeschwindigkeit

Relativistische Energie:

$$E = mc_0^2$$

$$E_0 = m_0 c_0^2$$

$$E_{\text{kin}} = mc_0^2 - m_0 c_0^2$$

E: Energie der bewegten Masse m

E_0: Ruheenergie, m_0: Ruhemasse

E_{kin}: Kinetische Energie eines Körpers

Geladene Teilchen:

$$E_{\text{kin}} = eU$$

$$eU = mc_0^2 - m_0 c_0^2$$

$$v = c_0 \sqrt{1 - \frac{m_0 c_0^2}{m_0 c_0^2 + eU}}$$

E_{kin}: Kinetische Energie,

U: Beschleunigungsspannung, e: Ladung

v: Geschwindigkeit eines geladenen Teilchens

13.1 Spezielle Relativitätstheorie

Aufgabe 1:

Ein Satellit fliegt mit halber Lichtgeschwindigkeit von der Erde weg und sendet dabei alle 0,1 s einen Radioimpuls aus. In welchem zeitlichen Abstand werden die einzelnen Pulse auf der Erde empfangen?

Lösung:

Die Gleichung für die Zeitdilatation lautet

$$\Delta t' = \frac{\Delta t}{\sqrt{1 - \left(v / c_0^2\right)^2}} \text{, wobei } \Delta t = 0,1 \text{ s und } v = c_0 / 2 \text{ darstellen.}$$

Damit erhält man für den zeitlichen Abstand der Pulse auf der Erde $\Delta t' = 0,115$ s.

Aufgabe 2:

In der Höhenstrahlung kommen Protonen ($m_p = 1,67 \cdot 10^{-27}$ kg) mit einer Energie von 10^{18} eV vor. Wie lange braucht ein Proton, um die Milchstraße (Durchmesser: 10^5 Lichtjahre) zu durchlaufen?

a) Geben Sie die Zeit im „ruhenden System" auf der Erde und

b) im „bewegten" Bezugssystem des Protons an.

Lösung:

a) Die Geschwindigkeit der Protonen beträgt:

$$v = c_0 \sqrt{1 - \left(\frac{m_0}{m}\right)^2} \text{, wobei } eU = mc_0^2 - m_0 c_0^2 \text{ ist. Eliminieren von } m \text{ ergibt:}$$

$$v = c_0 \sqrt{1 - \left(\frac{m_0 c_0^2}{m_0 c_0^2 + eU}\right)} \text{. Mit } eU = 10^{18} \text{ eV} = 0,16 \text{ J und } m_0 c_0^2 = m_p c_0^2 = 1,5 \cdot 10^{-10} \text{ J folgt:}$$

$$v = c_0 \sqrt{1 - \left(\frac{m_0 c_0^2}{m_0 c_0^2 + eU}\right)} \approx c_0 \sqrt{1 - \frac{m_0 c_0^2}{eU}} \approx c_0 (1 - \frac{m_0 c_0^2}{2eU}) = c_0 (1 - 0,47 \cdot 10^{-9}) \; v \approx c_0 \text{, d.h. die}$$

Protonen haben nahezu Lichtgeschwindigkeit. In „unserem" Bezugssystem gilt $t = s / v \approx s / c_0$. Daraus erhält man für die Zeit zum Durchqueren der Milchstraße 10^5 Jahre.

b) Im bewegten System verläuft die Zeit schneller. Man benutzt die Gleichung zur Zeitdilatation:

$$\Delta t' = \frac{\Delta t}{\sqrt{1 - (v / c_0)^2}} \; (\Delta t' = 10^5 \text{ Jahre }). \text{ Für die Zeit } \Delta t \text{ folgt:}$$

$$\Delta t = \Delta t' \sqrt{1 - (1 - 0,47 \cdot 10^{-9})^2} \approx \Delta t \sqrt{0,94 \cdot 10^{-18}} \approx \Delta t' \cdot 0,97 \cdot 10^{-9}. \text{ Die Zeit zum}$$

Durchqueren der Milchstraße wird damit $\Delta t \approx \cdot 0,97 \cdot 10^{-4}$ Jahre ≈ 50 Minuten.

Aufgabe 3:

Zwei Elektronen fliegen mit gleicher Geschwindigkeit von $0,95 c_0$ aufeinander zu. Wie groß ist die Geschwindigkeit in einem System, das sich mit einem Elektron mitbewegt? Geben Sie die Ergebnisse nach der Relativitätstheorie und der klassischen Mechanik an.

Lösung:

Für die relativistische Addition von Geschwindigkeiten gilt die Gleichung ($u' = v = 0,95 \cdot c_0$):

$$u = \frac{u' + v}{1 + u'v / c_0^2} = \frac{1,9 \cdot c_0}{1 + 0,9025} = 0,9987 \cdot c_0.$$

Nach der klassischen Mechanik ergäbe sich die Summe beider Geschwindigkeiten: $u = 1,9 \cdot c_0$.

Aufgabe 4:

Zwei Flugzeuge fliegen mit Überschall aufeinander zu. Ihre Geschwindigkeiten betragen jeweils 1000 m/s. Mit welcher Geschwindigkeit sieht ein Pilot das andere Flugzeug auf sich zufliegen (nach der Relativitätstheorie)?

Lösung:

Für die relativistische Addition von Geschwindigkeiten gilt mit $u' = v = 1000 \text{ m} / \text{s}$:

$$u = \frac{u' + v}{1 + u'v / c_0^2} = \frac{2000}{1 + 1{,}1 \cdot 10^{-11}} \text{ m} / \text{s} \approx 2000 \cdot (1 - 1{,}1 \cdot 10^{-11}) \text{ m} / \text{s}.$$

Die Geschwindigkeit ist also nach der klassischen Mechanik zu berechnen: $u = 2000$ m/s.

Aufgabe 5:

Welche Spannung ist erforderlich, um ein Elektron von Null auf die Geschwindigkeit a) $v = 0{,}01\ c_0$, b) $0{,}98\ c_0$, c) $0{,}99\ c_0$ und d) c_0 zu bringen? Wie hoch sind die entsprechenden Energien in eV und J?

Lösung:

a) Aus den Gleichungen

$$eU = mc_0^2 - m_0 c_0^2 \quad \text{und} \quad m = m_0 / \sqrt{1 - (v / c_0)^2} \quad \text{erhält man für die Energie:}$$

$$eU = \frac{m_0 c_0^2}{\sqrt{1 - (v / c_0)^2}} - m_0 c_0^2 \ .$$

Mit $e = 1{,}6 \cdot 10^{-19}$ C und $m_0 c_0^2 = 511$ keV folgt für $v = 0{,}01\ c_0$ die Energie:

$$eU = 25{,}5 \text{ eV} = 4{,}1 \cdot 10^{-18} \text{ J} \ .$$

b) bis d) Für $v = 0{,}98 \cdot c_0$ und $v = 0{,}99 \cdot c_0$ berechnet man $eU = 2{,}1$ MeV $= 3{,}3 \cdot 10^{-13}$ J und

$eU = 3{,}1$ MeV $= 5 \ 10^{-13}$ J. Für $v = c_0$ erhält man $eU = \infty$.

Aufgabe 6:

In einem Linearbeschleuniger für medizinische Anwendungen werden Elektronen auf eine Energie von 35 MeV gebracht. Wie groß sind

a) die Elektronenmasse und

b) die Geschwindigkeit der Elektronen?

Lösung:

a) Für die relativistische Masse m gilt:

$$eU = mc_0^2 - m_0 c_0^2 \quad \text{und} \quad m = \frac{eU + m_0 c_0^2}{c_0^2} = 3{,}9 \cdot 10^{-10} \text{ eV} / (\text{m} / \text{s})^2 = 6{,}3 \cdot 10^{-29} \text{ kg} = 69{,}4\ m_0$$

(mit $eU = 35$ MeV, $m_0 c_0^2 = 511$ keV und $m_0 = 9{,}1 \cdot 10^{-31}$ kg (für Elektronen)).

b) Mit den Werten von a) erhält man für die Geschwindigkeit:

$$v = c_0 \sqrt{1 - (m_0 / m)^2} = 0{,}9999 c_0 \ .$$

Aufgabe 7:

Ein Betastrahler (β^+) sendet Positronen mit einer maximalen Geschwindigkeit von $0{,}99\ c_0$ aus (Ruhemasse $9{,}1 \cdot 10^{-31}$ kg).

a) Wie groß ist die Masse der schnellsten Positronen? Um wieviel mal ist sie größer als die Ruhemasse?

b) Wie groß ist die kinetische Energie der Positronen?

c) Skizzieren Sie den prinzipiellen Verlauf des Energiespektrums.

Lösung:

a) Die relativistische Masse beträgt: $m = \dfrac{m_0}{\sqrt{1 - (v / c_0)^2}} = 50{,}25 \cdot m_0 = 4{,}6 \cdot 10^{-29}$ kg.

b) Für die kinetische Energie gilt: $E_{\text{kin}} = mc_0^2 - m_0 c_0^2 = (m - m_0)c_0^2 = 4{,}1 \cdot 10^{-12}$ J $= 25$ MeV.

c) Die β-Strahlung zeigt ein kontinuierliches Energiespektrum. Die Maximalenergie beträgt 25 MeV.

Aufgabe 8:

Welchen Bruchteil der Lichtgeschwindigkeit erreichen a) Protonen, b) α-Teilchen, c) Neutronen und d) Elektronen, die mit einer Spannung von 5 MeV beschleunigt werden?

Lösung:

Aus den Gleichungen $eU = mc_0^2 - m_0c_0^2$ und $m = m_0 / \sqrt{1-(v/c_0)^2}$ folgt die Geschwindigkeit:

$$v = c_0 \sqrt{1 - \frac{m_0 c_0^2}{m_0 c_0^2 + eU}} \; .$$

a) Für Protonen mit $m_0 = m_P = 1{,}67 \cdot 10^{-27}$ kg folgt mit $eU = 5$ MeV $= 8 \cdot 10^{-13}$ J : $v = 0{,}07 c_0$.

b) Für α-Teilchen mit $m_0 = 2m_P + 2m_n \approx 4m_P = 6{,}68 \cdot 10^{-27}$ kg erhält man $v = 0{,}04 c_0$.

c) Für Neutronen mit $m_0 = m_n = 1{,}67 \cdot 10^{-27}$ kg erhält man das gleiche Ergebnis wie für Protonen.

d) Für Elektronen mit $m_0 = m_e = 9{,}1 \cdot 10^{-31}$ kg erhält man wegen der geringen Ruhemasse nahezu Lichtgeschwindigkeit: $v = 0{,}95 c_0$.

Aufgabe 9:

Die Halbwertszeit ruhender Pionen beträgt $1{,}8 \cdot 10^{-8}$ s (Ruhemasse $2{,}45 \cdot 10^{-28}$ kg). Welche Halbwertszeit wird beobachtet, wenn die Pionen eine Energie von 40 MeV besitzen?

Lösung:

Man wendet die Gleichung zur Zeitdilatation an:

$$\Delta t' = \frac{\Delta t}{\sqrt{1-(v/c_0)^2}} \; , \text{ wobei } \Delta t = 1{,}8 \cdot 10^{-8} \text{ s beträgt. Die Geschwindigkeit } v \text{ folgt aus:}$$

$$v = c_0 \sqrt{1 - \frac{m_0 c_0^2}{m_0 c_0^2 + eU}} = 0{,}47 \; c_0 \, . \text{ Damit wird } \Delta t' = \Delta t \cdot 1{,}13 = 2{,}0 \cdot 10^{-8} \text{ s}.$$

Aufgabe 10:

Ein Positron mit 96 % der Lichtgeschwindigkeit trifft auf ein ruhendes Elektron. Die beiden Massen zerstrahlen unter Bildung zweier γ-Quanten.

a) Wie groß ist die Gesamtenergie des Positrons?

b) Wie groß ist die kinetische Energie des Positrons?

c) Wie groß ist die Gesamtenergie von Elektron und Positron?

d) Welche Energie (in MeV) besitzen die beiden γ-Quanten zusammen?

Lösung:

a) Die Gesamtenergie des Positrons beträgt:

$$E = mc_0^2 \text{ mit } m = m_0 / \sqrt{1-(v/c_0)^2} = 3{,}6 \cdot m_0 \, .$$

Daraus folgt $E = 3{,}6 \cdot m_0 c_0^2$. Mit $m_0 c_0^2 = m_e c_0^2 = 511$ keV $= 8{,}2 \cdot 10^{-14}$ J (für Elektronen und Positronen) erhält man $E = 1{,}8$ MeV $= 2{,}9 \cdot 10^{-13}$ J.

b) Die kinetische Energie berechnet sich zu $E_k = mc_0^2 - m_0 c_0^2 = 2{,}6 \cdot m_0 c_0^2 = 1328$ keV.

c) Die Gesamtenergie von Positron und Elektron beträgt $E_g = 4{,}6 \cdot m_0 c_0^2 = 2351$ keV.

d) Beide γ-Quanten besitzen zusammen die Energie $E_g = 4{,}6 \cdot m_0 c_0^2 = 2351$ keV.

Aufgabe 11:

Mit 0,95facher Lichtgeschwindigkeit von der Erde wegfliegende H-Atome senden Licht der Balmer Serie ($\lambda = 434$ nm) aus.

a) Welche Lichtgeschwindigkeit und Wellenlänge wird auf der Erde gemessen?

b) Berechnen Sie Aufgabe a), wenn die Atome mit gleicher Geschwindigkeit auf die Erde zufliegen.

Lösung:

a) Die Lichtgeschwindigkeit ist in allen Systemen gleich c_0. Für den relativistischen Dopplereffekt
gilt $f' = f\sqrt{(c_0 - v)/(c_0 + v)} = 0{,}16\,f$.

Aus $f = c_0 / \lambda$ und $f' = c_0 / \lambda'$ folgt $\lambda' = \lambda f / f' = \lambda / 0{,}16 = 2713$ nm (infrarot).

b) Nähern sich Beobachter und Quelle, gilt

$$f' = f\sqrt{(c_0 + v)/(c_0 - v)} = 6{,}24 \cdot f. \text{ Damit ergibt sich } \lambda' = \lambda f / f' = \lambda / 6{,}25 = 69 \text{ nm (UV)}.$$

Aufgabe 12:

a) Mit welcher Spannung müssen Elektronen beschleunigt werden, damit sich deren Masse
verdoppelt? b) Welche Geschwindigkeit erreichen sie dabei?

Lösung:

a) Es gilt $eU = mc_0^2 - m_0 c_0^2$. Mit $m = 2m_0$ berechnet man:

$$eU = m_0 c_0^2 = 9{,}1 \cdot 10^{-31} \cdot 9 \cdot 10^{16} \text{ J} = 8{,}2 \cdot 10^{-14} \text{ J} = 511 \text{ keV}. \text{ Die Spannung beträgt 511 kV}.$$

b) Für den Zusammenhang zwischen der Geschwindigkeit und der Masse gilt:

$$v = c_0 \sqrt{1 - (m_0 / m)^2} \ . \text{ Mit } m = 2m_0 \text{ erhält man } v = c_0 \sqrt{0{,}75} = 0{,}87 c_0.$$

Aufgabe 13:

Berechnen Sie die Geschwindigkeit eines Teilchens mit folgenden Eigenschaften: eine
Verdopplung der Geschwindigkeit ergibt ebenfalls eine Verdopplung der Masse.

Lösung:

Es müssen die beiden Gleichungen gelten:

$$m = m_0 / \sqrt{1 - (v/c_0)^2} \text{ und } 2m = m_0 / \sqrt{1 - (2v/c_0)^2} \ . \text{ Daraus folgt:}$$

$$\sqrt{1 - (v/c_0)^2} = 2\sqrt{1 - (2v/c_0)^2} \ . \text{ Quadrieren ergibt: } 1 - (v/c_0)^2 = 4(1 - (2v/c_0)^2)$$

$$= 4 - 16(v/c_0)^2. \text{ Es folgt: } 15(v/c_0)^2 = 3 \text{ und } v = \sqrt{3/15} \cdot c_0 = 0{,}45 c_0.$$

Aufgabe 14:

Die Masse eines Protons beträgt beträgt $m_0 = 1{,}67 \cdot 10^{-27}$ kg.

a) Wie groß ist die Ruheenergie des Protons? b) Berechnen Sie die kinetische Energie,
wenn das Proton mit halber Lichtgeschwindigkeit fliegt. c) Wie groß ist die kinetische
Energie nach der klassischen Mechanik?

Lösung:

a) Die Ruheenergie berechnet sich zu: $E = m_0 c_0^2 = 1{,}5 \cdot 10^{-10} \text{ J} = 939 \text{ MeV}$.

b) Die Masse des Protons mit $v = c_0 / 2$ beträgt: $m = m_0 / \sqrt{1 - (v/c_0)^2} = 1{,}155\,m_0$. Damit erhält man
für die kinetische Energie: $E = mc_0^2 - m_0 c_0^2 = 0{,}155\,m_0 c_0^2 = 145 \text{ MeV}$.

c) Nach der klassischen Mechanik gilt: $E = m_0 v^2 / 2 = m_0 c_0^2 / 8 = 117 \text{ MeV}$.

Aufgabe 15:

Berechnen Sie die Energie, die erforderlich ist, um ein Raumschiff mit einer Masse von
10.000 kg auf eine Geschwindigkeit von a) 0,8 c_0 und b) 0,95 c_0 zu bringen. Geben Sie die
Energiekosten bei 0,1 DM/kWh an.

Lösung:

a) Die kinetische Energie beträgt bei $v = 0{,}8\,c_0$:

$$E = mc_0^2 - m_0 c_0^2 \text{ mit } m = m_0 / \sqrt{1 - (v/c_0)^2} = 1{,}67\,m_0 \ .$$

Mit $m_0 = 10\,000$ kg wird die Energie

$$E = mc_0^2 - m_0 c_0^2 = 0{,}67\,m_0 c_0^2 = 6 \cdot 10^{20} \text{ Ws} = 1{,}7 \cdot 10^{14} \text{ kWh} \text{ und der Preis } 1{,}7 \cdot 10^{13} \text{ DM}.$$

b) Für $v = 0{,}95\,c_0$ berechnet man für die Masse $m = m_0 / \sqrt{1 - (v/c_0)^2} = 3{,}2\,m_0$, für die Energie

$$E = mc_0^2 - m_0 c_0^2 = 2{,}2\,m_0 c_0^2 = 1{,}98 \cdot 10^{21} \text{ Ws} = 5{,}5 \cdot 10^{14} \text{ kWh} \text{ und für den Preis } 5{,}5 \cdot 10^{14} \text{ DM}.$$